中国气传真菌彩色图谱

COLOR ATLAS OF AIR-BORNE FUNGIS IN CHINA

主　编　乔秉善

副主编
（按姓氏笔画为序）

牛占坡　王良录　尹　佳　刘光辉
汤承祁　孟　光

编　委
（按姓氏笔画为序）

方润琪　史存莲　李春林　那美苓
杨秀敏　张红玉　岳凤敏　郝　廷
郭海花　谢淑琼　鲍亚丽

中国协和医科大学出版社

图书在版编目（CIP）数据

中国气传真菌彩色图谱 / 乔秉善主编. —北京：中国协和医科大学出版社，2012.10
ISBN 978-7-81136-755-3

Ⅰ.①中…　Ⅱ.①乔…　Ⅲ.①真菌 – 中国 – 图谱　Ⅳ.① Q949.32-64

中国版本图书馆 CIP 数据核字（2012）第 209313 号

中国气传真菌彩色图谱

主　　编：乔秉善
责任编辑：许进力

出版发行：中国协和医科大学出版社
　　　　　（北京东单三条九号　邮编 100730　电话 65260378）
网　　址：www.pumcp.com
经　　销：新华书店总店北京发行所
印　　刷：北京兰星球彩色印刷有限公司

开　　本：889×1194　1/16 开
印　　张：28.5
字　　数：600 千字
版　　次：2012 年 12 月第 1 版　2012 年 12 月第 1 次印刷
印　　数：1—2000
定　　价：460.00 元

ISBN 978-7-81136-755-3/R · 755

编 著 者

（按姓氏笔画为序）

牛占坡　中国医学科学院北京协和医院
　　　　北京新华联协和药业有限责任公司
王良录　中国医学科学院北京协和医院
尹　佳　中国医学科学院北京协和医院
方润琪　昆明医学院附属医院
史存莲　西双版纳洲人民医院
刘光辉　华中科技大学同济医学院附属同济医院
乔秉善　中国医学科学院北京协和医院
　　　　北京新华联协和药业有限责任公司
汤承祁　北京新华联协和药业有限责任公司
那美苓　湖北黄石市第一医院
李春林　中南大学湘雅医学院附属海口医院
杨秀敏　中国医学科学院北京协和医院
张红玉　北京新华联协和药业有限责任公司
岳凤敏　中国医学科学院北京协和医院
孟　光　中南大学湘雅医学院附属海口医院
郝　廷　北京新华联协和药业有限责任公司
郭海花　河北隆尧海花皮肤病专科医院
谢淑琼　昆明医学院附属医院
鲍亚丽　北京新华联协和药业有限责任公司

前　言

　　感染、中毒、致畸、致癌和变态反应，是真菌（Fungus, 复数 Fungi）给人体健康带来的多种危害。

　　真菌是微生物家族中数量最为庞大的类群，据真菌学家们估计，自然界中大约有150万种。其中有些真菌是有益的，如蘑菇、木耳等一些高营养食用菌。但更多的真菌对人体有害，这类真菌的生活习性多以寄生和腐生为主，一年四季可把大量的孢子（spore，复数 spores）经风送到空气中，引起人体感染或致敏。据我国著名变态反应学家叶世泰教授临床研究发现，大约有三分之一的呼吸道过敏患者，与对空气中的真菌过敏有关。

　　本书分为上下两卷，上卷是真菌，书中所纳入的内容全部是作者近年来从国内多个城市用空气曝皿法收集而来，并应用光学显微镜照相和扫描电镜显微照相拍摄下来其微观形态；同时又对每种真菌在直径6公分的琼脂皿碟中进行了单菌落培养，长成后拍下其菌落外貌彩色图片。

　　为了把书中载入的每种真菌形态、结构更清晰地展示在读者面前，书中还纳入了多幅真菌墨线图。

　　下卷是真菌孢子。书中所载入的内容全部是从全国多个城市（主要为长江以南城市）24小时空气曝片中拍下的，并作了剪辑处理。

　　由于工作能力有限，书中缺点错误在所难免，不妥之处敬希真菌学家和读者不吝指正。

作　者

2012 年 9 月

目　录

（上　卷）

空气中的真菌　Airbone Fungal

（下　卷）

空气中的真菌孢子　Airbone Fungal Spores

中国气传真菌彩色图谱

COLOR ATLAS OF AIR-BORNE FUNGIS IN CHINA

（上　卷）

空气中的真菌
Airbone Fungal

中国气传真菌彩色图谱

上卷 空气中的真菌

Airbone Fungal

COLOR ATLAS OF AIR-BORNE FUNGIS IN CHINA

总状毛霉　*Mucor racemosus* Fres.

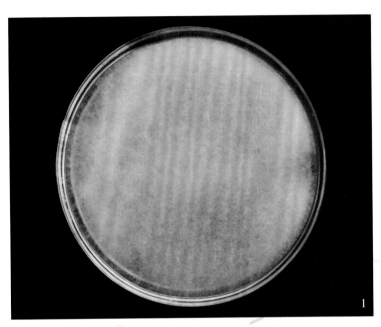

外观：

菌落蔓延，绒毛状，气生菌丝发达，直立生长，开始白色，衰老后灰褐色；背面无色（图1）。

光学显微镜下：

孢囊梗由菌丝体生出，最初不分枝，其后以单轴式生出不规则分枝，长短不一，无横隔，顶端产生孢子囊；孢子囊球形，成熟时孢囊壁消解；囊轴球形或近球形；孢囊孢子近球形，无色，4~7μm×5~10μm；厚垣孢子（图3）极多，大小不一，可在菌丝体、孢囊梗或孢囊轴上生成，光滑，无色或黄色（图2×650；图3×1200）。

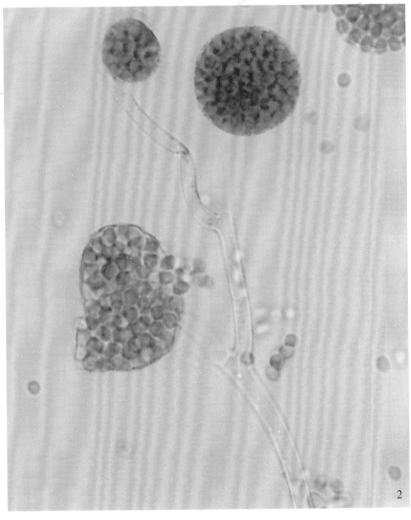

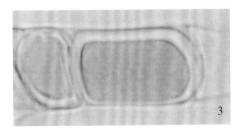

卷枝毛霉 *Mucor circinelloides* V. Tiegh.

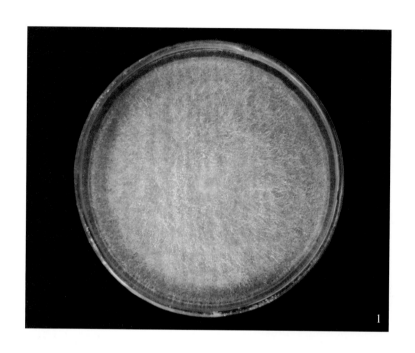

外观：

    菌落绒状，质地疏松，气生菌丝发达，初起无色，老后灰色；背面淡色（图1）。

    光学显微镜下：

    孢囊梗光滑，多分枝，分枝呈卷曲状，顶端生球形孢子囊。孢囊孢子球形，光滑（图2×400）。

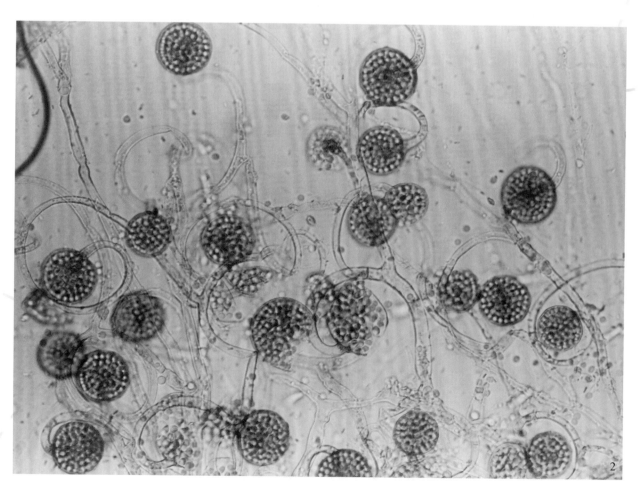

卷枝毛霉 *Mucor circinelloides* V. Tiegh.

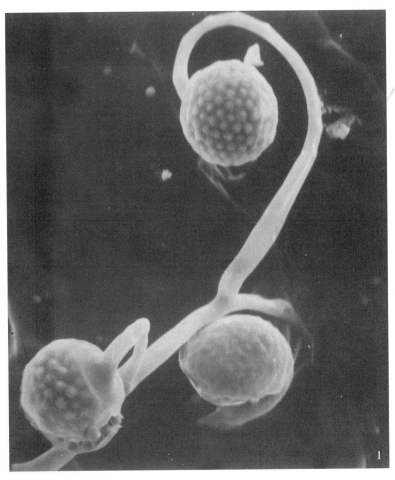

扫描电镜下：

孢囊壁光滑，孢囊孢子球形，光滑（图1×800；图2×7000）。

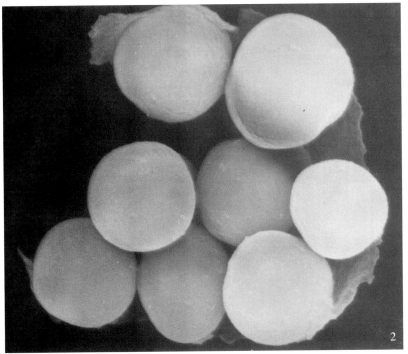

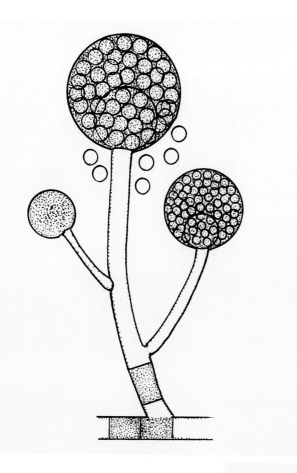

总状毛霉

Mucor racemosus

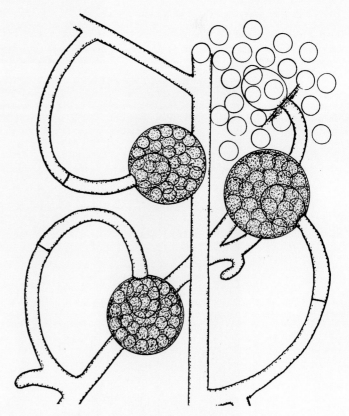

卷枝毛霉

Mucor circinelloides

匍枝根霉　*Rhizopus stolonifer*（Ehrenb. ex Fr.）Vuillemin

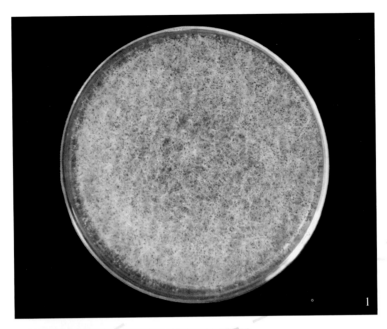

外观：

菌落蔓延，菌丝粗壮，呈蛛网状，初期白色，产孢后逐渐变深，老后完全呈灰黑色；背面无色（图1）。

光学显微镜下：

孢囊梗直立，通常2~4成束，多3枝成束，暗褐色，假根发达，孢囊梗与假根相对生出，顶端形成孢子囊。孢子囊球形或近球形，褐色，大小约100~200μm，成熟后囊壁破裂或消解，放出孢囊孢子。孢子球形、近球形、椭圆形或不规则形，多有棱角，灰色，表面具浅条状纹饰，8~22μm×5~14μm。为空气中优势真菌（图2×650；图3×1200）。

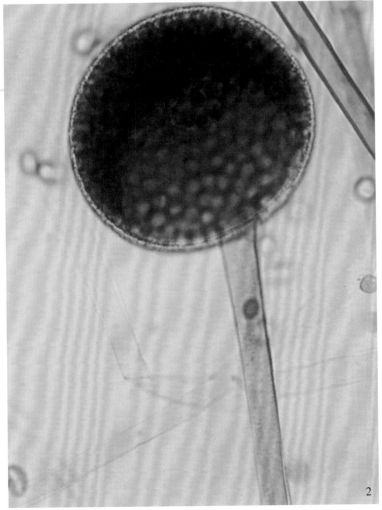

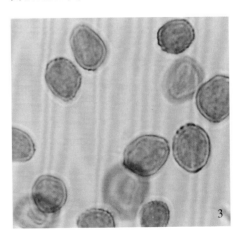

匍枝根霉 *Rhizopus stolonifer* （**Ehrenb. ex Fr.**） **Vuillemin**

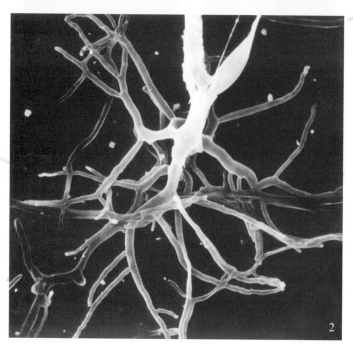

扫描电镜下：

孢子囊及孢囊梗光滑，孢囊孢子表面具均匀缠绕的纵条纹（图 1 × 1000；图 2 × 800；图 3 × 4000）。

米根霉 *Rhizopus oryzae* Went et Pr. Geerl.

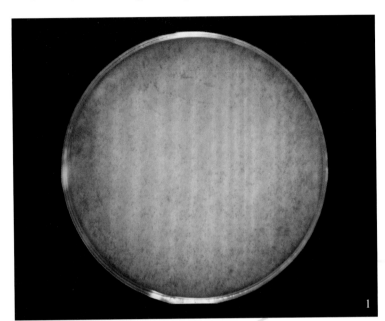

外观：

菌落蔓延，蛛网状，菌丝体粗大，初期白色，产孢后逐渐变黑，老后灰黑色；背面无色（图1）。

光学显微镜下：

孢囊梗直立或弯曲，2~4成束，较少单生或5株成束，有时膨大成分枝，壁光滑，褐色，假根发达，指状分枝或根状，褐色。孢子囊球形或近球形，褐色，老后黑色，直径60~250μm。囊轴球形或近球形。孢囊孢子拟卵形、球形或其他形，有条纹及棱角，黄灰色，直径5~8μm。尚未发现接合孢子。为空气中优势真菌（图2×320；图3×1200）。

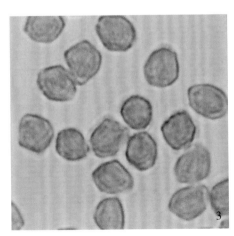

米根霉 *Rhizopus oryzae* Went et Pr. Geerl.

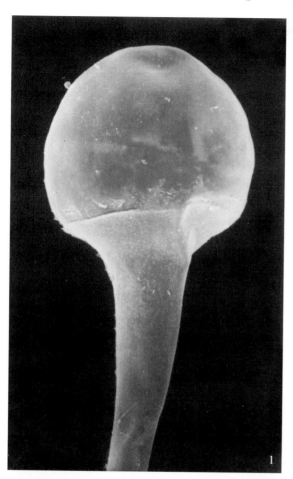

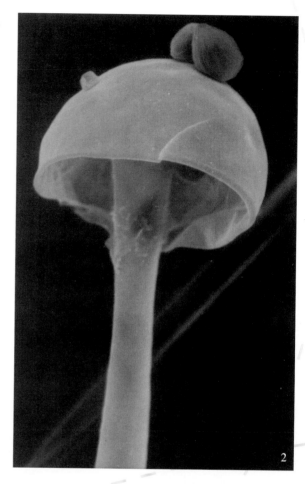

扫描电镜下：

    孢子囊光滑，近球形，孢子释放后常成伞状。孢囊孢子多成橄榄形、有宽的纵条纹（图 1×800；图 2×1000；图 3×6000）。

匍枝根霉
Rhizopus stolonifer

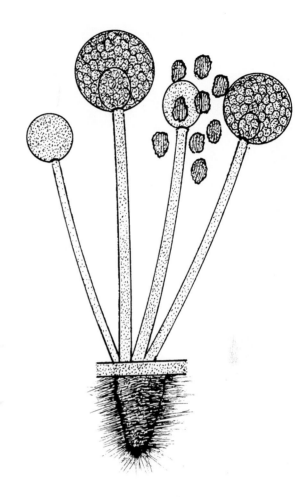

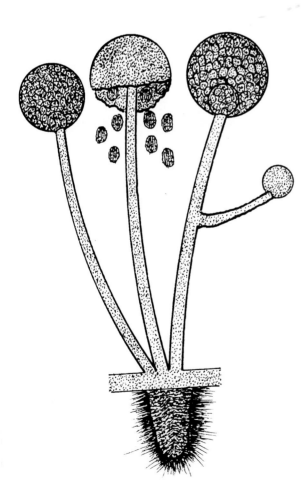

米根霉

Rhizopus oryzae

华根霉 *Rhizopus chinensis* **Saito**

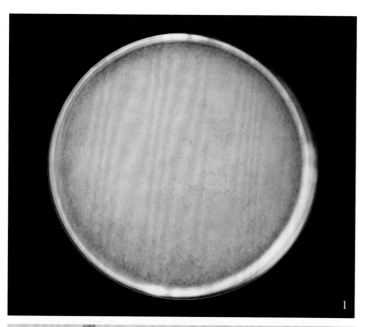

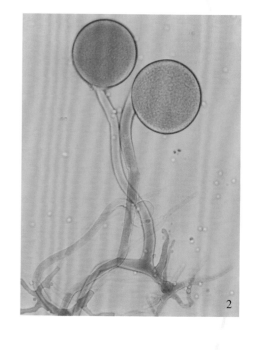

外观：

　　菌落絮状，蔓延，初期白色，继变为褐灰色；背面无色。空气中较常见（图1）。

光学显微镜下：

　　孢囊梗光滑，直立或弯曲，浅黄褐色。孢子囊球形，直径比其他根霉小，壁光滑，浅黄褐色，成熟后黑褐色。囊轴近球形或卵形。孢囊孢子球形或近球形，条纹模糊。假根不发达，短小（图2×320；图3×650；图4×1200）。

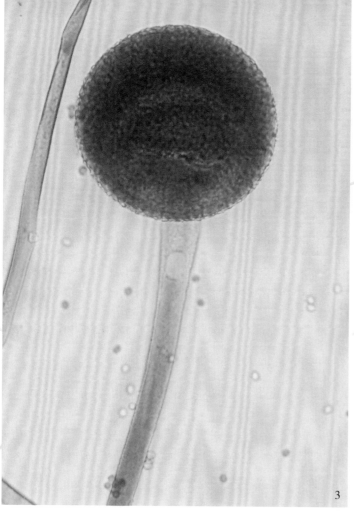

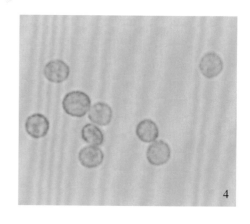

少根根霉 *Rhizopus arrhizus* Fischer

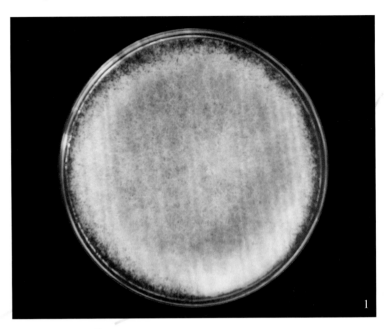

外观：

菌落蔓延，平伏，气生菌丝呈粉粒状，深褐色。背面与表面同色（图1）。

光学显微镜下：

孢囊梗直立或弯曲，多单生，较少2~3株成束，不分枝或分枝，淡褐色；背面与表面同色；孢子囊球形或近球形，黄褐色，直径50~250μm。孢囊孢子近球形、椭圆形或其他形，直径4~10μm（图2×20；图3×40；图4×1200）。

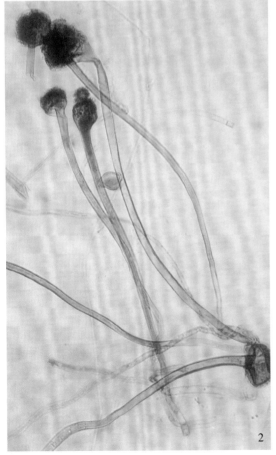

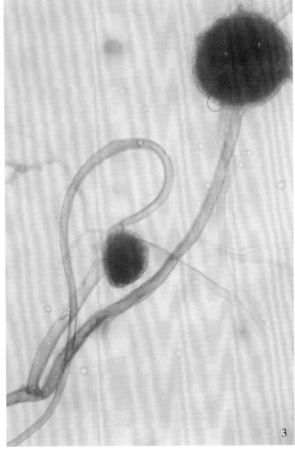

少根根霉 *Rhizopus arrhizus* **Fischer**

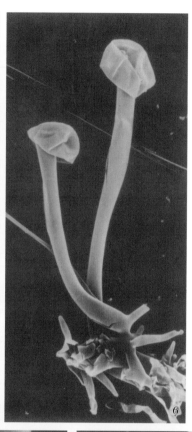

扫描电镜下：

　　自气生菌丝上长出的孢囊梗短而粗，具极不发达的假根(×400)。孢囊孢子球形、椭圆形，表面由密集而均匀的小瘤组成不太明显的条纹（×5000）。

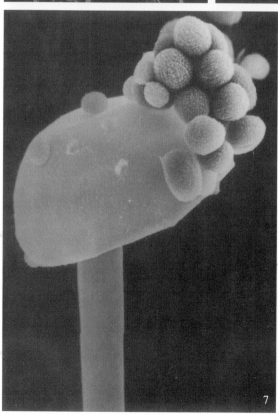

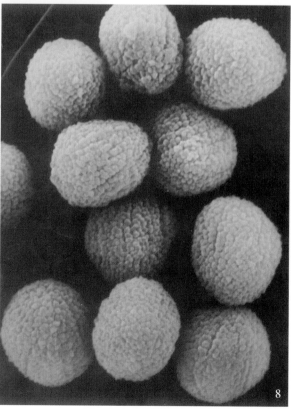

华根霉
Rhizopus chinensis

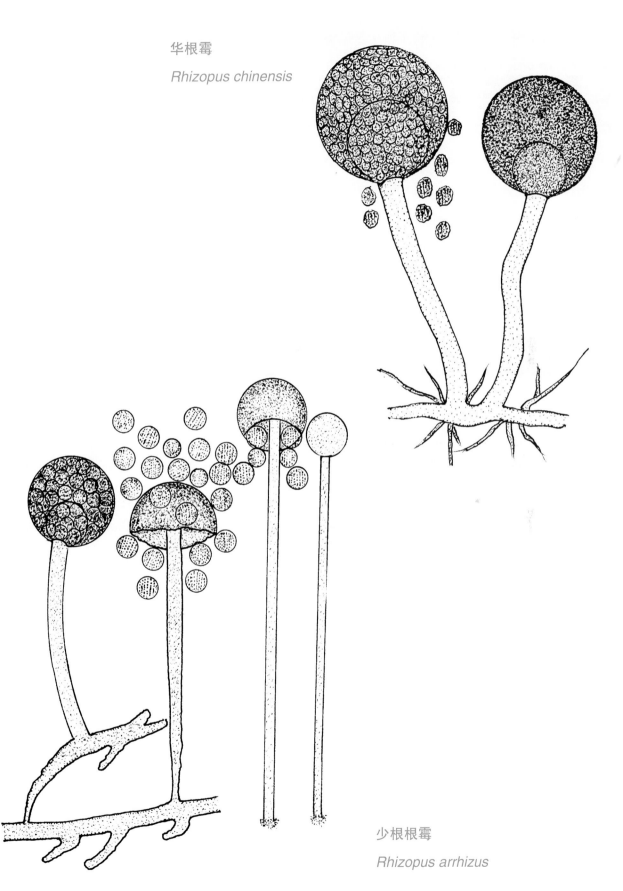

少根根霉

Rhizopus arrhizus

根霉属　*Rhizopus* sp.

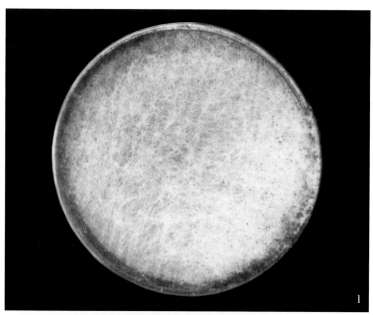

外观:

菌落初期白色, 老后灰褐色; 背面色淡 (图 1)。

光学显微镜下:

孢囊梗直立, 单生或少有2株成束, 淡褐色, 不分枝, 壁光滑, 尾根近指状。孢子囊球形, 光滑, 个大, 深褐色。孢囊孢子近球形、卵形或不规则形, 体积极大, 表面条纹不明显 (图 2×300; 图 3×124; 图 4×1200)。

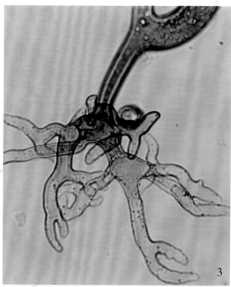

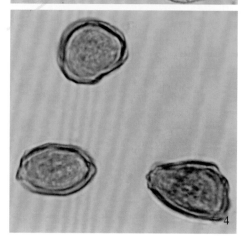

分枝犁头霉　*Absidia ramose*（Lindt）Lendner

外观：

菌落絮状，气生菌丝发达，初期白色，继变为灰色。背面无色，空气中较常见（图1）。

光学显微镜下：

孢囊梗散在匍匐菌丝中间，分枝，常呈轮生，与假根不对称。孢子囊顶生，多为洋梨形，壁薄，成熟后消解，有残留的囊领。囊轴锥形至近球形，孢子囊下面有明显囊托。孢囊孢子单胞，球形至近球形，无色，大小约4μm。接合孢子50~80μm，常有1~4个宽的附属物（图2×650）。

1

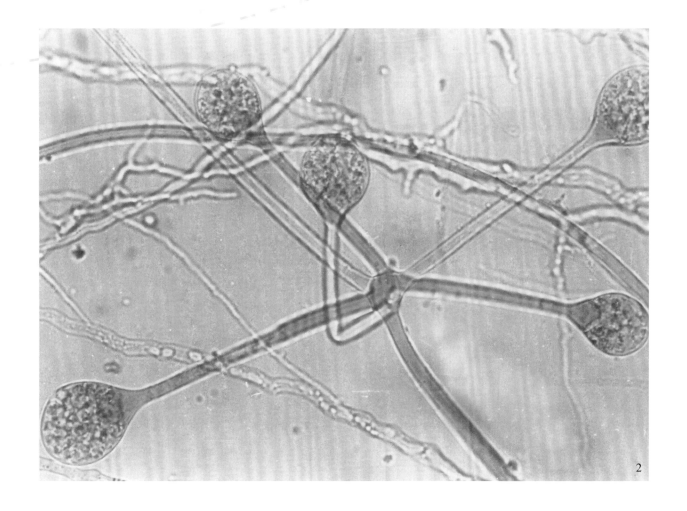

2

分枝犁头霉 *Absidia ramose*（Lindt）Lendner

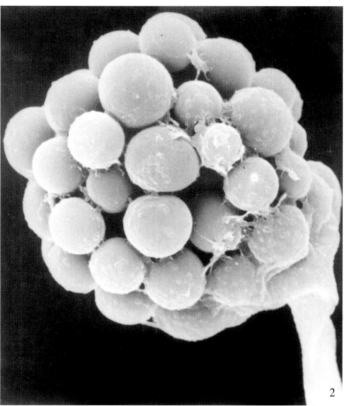

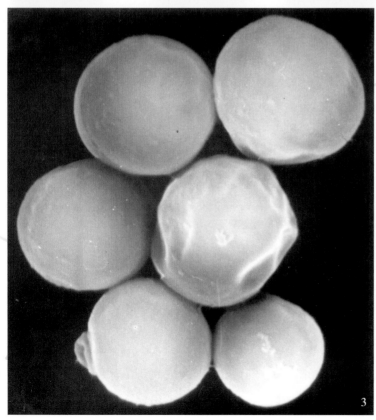

扫描电镜下：

孢子囊洋梨形，外壁具突起网纹。孢囊孢子球形，表面光滑（图 1×2500；图 2×4000；图 3×8000）。

蓝色犁头霉 *Absidia coerulea* Bainier

外观：

　　菌落絮状，气生菌丝发达，早期紫蓝色，后青灰色。背面淡色，空气中偶见（图1）。

光学显微镜下：

　　孢囊梗不分枝或顶端有较短的分枝，浅紫蓝色。孢子囊较小，浅紫蓝色，老后浅褐色，洋梨形或球形，直径18~65μm。孢囊孢子球形，无色，直径2.5×3.5μm。接合孢子球形，表面有粗糙突起，直径83~156（–180）μm（图2×500；图3×1200）。

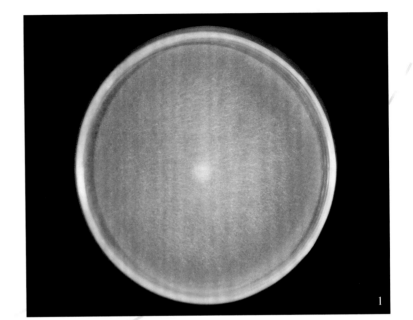

蓝色犁头霉 *Absidia coerulea* **Bainier**

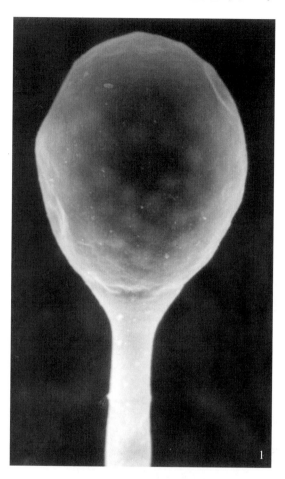

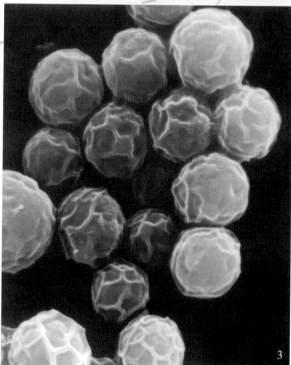

扫描电镜下：

　　孢子囊椭圆形，壁光滑。孢囊孢子球形，表面具不规则粗网纹（图 1 × 500；图 2 × 2000；图 3 × 5000）。

伞枝犁头霉　*Absidia corymbifera*（Cohn）Sacc. et Trott.

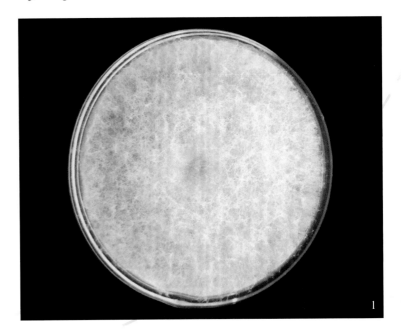

外观：

　　菌落絮状，生长迅速，很快充满培养皿，初期白色，继变为灰色。背面灰绿色，空气中偶见（图1）。

光学显微镜下：

　　孢囊梗呈伞形分枝，假根较少。孢子囊梨形，直径 20~35（~68）μm。孢囊孢子近球形、卵形，3~6.5μm×2.5~5μm，无色，表面光滑（图 2×120；图 3×1200）。

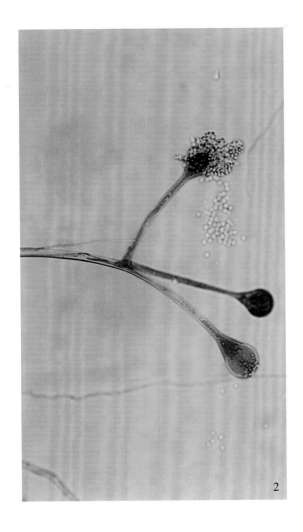

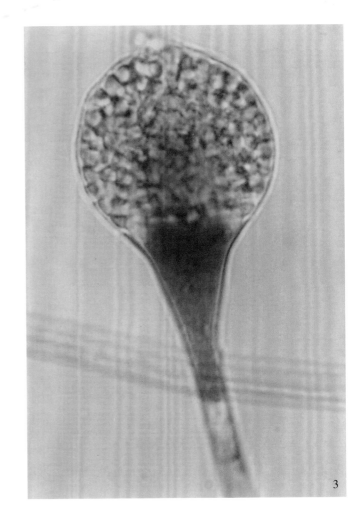

犁头霉属 *Absidia* sp.

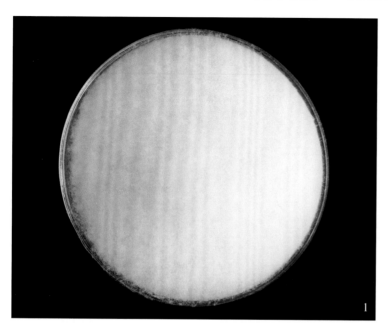

外观：

菌落始终白色；背面无色（图1）。

光学显微镜下：

孢囊梗成簇，呈轮状分枝。孢子囊洋梨形，顶生。孢囊孢子小，单胞，圆柱形，无色（图2×650）。

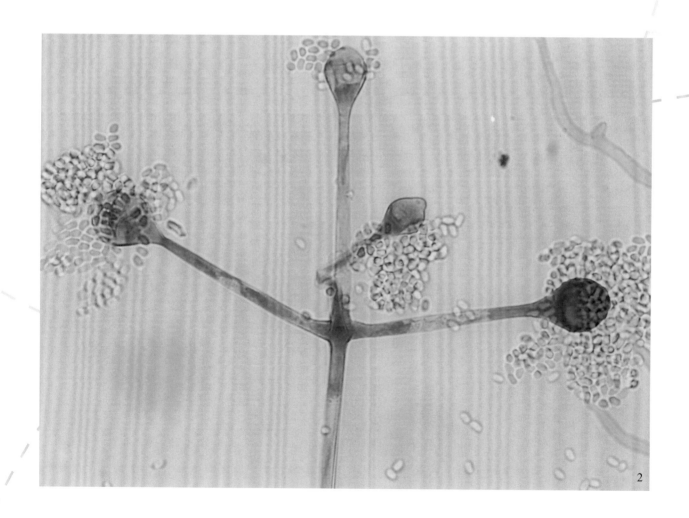

犁头霉属 *Absidia* sp.

扫描电镜下：
    孢子囊成熟后放出圆柱形孢囊孢子。高倍镜下孢囊孢子光滑、无色（图 1 × 700；图 2 × 3000）。

缴形卷霉 *Circinella umbellata* Van Tiegh. et Le Monn.

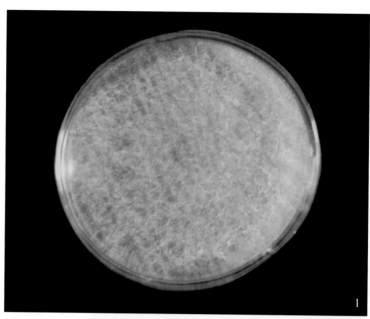

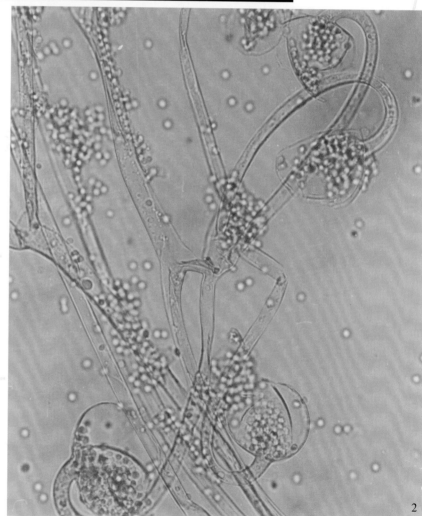

外观：

　　菌落扩展，絮状，气生菌丝发达，褐色。背面淡黄褐色，空气中偶见（图1）。

光学显微镜下：

　　孢囊梗粗大，无色，连续分枝多次，在分枝处生出1~12个卷曲的散状短分枝。孢子囊球形或扁球形，成熟后孢囊壁破裂。囊轴梨形、圆锥形或矩圆形，具囊领。孢囊孢子球形或近球形，直径4~10μm（图2×650）。

缴形卷霉 *Circinella umbellata* Van Tiegh. et Le Monn.

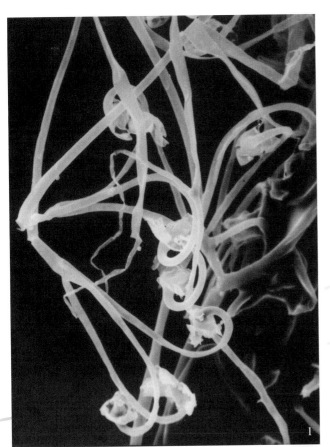

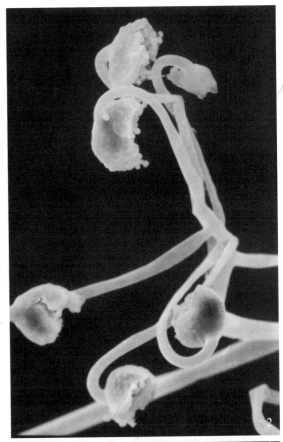

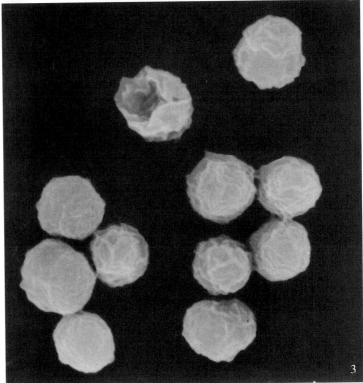

扫描电镜下：

　菌丝及孢囊梗光滑。孢囊孢子球形，表面不平（图 1×250；图 2×400；图 3×4000）。

雅致放射毛霉 *Actinomucor elegans* （Eid.）Benj. et Hesselt.

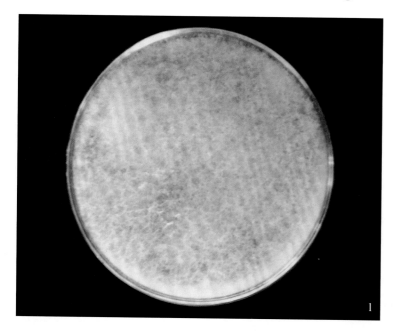

外观：

菌落绒毛状，质地疏松，开始白色，后黄褐色，背面无色（图1）。

光学显微镜下：

孢囊梗直立，分枝多集中在上端，主枝顶端有一较大的孢子囊，在其下面有3~8个轮生分枝，每一分枝顶端各生一孢子囊；主枝及分枝各有一横隔。孢子囊球形，主枝顶的孢子囊个大，分枝上的孢子囊小；老后深黄色，壁粗糙，有草酸钙结晶，成熟时孢囊壁消解或开裂，消失后留有囊领。囊轴形状大小不一致，较大的孢子囊为长卵形至梨形，较小的孢子囊球形至扁球形。孢囊孢子圆形，壁厚，光滑或粗糙，直径5~8μm。空气中偶见（图2×650）。

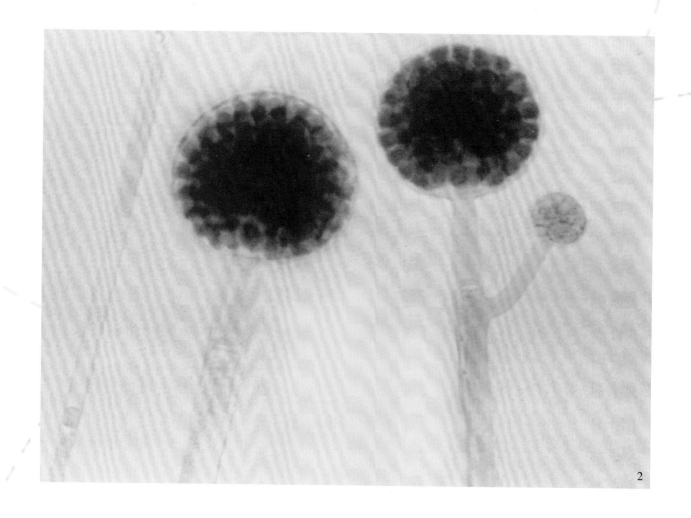

雅致放射毛霉　*Actinomucor elegans*（**Eid.**）**Benj. et Hesselt.**

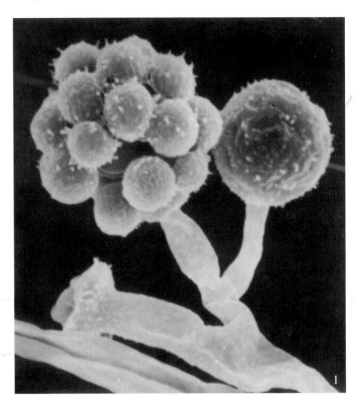

扫描电镜下：

　　分生孢子梗光滑，孢囊壁粗糙，在高倍镜下，孢囊孢子表面呈网状纹饰（图 1 × 1500；图 2 × 4000）。

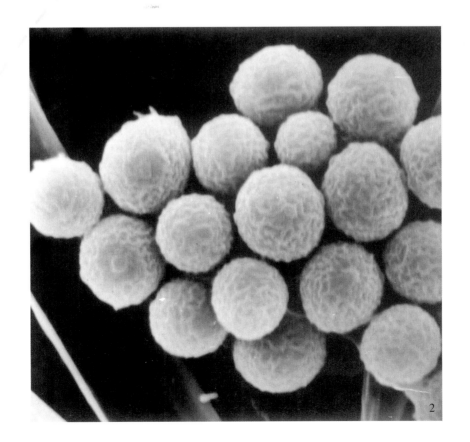

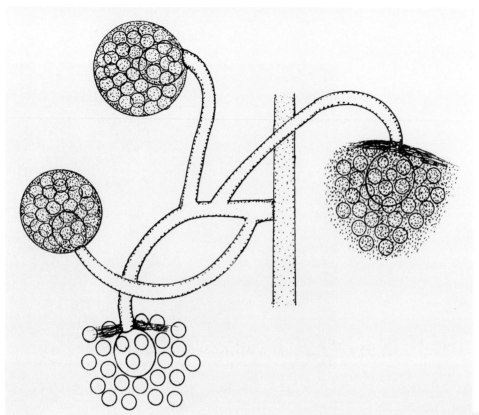

繖形霉
Circinella umbellata

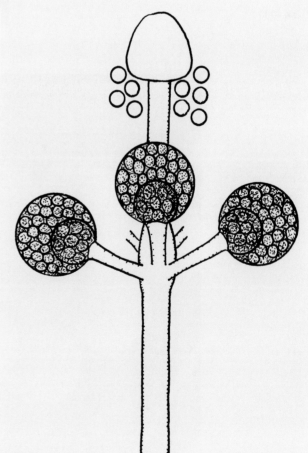

雅致放射毛霉

Actinomucor elegans

刺孢小克银汉霉　*Cunninghamella echinulata* **Thaxter**

外观：

　　菌落蔓延，细绒毛状，气生菌丝发达，白色。背面无色（图1）。

光学显微镜下：

　　分生孢子梗直立，聚伞状分枝，无色，泡囊倒卵形至梨形，生于孢囊梗及分枝顶端。分生孢子生于泡囊上，球形、拟卵形，无色，成熟后孢子表面密生长刺，大小 7~13（~20）μm× 5~11（~18）μm。接合孢子球形，直径 46~80μm，有粗疣状突起，空气中较常见（图2×460；图3×1200）。

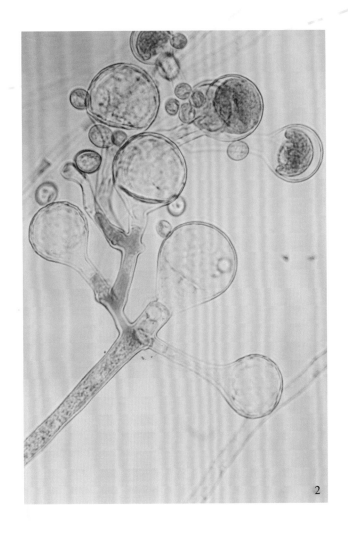

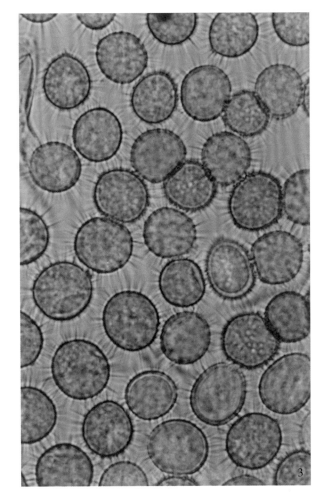

刺孢小克银汉霉 *Cunninghamella echinulata* Thaxter

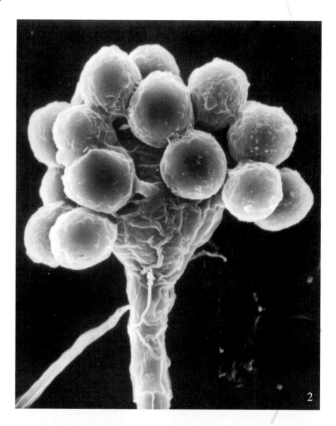

扫描电镜下：

　　分生孢子梗及泡囊皱褶，分生孢子生于泡囊的齿状小梗上，成熟后脱落（图 1×600；图 2×2000；图 3×3000）。

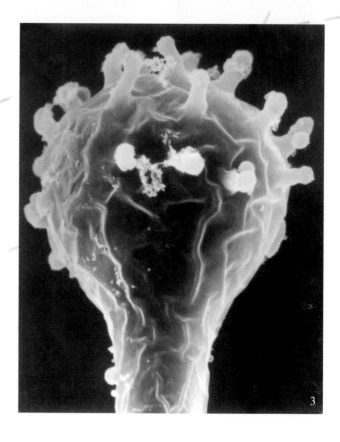

总状共头霉 *Syncephalastrum racemosum*（Cohn）Schroter

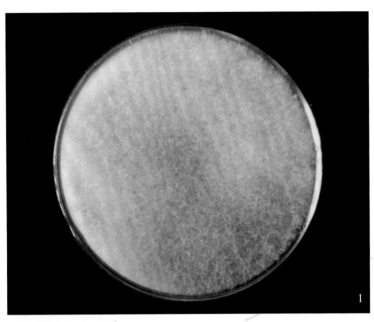

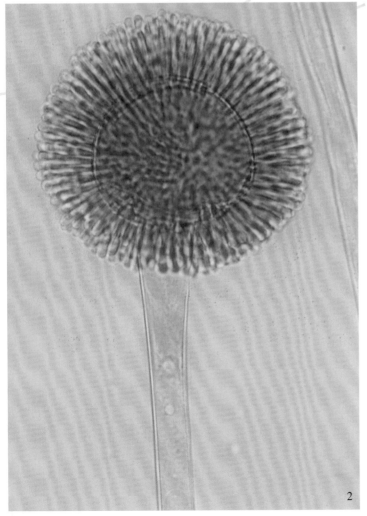

外观：

菌落绒毛状，气生菌丝发达，初期灰白色，后呈灰黑色，背面无色。为空气中常见真菌（图1）。

光学显微镜下：

孢囊梗直接从菌丝上发生，直立或倒伏，上面生许多不定假根，起初不分枝，后作假轴分枝或缢状分枝。泡囊生于孢囊梗顶端，球形或近球形，灰褐色。孢子囊长柱形，生于泡囊的整个表面，每个孢子囊内含单行排列的5~10个孢子，成熟时孢囊壁消解。孢囊孢子球形或近球形，无色，直径3~5μm。接合孢子球形，黑色，有疣状突起，直径50~90μm（图2×650；图3×1200）。

总状共头霉 *Syncephalastrum racemosum* （Cohn） Schroter

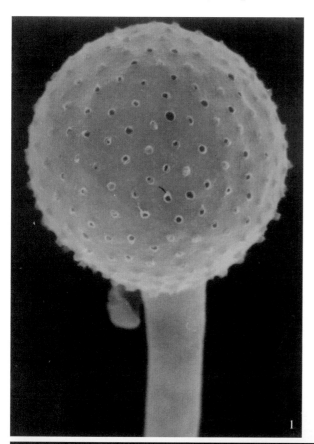

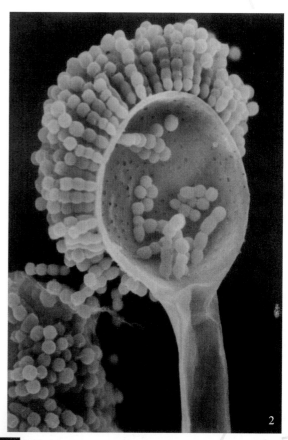

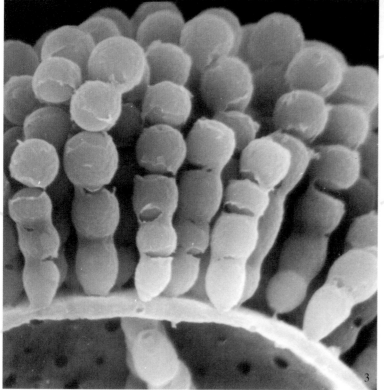

扫描电镜下：

　　泡囊球形，表面密生均匀分布的圆形小孔，长形的孢子囊从小孔生出。孢囊壁已消解，露出成串的孢囊孢子，孢囊孢子球形或近球形，表面光滑，老后散开（图1×1000；图2×2500；图3×4000）。

刺孢小克银汉霉
Cunninghamella echinulata

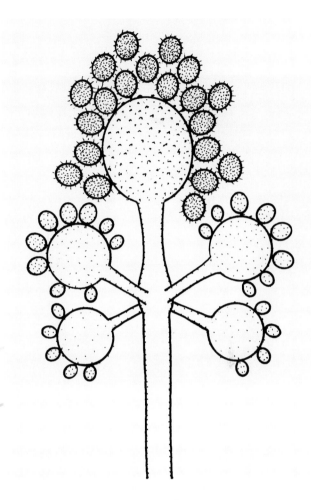

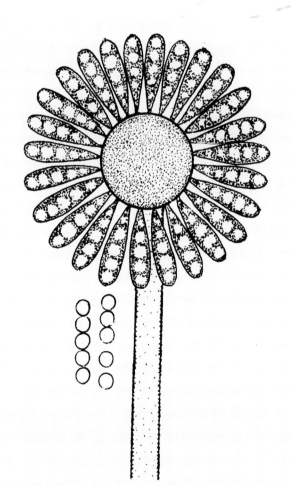

总状共头霉

Syncephalastrum racemosum

瓜笄霉 *Choanephora cucurbitarum* （**Berk. et Rav.**）**Thaxter**

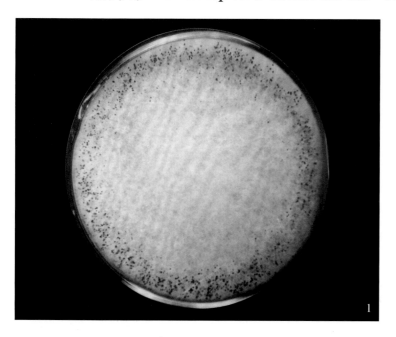

1

外观：

　　菌落蔓延，絮状，气生菌丝发达，初期白色，逐渐从周围长出褐色粉粒，使颜色变深。背面无色，空气中偶见（图1）。

光学显微镜下：

　　孢囊梗直立，不分枝，在孢囊梗下方弯曲，无色。孢子囊生于孢囊梗顶端，球形，成熟后开裂，放出孢囊孢子。孢囊孢子卵形或椭圆形，有线状条纹，孢子两端各有成束而无色的细丝。分生孢子梗直立，无横隔，在顶端膨大成初级孢囊。分生孢子卵形或椭圆形，有线状条纹，密集生长在孢囊上。接合孢子近球形，暗褐色（图2×560）。

2

瓜笄霉 *Choanephora cucurbitarum* （Berk. et Rav.） Thaxter

扫描电镜下：

　　分生孢子梗光滑，分生孢子表面具细条纹（图 1 × 300；图 2 × 2000）。

虫霉属 *Entomophthora* sp.

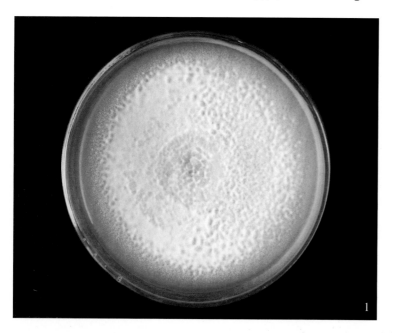

外观:

菌落平铺,细粉粒状,白色;背面无色(图1)。

光学显微镜下:

孢囊梗圆柱形或棒形,不分枝,无色;孢囊孢子球形,具一乳头状突起,成熟后从孢囊梗强力弹出,直径26~45μm。休眠孢子球形,密生小刺,大小同孢囊孢子(图2×500;图3×1200)。

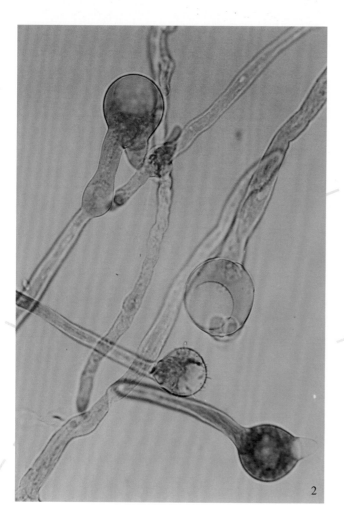

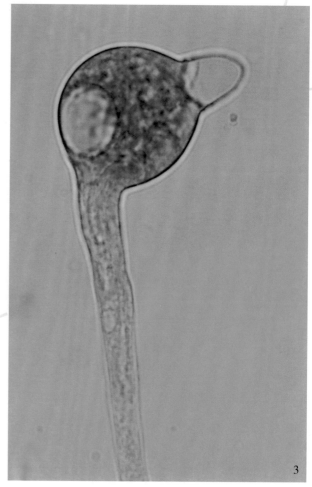

秃马勃属 *Calvatia* sp.

外观：

担子果大，梨形；包被早期灰白色，孢子形成时变成褐黄色。

本菌约10余种，野生，多生长在西北、河北等10余省市和自治区的林地或草原上。所有种均无毒，可食。但因孢子播散量大，可致过敏（图1）。

光学显微镜下：

担孢子近球形，青黄色，光滑，表面具一大油滴，大小约5~7μm（图2×1200）。

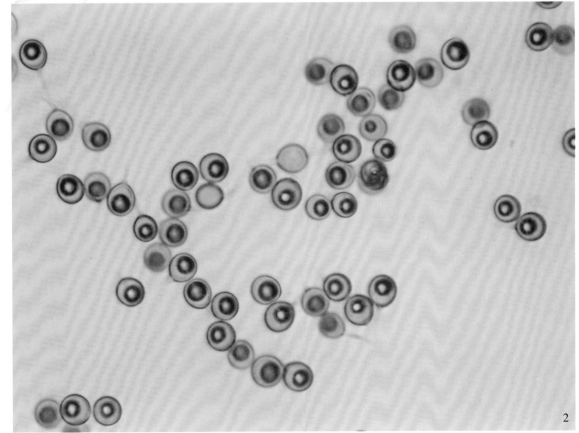

玉米黑粉菌 *Ustilago maydis*（DC.）**Corda**

1

外观：

　　生于玉蜀黍上。孢子堆可在寄主任何部位形成显著、不规则、长达 10cm 以上的包块，最初由寄生组织包住，老后破裂，释放出黑褐色的粉状孢子。为夏秋季空气中优势真菌（图 1）。

光学显微镜下：

　　孢子球形至椭圆形，有钝刺，直径为 8~12μm（图 2 × 1620）。

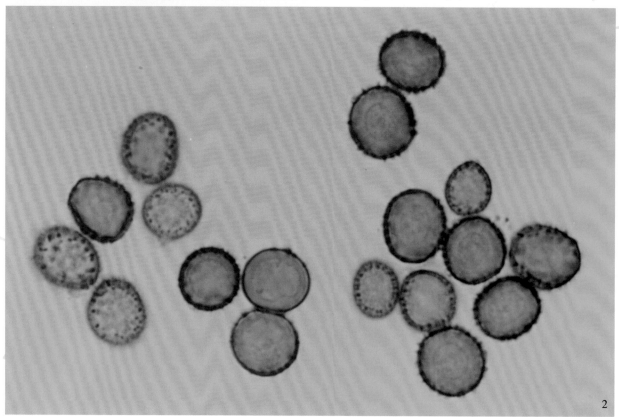

2

玉米黑粉菌　*Ustilago maydis*（DC.）Corda

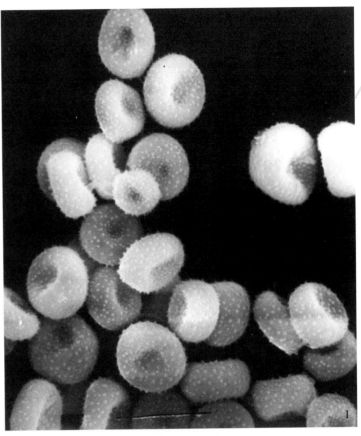

扫描电镜下：

　　孢子球形或近球形，中间凹陷，似石臼。

表面具短刺（图 1×3000；图 2×5000）。

小麦散黑穗菌　*Ustilago tritica*（Pers.）Jens

外观：
　　孢子堆生长在小麦花序上，破坏花序上的全部小穗，松散，成熟后褐黑色（图1）。

光学显微镜下：
　　孢子球形至近球形，一边色稍淡，表面具细刺，大小为5~9μm×5~7μm。空气中多见（图2×1620）。

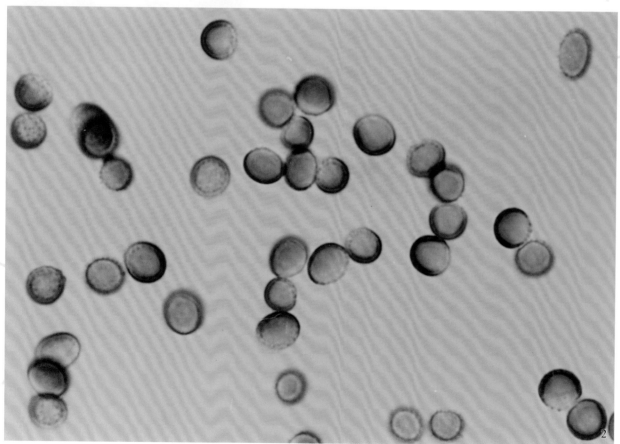

小麦散黑穗菌 *Ustilago tritica*（Pers.）Jens

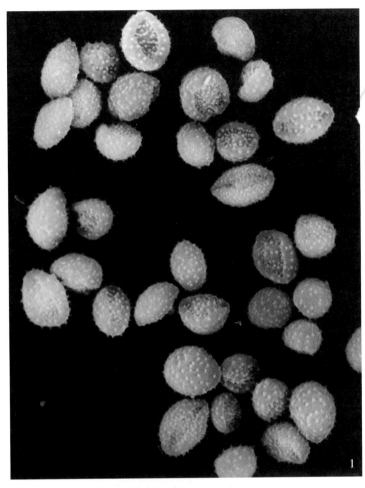

扫描电镜下：

　　孢子近球形至椭圆形，一边凹陷，表面具小刺（图 1 × 2000；图 2 × 5000）。

球毛壳菌 *Chaetomium globosum* Kunze ex Fr.

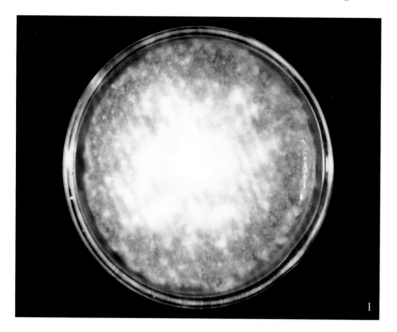

外观:

菌落扩展,最初白色,继而灰褐色,中间密生细颗粒状物,表面具同心环;背面褐色(图1)。

光学显微镜下:

子囊壳灰褐色,中等大小,散生或聚集,卵形,借许多暗褐色根须附着在基质上,侧生附属菌丝丝状,多数弯曲,浅褐色。子囊透明,棍棒形,内含8个孢子。子囊孢子柠檬形或卵形,两端渐尖,褐色,大小为 8~9.5μm×6~8μm。空气中较常见(图2×124;图3×500)。

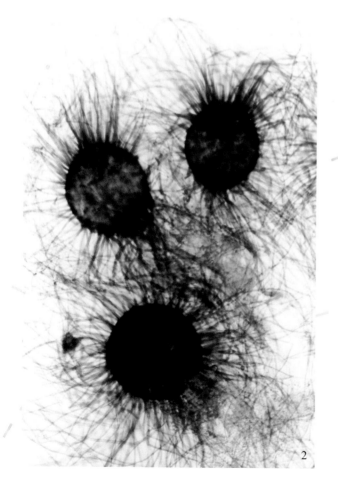

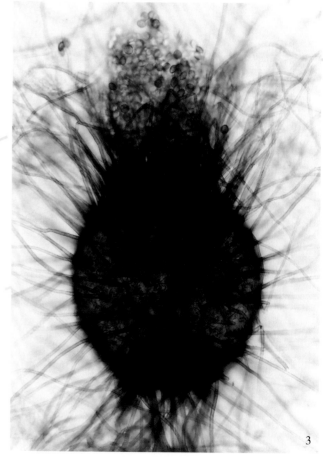

球毛壳菌 *Chaetomium globosum* Kunze ex Fr.

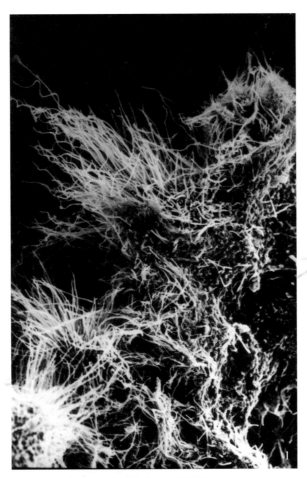

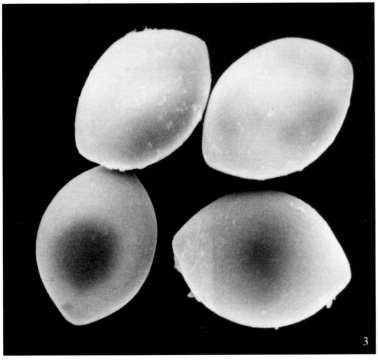

扫描电镜下：

附属丝在高倍镜下显示极粗糙，并具密集的凸起环纹。子囊孢子柠檬形，两端尖，表面光滑（图1×100；图2×2000；图3×4000）。

绳生毛壳菌 *Chaetomium funicolum* Cooke

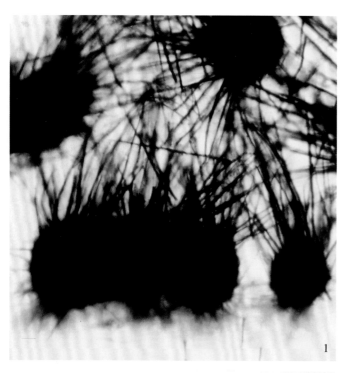

外观：

菌落绒毛状，表面形成不同的颜色带，中央褐绿色，周围亮黄色，外围白色；背面污黄色，空气中常见。

光学显微镜下：

子囊壳近球形，褐绿色。侧生附属丝多，较短，不分枝，褐色；顶生附属丝一为刚毛状，不分枝；另一为 2~4 回叉状分枝，分枝处成锐角，粗糙，褐色。子囊棍棒形，内含 8 个孢子。孢子椭圆形，两端稍尖，大小为 4.5~6μm × 4.2~4.5μm（图 1 × 124；图 2 × 600）。

绳生毛壳菌　*Chaetomium funicolum* Cooke

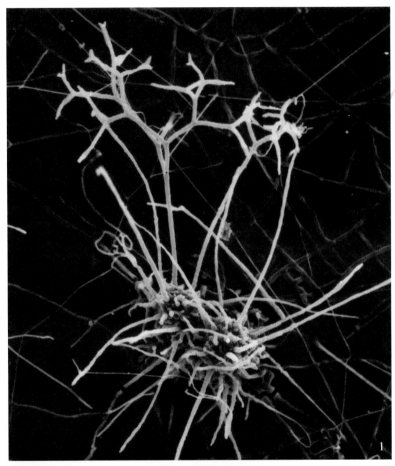

扫描电镜下：

　　顶生附属丝具叉状分枝。子囊孢子椭圆形或卵圆形，表面光滑（图 1 × 200；图 2 × 5000）。

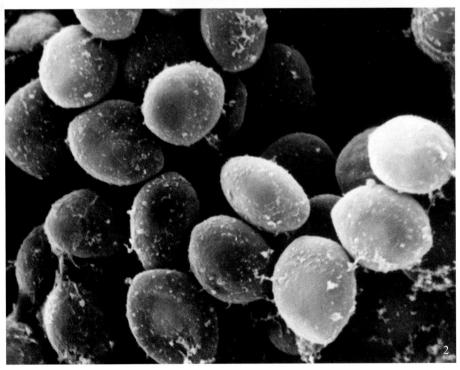

棒曲霉 *Aspergillus clavatus* **Desmazieres**

1

外观：

　　菌落绒状，青绿色，周围有绒毛状白边，表面具密集放射状沟纹。背面无色。空气中偶见（图1）。

光学显微镜下：

　　分生孢子梗粗大，表面光滑无色。分生孢子头为长大的棍棒状，青绿色。顶囊棍棒状。小梗单层、短，密生在顶囊表面。分生孢子椭圆形，光滑，大小 3~4.5μm×2.5~3.5μm（图 2×1200）。

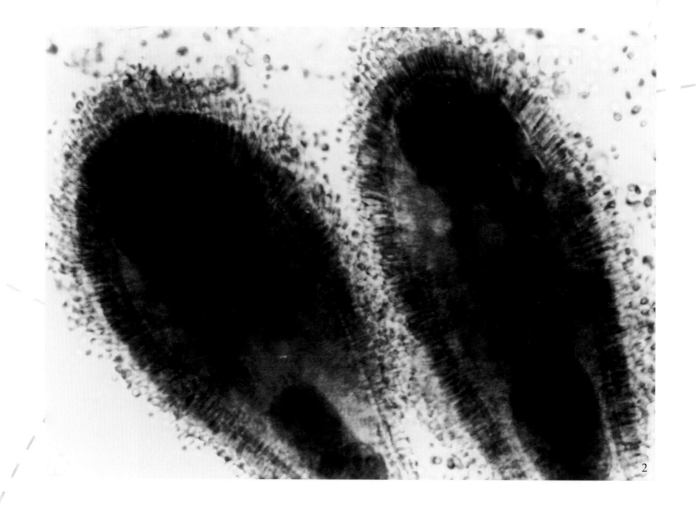

2

棒曲霉 *Aspergillus clavatus* **Desmazieres**

 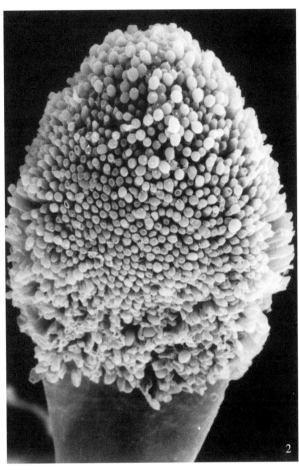

扫描电镜下：

顶囊光滑，上面密生单层小梗。分生孢子在高倍镜下近圆柱形，表面具波浪形纹饰（图1×400；图2×1200；图3×7000）。

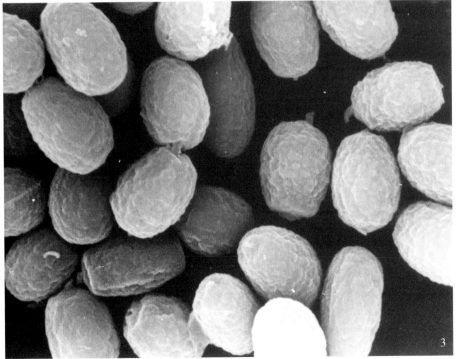

局限曲霉 *Aspergillus restrictus* Smith

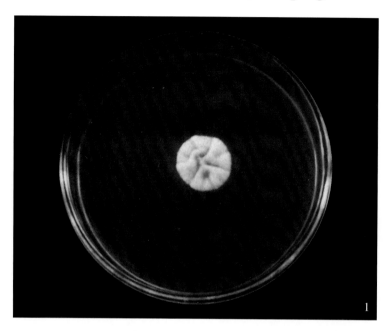

1

外观：

菌落局限，皱褶，生长缓慢，开始白色，老后暗绿色；背面淡绿色（图1）。

光学显微镜下：

分生孢子梗自基质上生出，光滑；顶囊圆锥形；小梗单生，生于顶囊上部；分生孢子头紧密的直柱状并多呈扭曲状，绿色；分生孢子椭圆形或洋梨形，大小约 5μm×3μm（图2×650）。

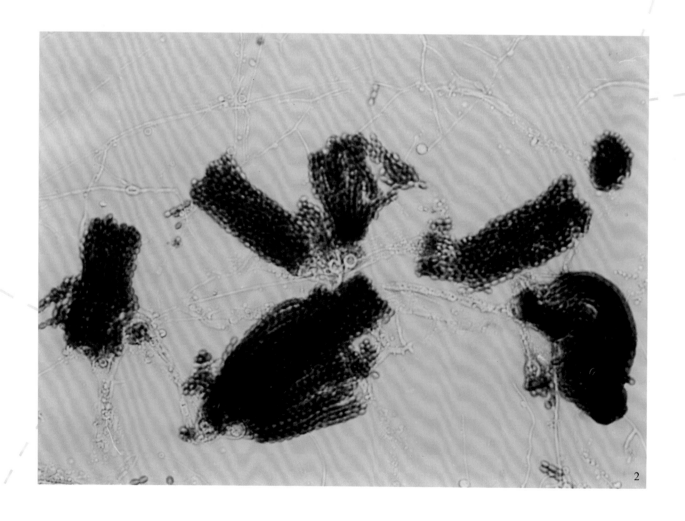

2

局限曲霉 *Aspergillus restrictus* Smith

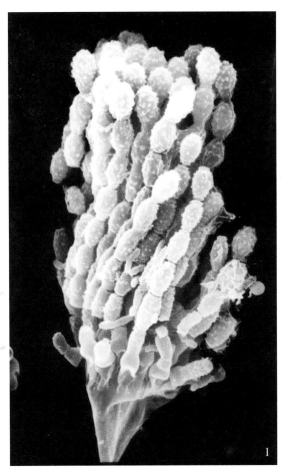

扫描电镜下：

分生孢子头呈扭曲状；分生孢子椭圆形，表面粗糙，具小疣状突起（图 1 × 2000；图 2 × 5000）。

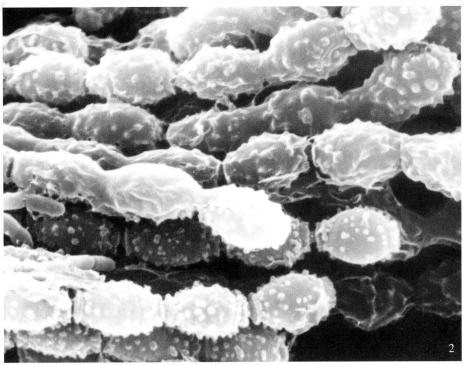

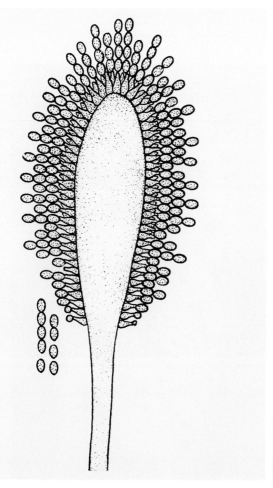

棒曲霉

Aspergillus clavatus

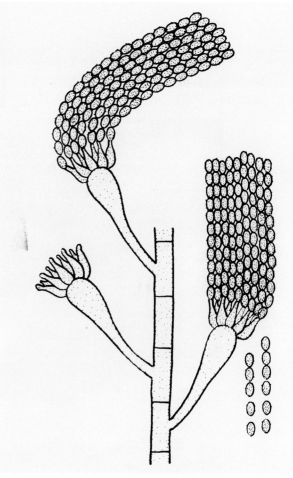

局限曲霉

Aspergillus restrictus

阿姆斯特丹曲霉 *Aspergillus amstelodami*（Mangin）Thom et Church
（有性阶段：**Eurotium amstelodami Mangin**）

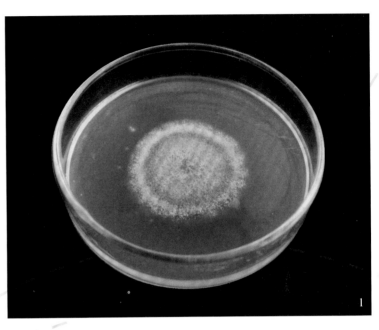

外观：

菌落局限，表面绒状，褐绿色。背面与表面同色。空气中常见（图1）。

光学显微镜下：

分生孢子梗光滑，无色或淡黄色。分生孢子头放射状或稍呈直柱状，巨大。顶囊近球形，上生单层小梗。分生孢子球形或椭圆形，表面具细刺，平均约4μm。闭囊壳球形或近球形，黄褐色。子囊孢子双凸镜形，具显著的沟及圆钝的鸡冠状突起，全部粗糙（图2×1200）。

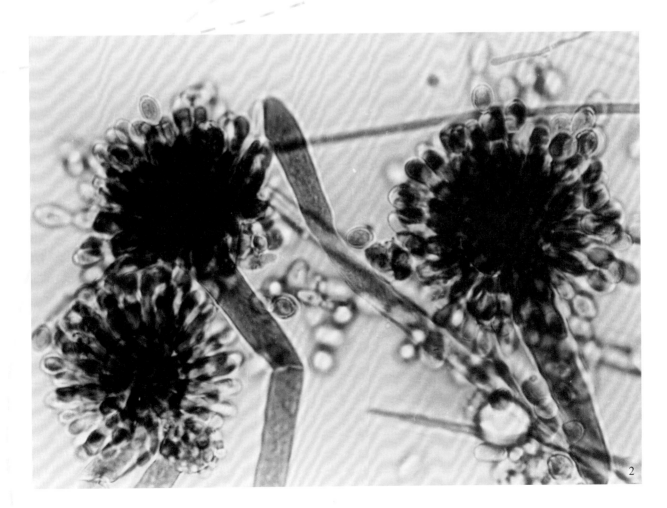

阿姆斯特丹曲霉 *Aspergillus amstelodami* （Mangin）Thom et Church （有性阶段：**Eurotium amstelodami Mangin**）

扫描电镜下：

　　小梗具典型单层。分生孢子表面具疣状纹饰。闭囊壳多数，成熟后裂开，释放出子囊及子囊孢子，子囊无色透明，内含8~10个子囊孢子，上下排列。子囊孢子粗糙，具沟槽及鸡冠状突起（图1×1300；图2×4000；图3×500；　图4×800；　图5×7000；　图6×8000）。

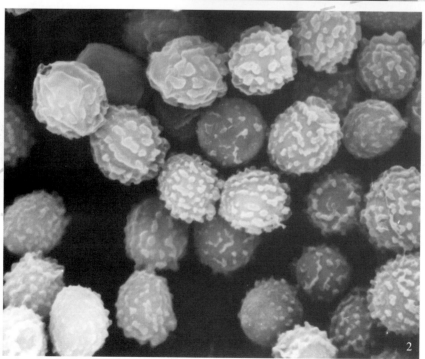

阿姆斯特丹曲霉 *Aspergillus amstelodami*（Mangin）Thom et Church
（有性阶段：Eurotium amstelodami Mangin）

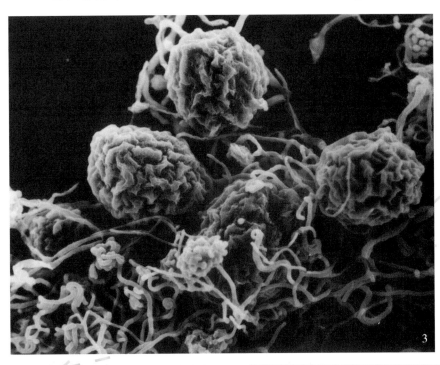

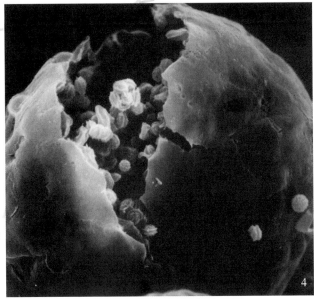

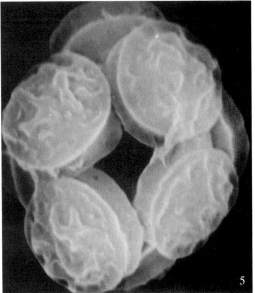

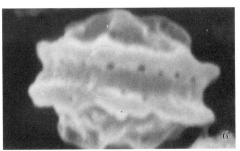

谢瓦曲霉 *Aspergillus chevalieri*（Mang.）Thom et Church
（有性阶段：*Eurotium chaevalieri* Mangin）

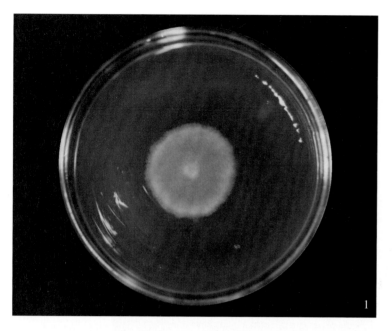

外观：

菌落局限，表面稍突起，绒状，褐绿色，边缘整齐。背面淡褐色，空气中常见（图1）。

光学显微镜下：

分生孢子梗光滑，淡绿色。分生孢子头放射状。顶囊近球形，上生单层小梗。分生孢子椭圆形或近球形，稍粗糙，大小约4~5μm。闭囊壳球形或近球形，黄褐色。子囊孢子近球形，光滑，具鸡冠状突起（图2×650）。

谢瓦曲霉 *Aspergillus chevalieri*（Mang.）Thom et Church

（有性阶段：Eurotium chaevalieri Mangin）

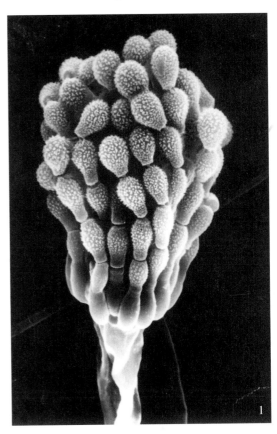

扫描电镜下：

　　分生孢子椭圆形或洋梨形，表面密布小疣。子囊孢子滑轮状，两边凸起，中腰部具沟槽和鸡冠状突起，表面稍不平（图 1 × 1500；图 2 × 3000；图 3 × 6000）。

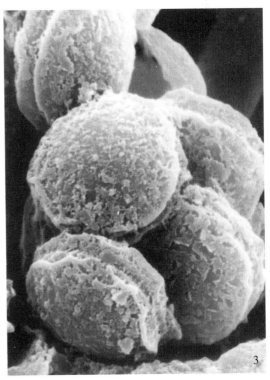

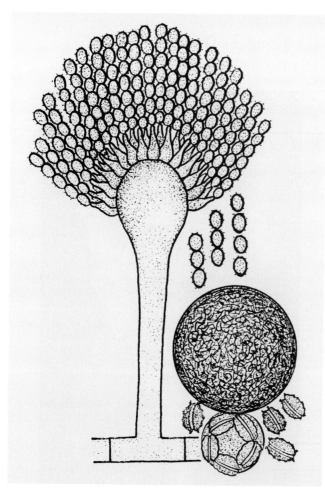

阿姆斯特丹曲霉

Aspergillus amstelodami

（有性阶段：

Eurotium amstelodami）

谢瓦曲霉

Aspergillus chaevalieri

（有性阶段：

Eurotium chaevalieri）

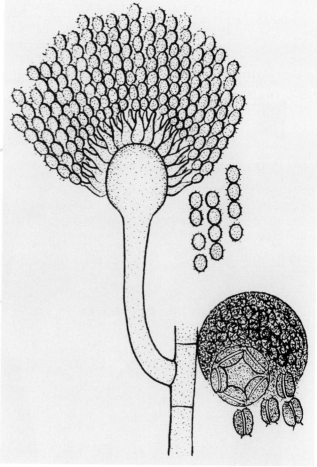

匍匐曲霉　Aspergillus repens de Bary

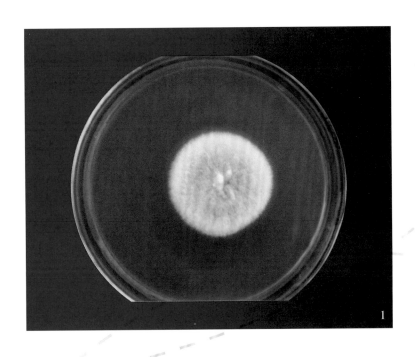

外观：

菌落局限，绒状，淡兰色带黄色色调，背面黄褐色（图1）。

光学显微镜下：

分生孢子梗光滑，无色或淡黄色；分生孢子头放射状，上生单层小梗；分生孢子椭圆形或近球形，表面具细刺，大小为4.8~5.6μm×3.8~4.4μm；闭囊壳球形或近球形，内生近球形子囊孢子（图2×650）。

匍匐曲霉 **Aspergillus repens de Bary**

扫描电镜下：

分生孢子表面具小刺，链状着生于单层小梗上；子囊孢子近球形，光滑，中腰部具一条细纵痕（图 1 × 2200；图 2 × 3000；图 3 × 8000）。

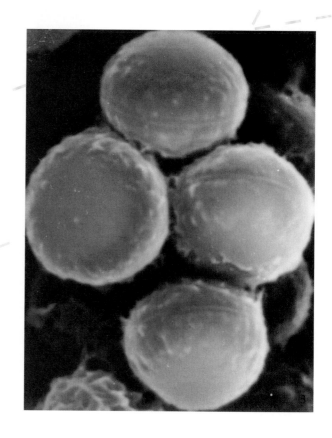

构巢曲霉 *Aspergillus nidulans*（Eidam）Winter
（有性阶段：Emericella nidulans（Eidam）Vuillemin）

外观：

菌落细绒状，草绿色，中央呈褐黄色，表面具模糊的同心环，最外层绕以白边；背面褐色。空气中常见（图1）。

光学显微镜下：

分生孢子梗较短，常呈弯曲状，褐色，壁光滑。分生孢子头短柱形或放射状，顶囊半球形，双层小梗生于顶囊上半部。分生孢子球形，表面粗糙，直径为 3~3.5μm。闭囊壳球形，暗褐色，直径为 135~150μm。子囊孢子双凸镜形，侧面观有两个鸡冠状突起，褐黄色，大小约 5μm×4μm。壳细胞球形，厚壁，无色或浅黄色，直径约25μm，围着闭囊壳生长（图2×650；图3×1200）。

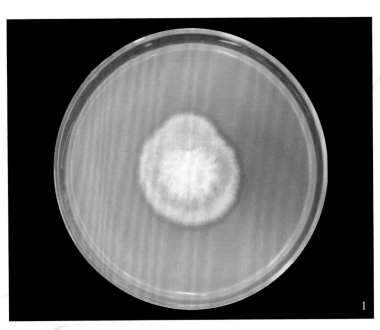

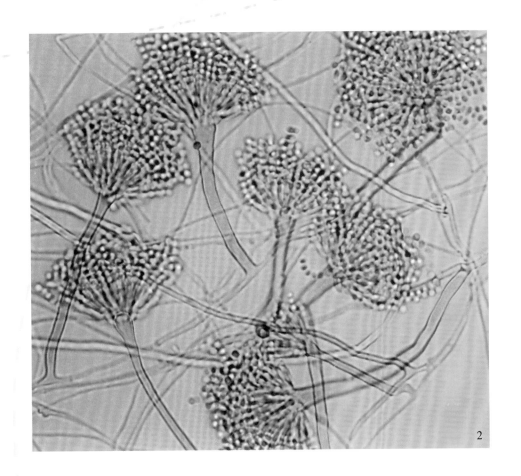

壳细胞

构巢曲霉 *Aspergillus nidulans* （Eidam）Winter
（有性阶段：Emericella nidulans （Eidam）Vuillemin）

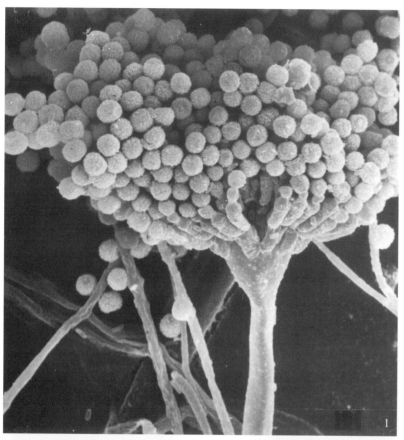

扫描电镜下：

分生孢子表面具蠕虫状纹饰，闭囊壳球形，成堆生长。子囊孢子双凸镜形，边缘薄，具密集而排列整齐的小孔。壳细胞球形，光滑（图 1×1500；图 2×700；图 3×2000；图 4×120；图 5×5000）。

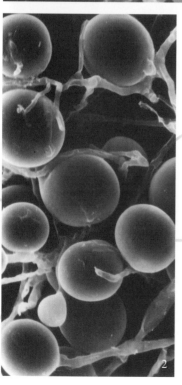

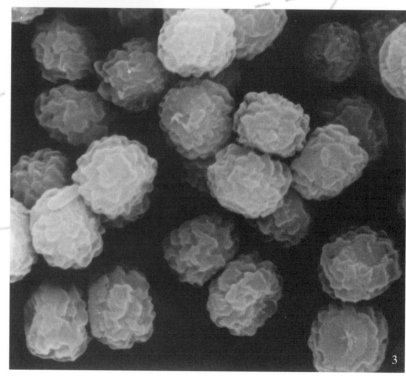

构巢曲霉 *Aspergillus nidulans* （Eidam） Winter
（有性阶段：**Emericella nidulans** （**Eidam**） **Vuillemin**）

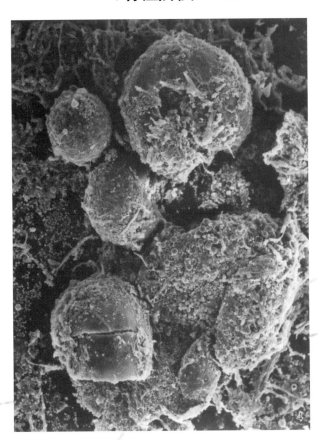

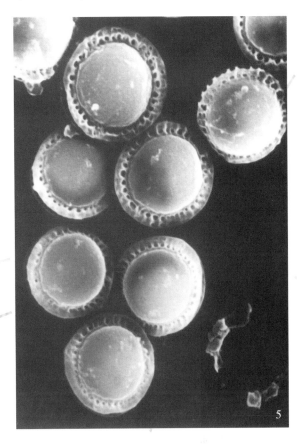

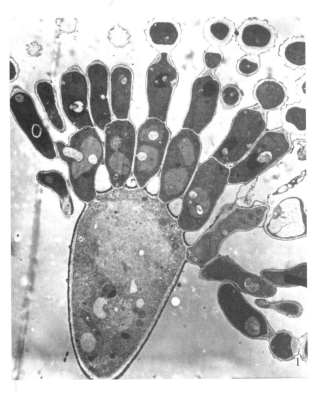

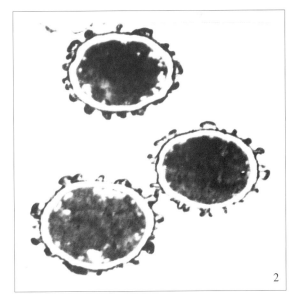

透射电镜下：

　　显示分生孢子头、小梗及分生孢子剖面结构（图
1×5000；图2×5000）。

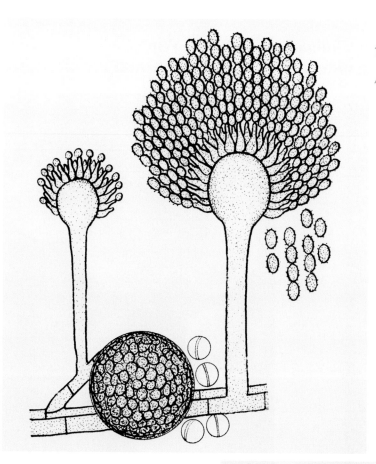

匍匐曲霉

Aspergillus repens

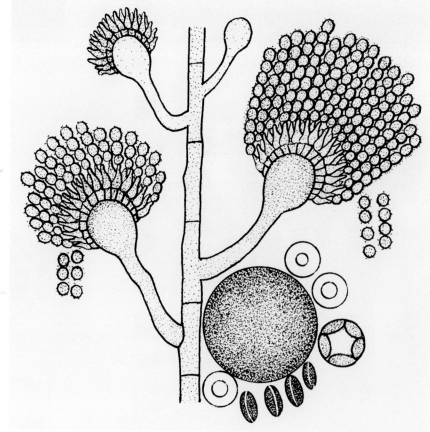

构巢曲霉

Aspergillus nidulans

（有性阶段：

Emericella nidulans）

赭曲霉（棕曲霉） *Aspergillus ochraceus* Wilhelm

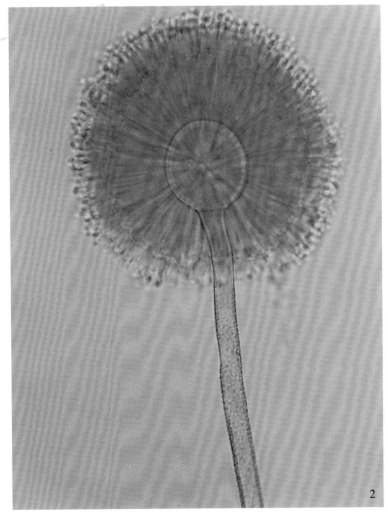

外观：

　　菌落粉粒状，棕色或淡黄色，边缘整齐。背黄褐色。为空气中优势真菌（图1）。

光学显微镜下：

　　分生孢子梗粗糙，黄色。分生孢子头球形，衰老后常裂成直柱状团块。顶囊球形，上生双层小梗。分生孢子球形或近球形，略粗糙，直径 3~5μm（图 2×650）。

赭曲霉（棕曲霉）　*Aspergillus ochraceus* Wilhelm

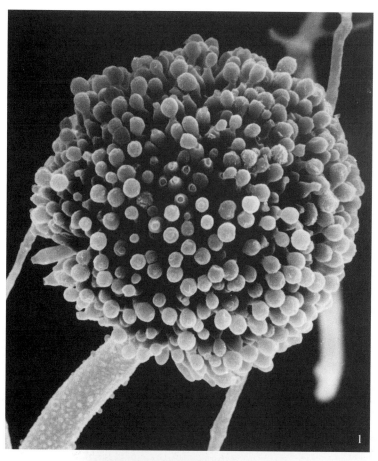

扫描电镜下：
　　分生孢子梗粗糙，表面具大小不一的突起物。分生孢子球形，外壁呈云团状纹饰（图 1×2000；图 2×2250；图 3×2000；图 4×8000）

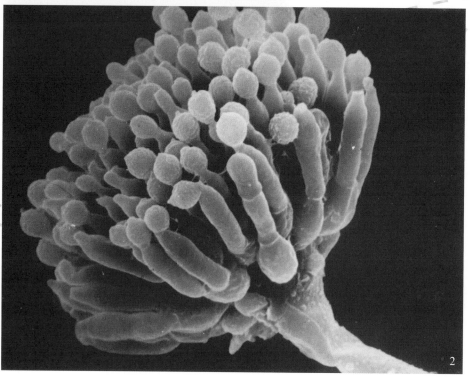

赭曲霉（棕曲霉） *Aspergillus ochraceus* **Wilhelm**

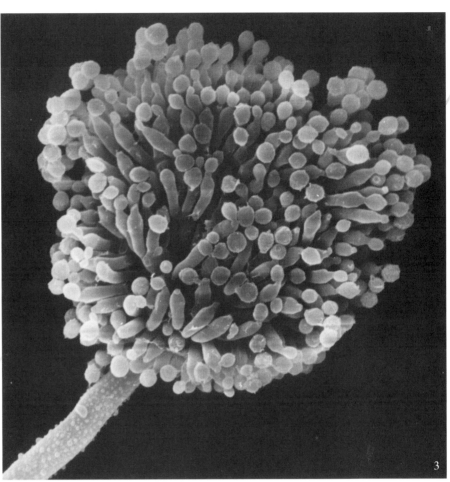

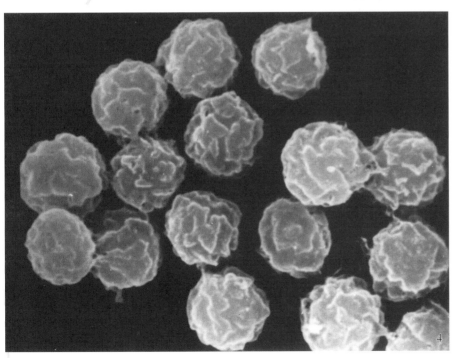

土曲霉 *Aspergillus terreus* Thom.

外观：

菌落细绒状，暗黄色，表面具细密放射状沟纹，边缘不齐；背面暗黄色（图1）。

光学显微镜下：

分生孢子梗较短，无色；小梗双层，生于半球形顶囊上半部；分生孢子头呈紧密的直柱状；分生孢子近球形，光滑。直径 2μm（图 2×650）。

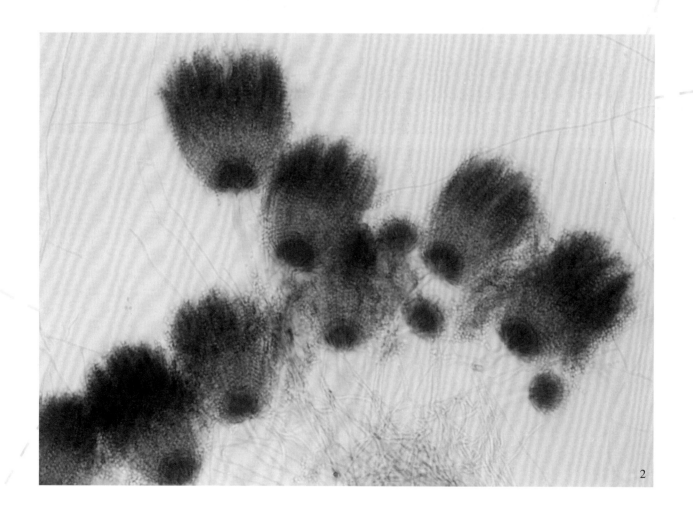

土曲霉 *Aspergillus terreus* Thom.

扫描电镜下：

分生孢子梗光滑；分生孢子头典型的直柱状；分生孢子椭圆形，光滑。表面具均匀密集的纵条纹（图 1×800；图 2×1000；图 3×10000）。

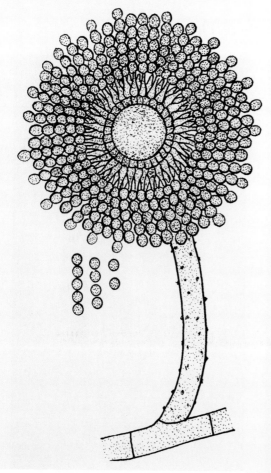

赭曲霉（棕曲霉）

Aspergillus ochraceus

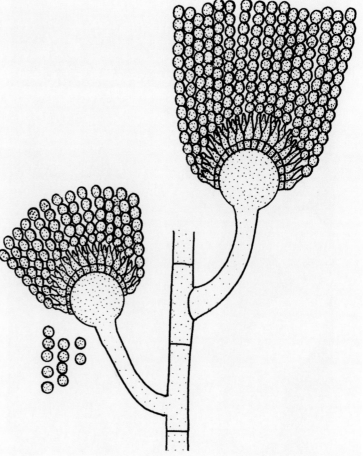

土曲霉

Aspergillus terreus

黄曲霉 *Aspergillus flavus* Link

外观：

　　菌落绒毛状，初期稍带黄色，继变成黄绿色，老后变暗，边缘整齐；背面无色，为空气中优势真菌（图1）。

光学显微镜下：

　　分生孢子梗直接自基质上生出，粗糙。分生孢子头呈疏松放射状。顶囊烧瓶形或近球形。小梗单层、双层或单、双层同生于一个顶囊上。分生孢子球形或近球形，表面粗糙，大小3~6μm（图2×680）。

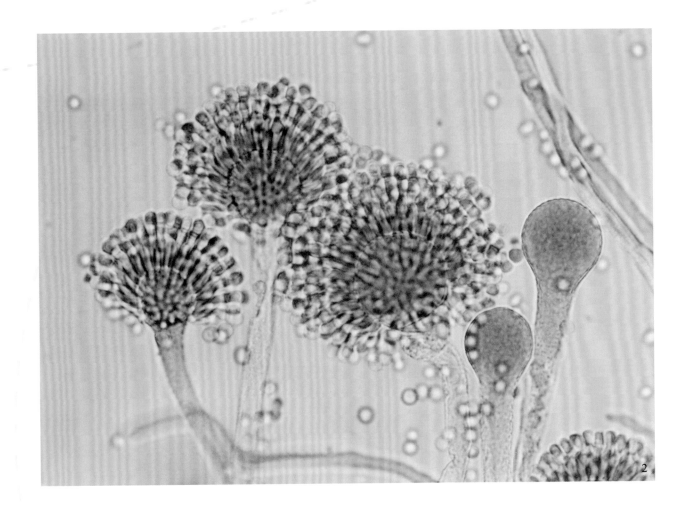

黄曲霉 *Aspergillus flavus* Link

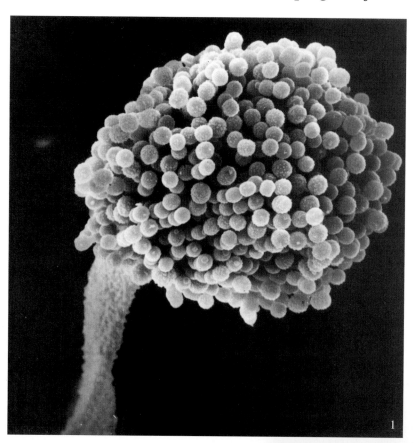

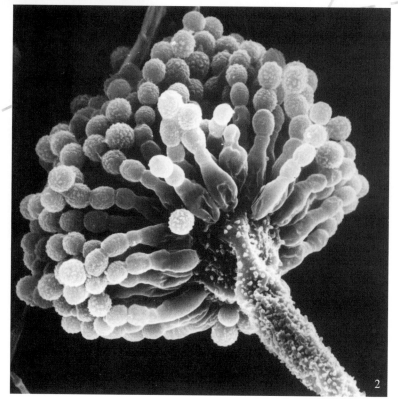

黄曲霉 *Aspergillus flavus* Link

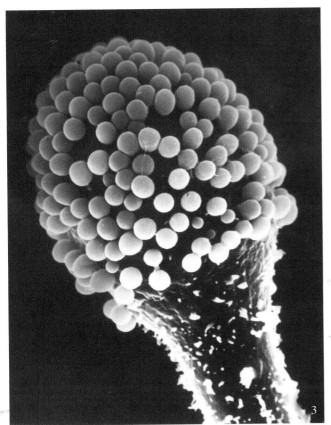

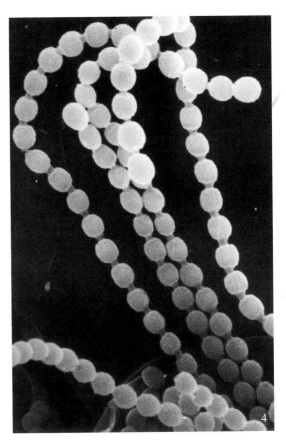

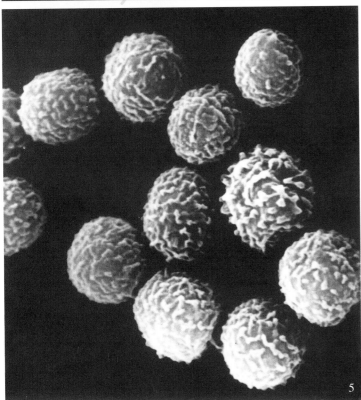

扫描电镜下：

　　分生孢子梗粗糙，密生疣状物。分生孢子头呈放射状或近球形。分生孢子在7000倍下可见表面具弯曲、大小不规则的突起物（图1×2000；图2×2500；图3×2000；图4×2500；图5×7000）。

米曲霉 *Aspergillus oryzae* （Ahiburg） Cohn

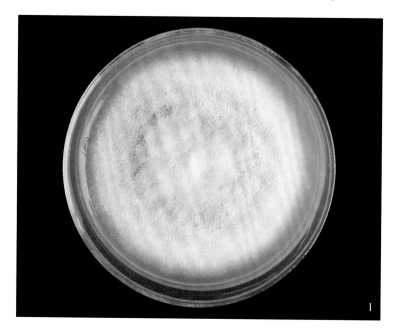

外观：

　　菌落生长较快，初为白色、黄色，继而变暗，边缘整齐；背面微黄色（图1）。

光学显微镜下：

　　分生孢子头放射状，紧密着生。分生孢子梗从营养菌丝分出，壁平滑；顶囊近球形或烧瓶形，上生单层（偶尔双层）瓶形小梗，亦有单双层小梗同时生长在一个顶囊上；分生孢子球形或近球形，粗糙或近光滑（图2×650）。

亮白曲霉 *Aspergillus candidus* Link

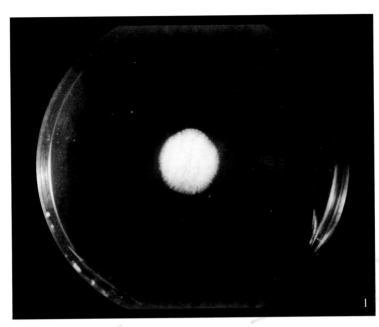

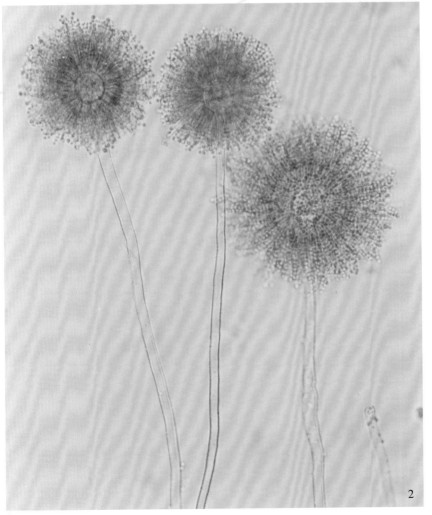

外观:

菌落局限, 致密絮状, 白色, 边缘整齐; 背面淡黄色。空气中较常见(图1)。

光学显微镜下:

分生孢子梗光滑, 无色, 分生孢子头球形, 老后常裂成几个疏松的短柱。顶囊球形或近球形, 大小为 10~40μm。小梗双层, 在顶囊表面全面着生。分生孢子球形、近球形, 光滑, 直径为 2.5~4μm (图 2 × 650)。

亮白曲霉 *Aspergillus candidus* Link

扫描电镜下：

分生孢子梗光滑。分生孢子在孢子链未断开前呈短柱状，光滑（图 1×1300；图 2×3500）。

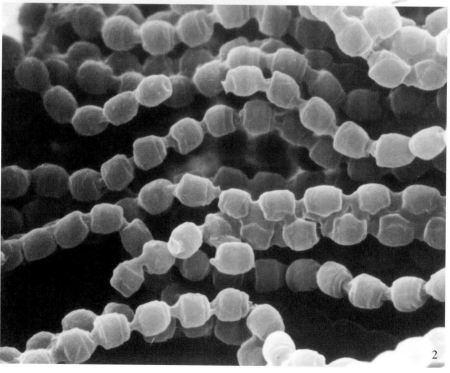

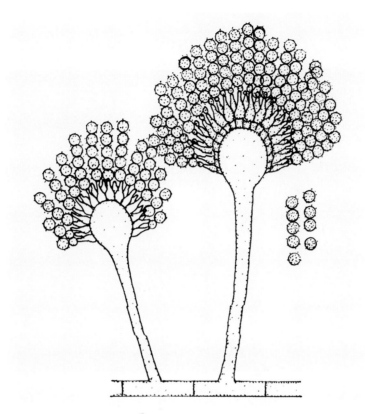

黄曲霉 *Aspergillus flavus*

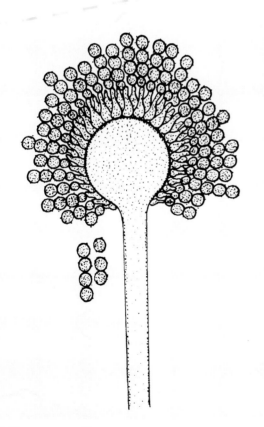

米曲霉 *Aspergillus oryzae*

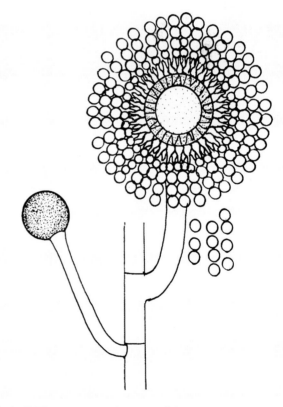

亮白曲霉 *Aspergillus candidus*

杂色曲霉 *Aspergillus versicolor* （Vuill.） Tiraboschi

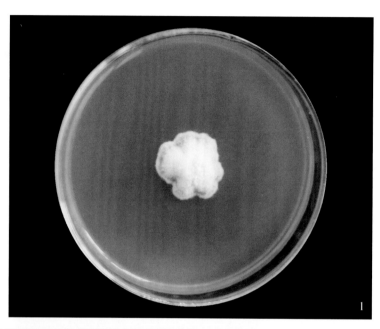

外观：

　　菌落局限，绒状，皱折，边缘绿色，中间无色，培养基上呈褐色；背面色暗（图1）。

光学显微镜下：

　　分生孢子梗光滑、无色，上生半球形顶囊，在上半部 3/4 处生出双层小梗；分生孢子球形，表面粗糙，直径为 2.5~3.5μm。某些菌系可产生球形、厚壁壳细胞（图2×650；图3×1200）。

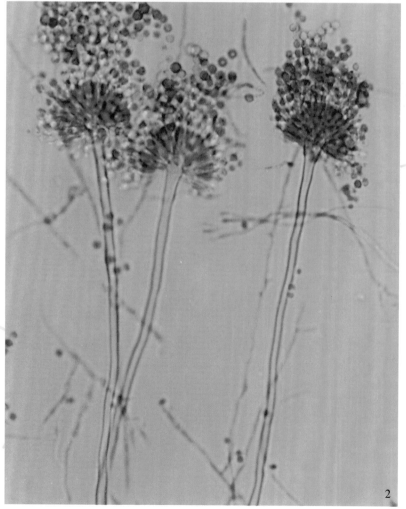

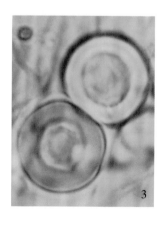

杂色曲霉　*Aspergillus versicolor*（Vuill.）Tiraboschi

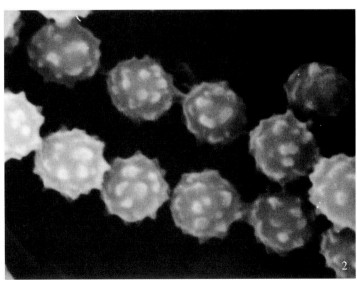

扫描电镜下：

　　分生孢子头呈疏松放射状；分生孢子球形，表面具刺（图 1×2550；图 2×7000）。

聚多曲霉 *Aspergillus sydowii* （**Bain. et Sart.**）**Thom et Church**

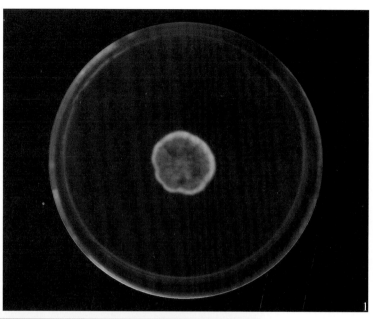

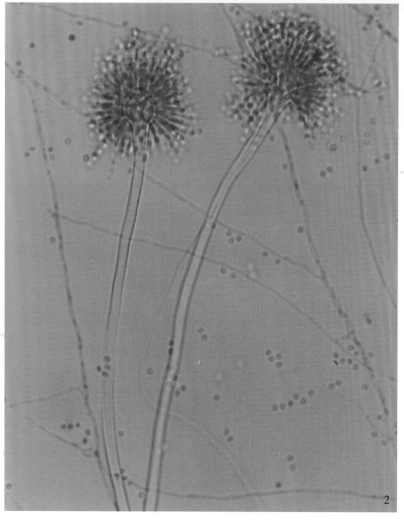

外观：

    菌落局限，表面细绒状，具简单放射状沟纹；蓝绿色；背面褐红色（图 1）。

光学显微镜下：

    分生孢子梗光滑、无色，上生半球形顶囊；在顶囊上半部生双层小梗；分生孢子球形，粗糙，直径 2.5~3.5μm（图 2 × 650）。

聚多曲霉 *Aspergillus sydowii* （Bain. et Sart.） Thom et Church

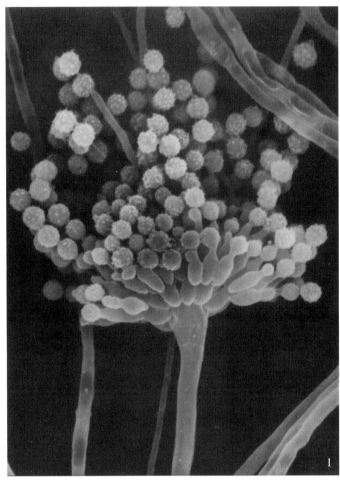

扫描电镜下：

分生孢子头呈疏松放射状；分生孢子球形，表面具短刺（图 1 × 2200；图 2 × 8000）。

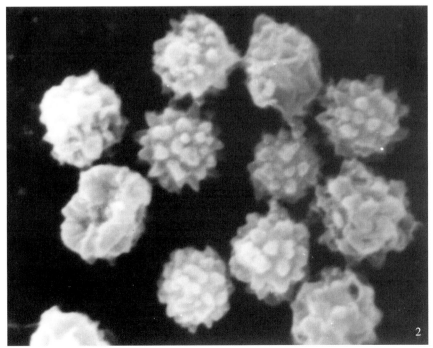

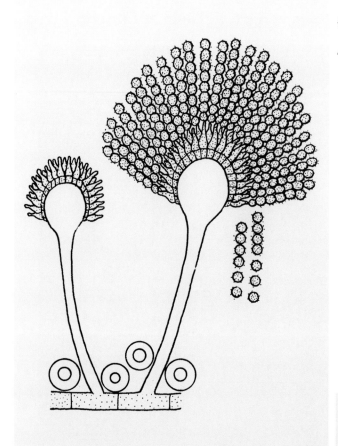

杂色曲霉

Aspergillus versicolor

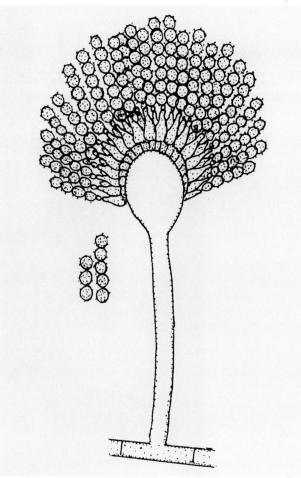

聚多曲霉

Aspergillus sydowii

细曲霉 *Aspergillus gracilis* **Bainier**

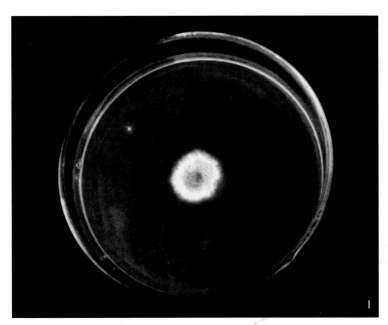

外观：

　　菌落局限，初期淡绿色，老后呈暗绿色；背面与表面同色（图1）。

光学显微镜下：

　　分生孢子梗细，光滑，无色；顶囊稍宽于孢梗，极不明显；小梗双层，生于顶囊上部；孢子链呈柱状；分生孢子近球形，稍粗糙，大小约4~5μm×3μm（图2×650）。

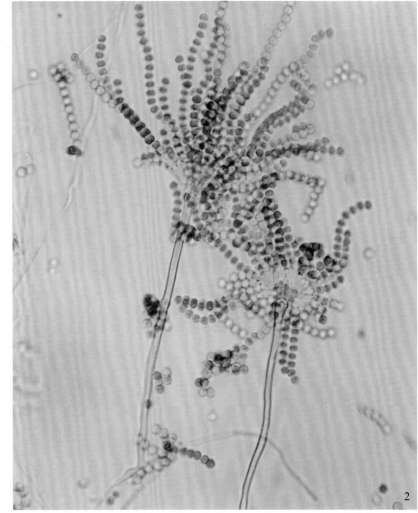

黑曲霉 *Aspergillus niger van* **Tieghem**

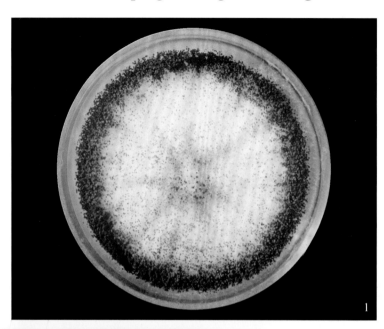

1

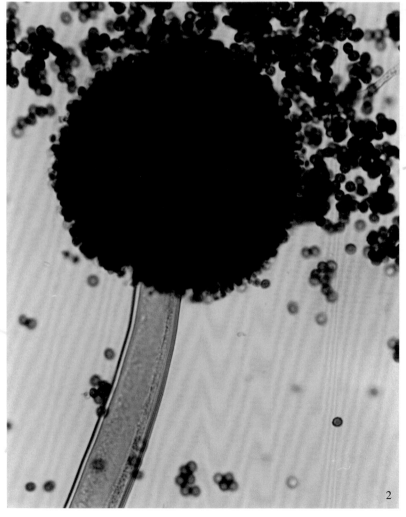

2

外观：

　　菌落蔓延，初为白色，中间出现或不出现黄色区域，继而产生黑色粉粒，使之变黑；表面具短的放射状沟纹，边缘整齐。背面无色。为空气中优势真菌（图1）。

光学显微镜下：

　　分生孢子梗光滑，壁厚，略带黄色。分生孢子头球形，个大，成熟后呈黑色。顶囊球形或近球形，无色或略带黄褐色。小梗双层，密生在顶囊的全部表面。分生孢子球形，黑褐色，表面粗糙，直径 4~5μm（图 2×650）。

黑曲霉　*Aspergillus niger van* Tieghem

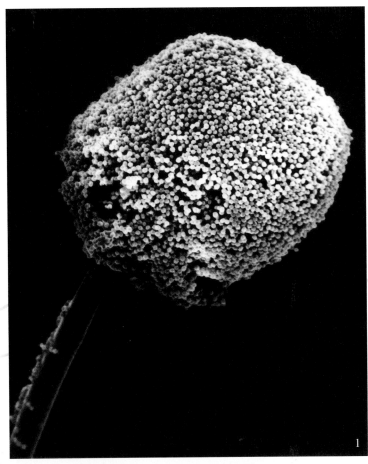

扫描电镜下：
　　球形的分生孢子头，密布分生孢子，在高倍镜下，可见分生孢子呈皱折状（图 1×750；图 2×7000）。

日本曲霉 *Aspergillus japonicus* Saito

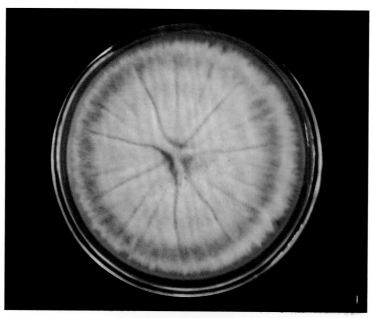

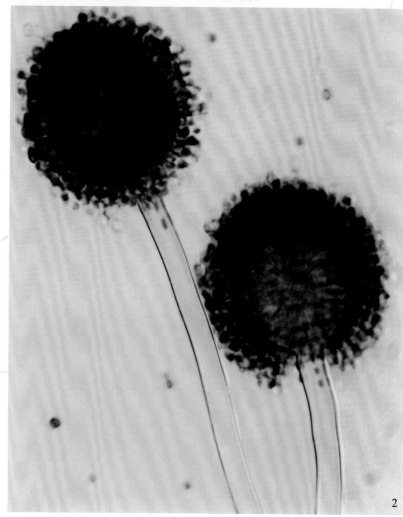

外观:

　　菌落绒状，紫褐色，表面具放射状沟纹。背面淡紫褐色，空气中较常见（图1）。

　　光学显微镜下：分生孢子头球形，分生孢子梗光滑，无色。顶囊球形或稍长，上生单层小梗。分生孢子球形或近球形，具小刺（图2×650）。

黑曲霉
Aspergillus niger

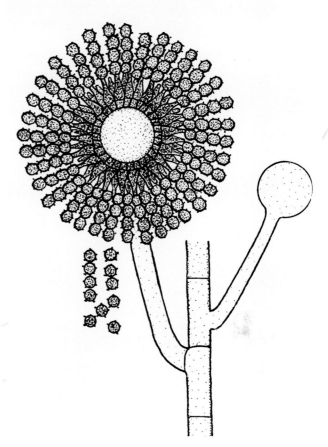

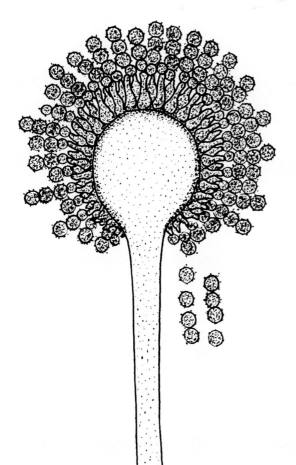

日本曲霉

Aspergillus japonicus

烟曲霉 *Aspergillus fumigatus* Fres.

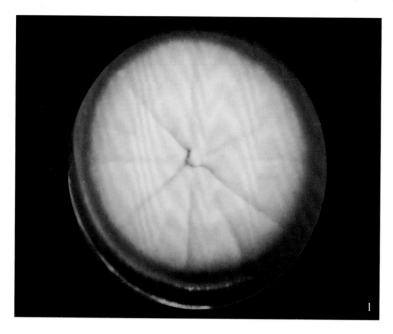

外观:

菌落细绒状,周围絮状,暗绿色,有时有放射状沟纹和简单的同心环,边缘整齐;背面无色(图1)。

光学显微镜下:

分生孢子梗较短,常弯曲,表面光滑,淡绿色。分生孢子头柱状,长短不一。顶囊烧瓶形,绿色。小梗单层,紧密,生于顶囊上部。分生孢子球形或近球形,绿色,表面粗糙,直径2.5~3μm。为空气中优势真菌(图2×500;图3×1200;图4×780)。

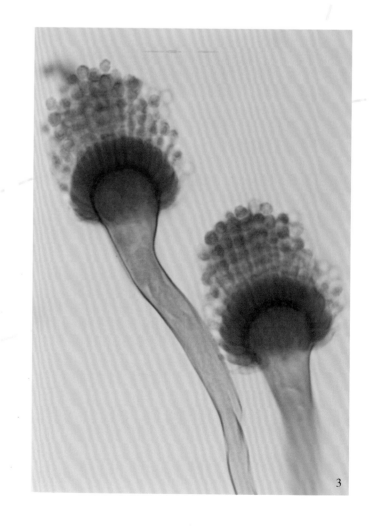

烟曲霉　*Aspergillus fumigatus* Fres.

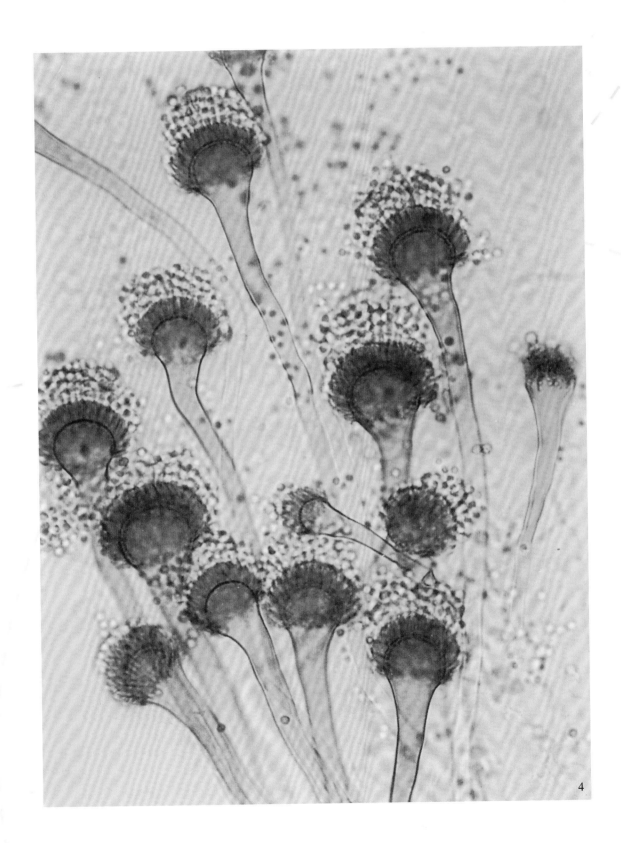

烟曲霉　*Aspergillus fumigatus* **Fres.**

扫描电镜下：

分生孢子头呈直柱状；分生孢子近圆形或椭圆形，表面瘤状突起（图 1×1100；图 2×2000；图 3×6000）。

焦曲霉 *Aspergillus ustus*（Bainier）Thom et Church

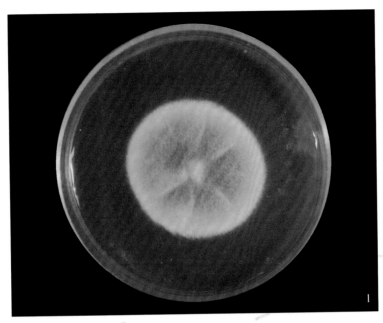

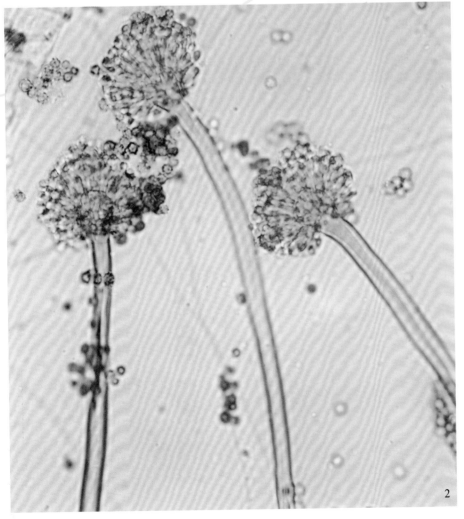

外观：

菌落局限，绒状，最初淡黄色，继变为紫褐色，表面具简单放射状沟纹；背面褐色（图1）。

光学显微镜下：

分生孢子梗光滑，淡褐色，长短不一；顶囊近球形，上部生双层小梗；分生孢子球形，具小刺，直径 3.2~4.5μm。有些菌系产生壳细胞，圆形、卵形或长形（图2 × 650）。

焦曲霉 *Aspergillus ustus* （Bainier） Thom et Church

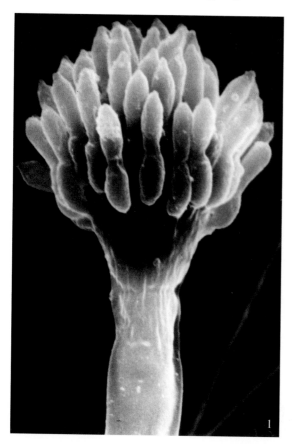

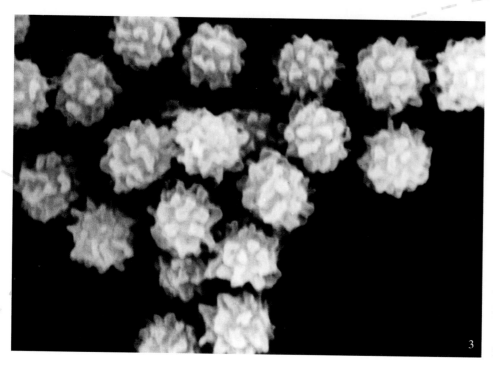

扫描电镜下：
　双层小梗生于顶囊上部；分生孢子头球形；分生孢子球形；表面具密集钝刺（图 1×3000；图 2×2500；图 3×6000）。

烟曲霉

Aspergillus fumigatus

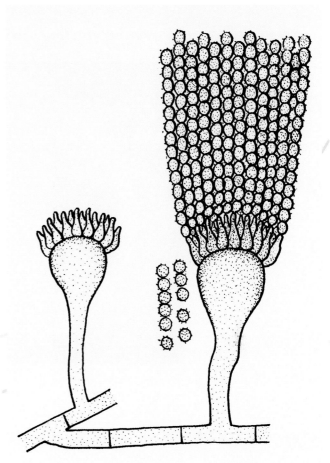

焦曲霉

Aspergillus ustus

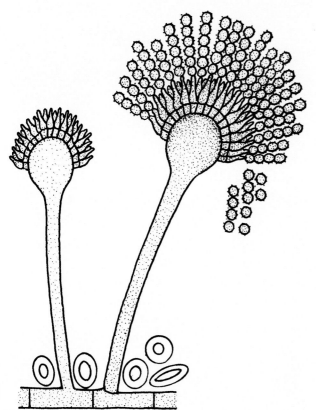

黄柄曲霉 *Aspergillus flavipes* （**Bainier et Sartory**）**Thom et Church**

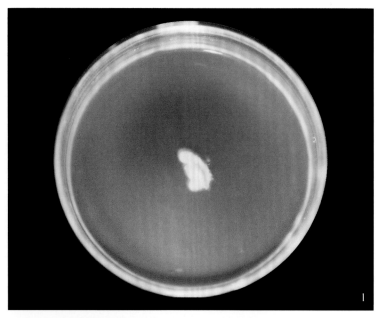

1

2

外观：

　　菌落生长较慢；初期白色，继变为灰黄色；背面红褐色（图1）。

光学显微镜下：

　　分生孢子头呈疏松放射状或柱状；分生孢子梗壁较厚，褐黄色，光滑；顶囊近球形或稍长，分大小两类；小梗双层，在大顶囊上全面着生；在小顶囊上只生于顶部；分生孢子球形或近球形，2~3μm（图2×650）。

温特曲霉 *Aspergillus wentii* **Wehmer**

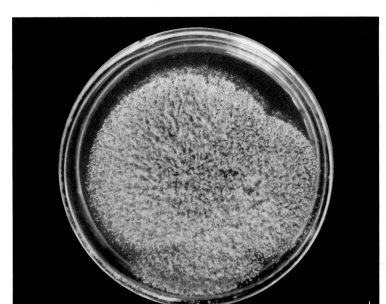

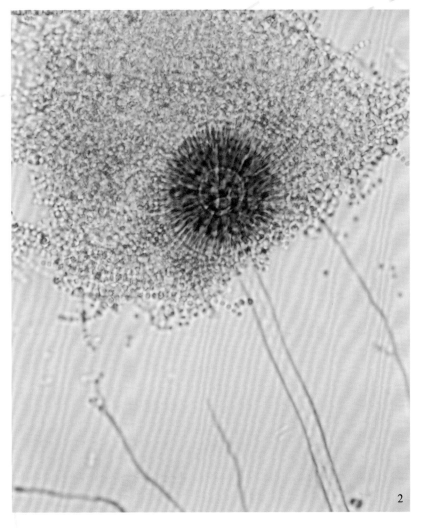

外观：

菌落局限，致密絮状，具白色或带黄色气生菌丝；衰老后呈粉粒状，褐黄色。背面淡色（图1）。

光学显微镜下：

分生孢子头球形，大，棕褐色；顶囊球形，双层小梗生于顶囊表面；分生孢子球形 4.5~5μm，光滑（图2×650；图3×1200）。

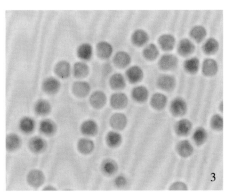

桔青霉 *Penicillium citrinum* Thom

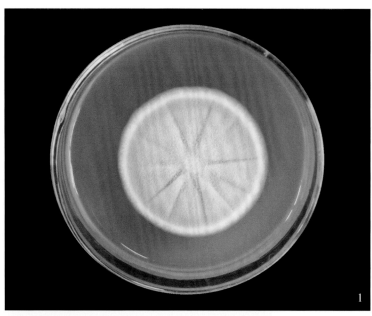

1

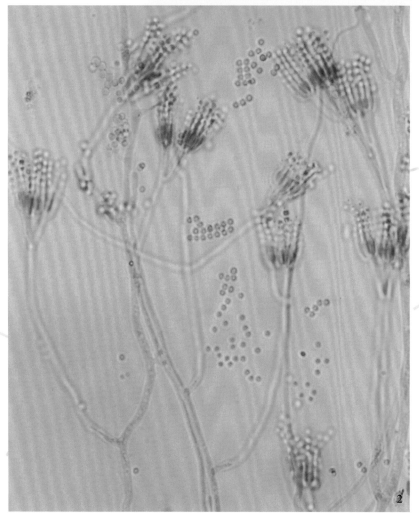

2

外观:

菌落局限,绒状,淡蓝绿色,表面具放射状沟纹;背面淡紫红色,并扩散至培基(图1)。

光学显微镜下:

分生孢子梗光滑,不分枝;帚状枝不对称,作二次分枝,稍散开;基梗多由2~4小梗簇组成;小梗密集的轮生在基梗上;分生孢子近球形,表面近光滑,孢子链排列成分散的柱状(图2×650)。

桔青霉 *Penicillium citrinum* Thom

扫描电镜下：

  帚状枝不对称，二次分枝；分生孢子球形或近球形，表面粗糙（图 1×2900；图 2×7000）。

常现青霉　*Penicillium frequentans* Westl.

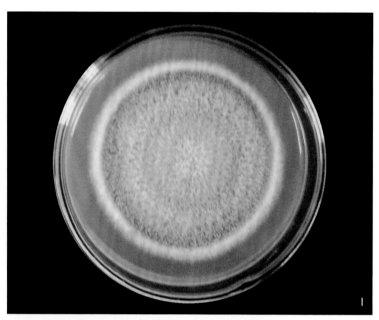

外观：

　　菌落生长迅速，绒状，艾绿色，未见渗出液；背面淡黄色（图1）。

光学显微镜下：

　　分生孢子梗较短，壁光滑；帚状枝单轮，分生孢子链呈直柱状；分生孢子球形、近球形，光滑，大小约3~3.5μm（图2×650；图3×1200）。

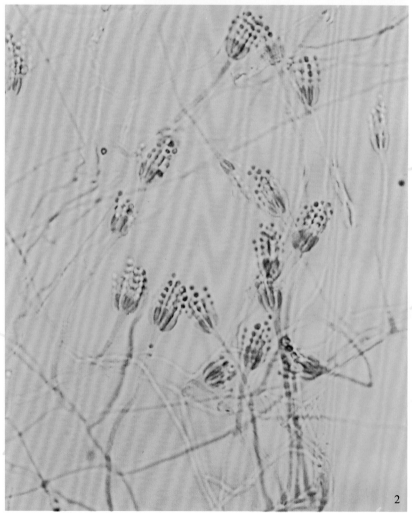

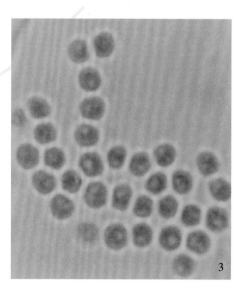

桔青霉

Penicillium citrinum

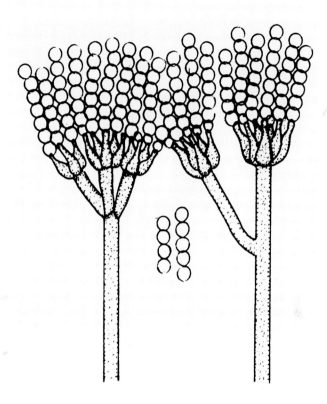

常现青霉

Penicillium frequentans

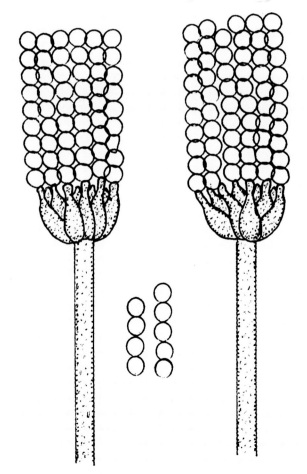

牵连青霉　*Penicillium implicatum* **Biourge**

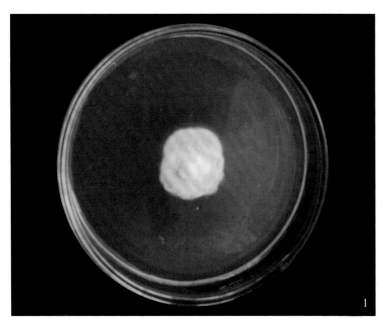

1

外观：

　　菌落生长局限，致密，绒状，蓝绿色；背面及培养基呈黄褐色（图1）。

光学显微镜下：

　　分生孢子梗由基质生出；帚状枝单轮，分生孢子链疏松柱状；分生孢子椭圆形，大小 2.5~3μm × 2~2.5μm（图2 × 650，图3 × 1200）。

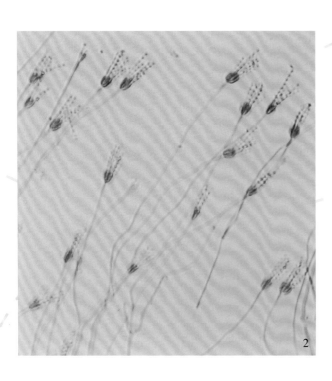

2

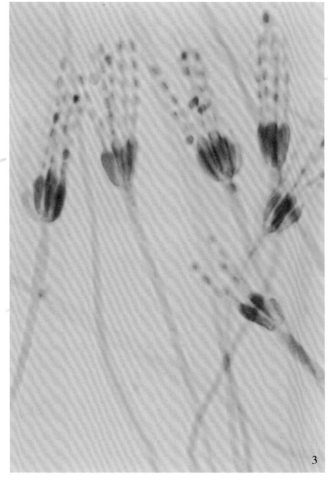

3

牵连青霉　*Penicillium implicatum* **Biourge**

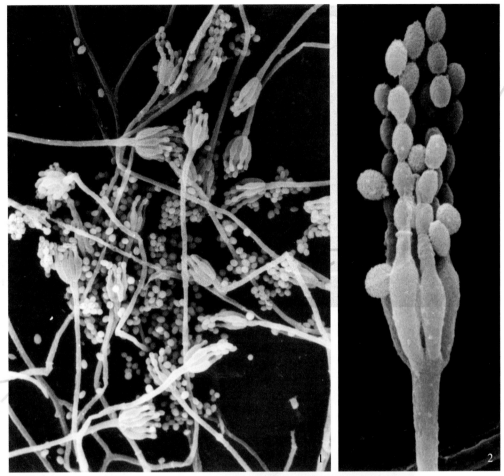

扫描电镜下：

　　分生孢子梗及小梗略粗糙；分生孢子高倍镜下极粗糙（图1×800，图2×3500，图3×6000）。

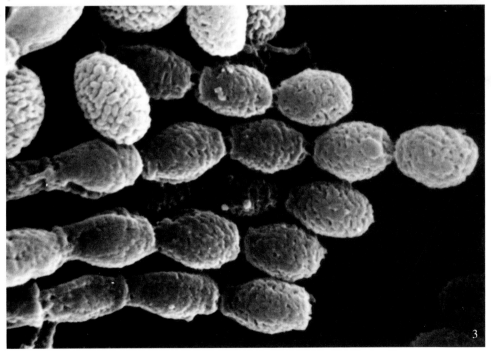

小刺青霉 *Penicillium spinulosum* Thom

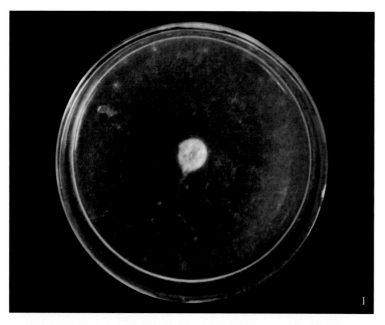

外观：

菌落局限，绒状，浅兰绿色；背面无色（图1）

光学显微镜下：

分生孢子梗约50μm左右，壁平滑；帚状枝单轮；分生孢子球形或近球形，表面粗糙（图2、图3、图4×1200）。

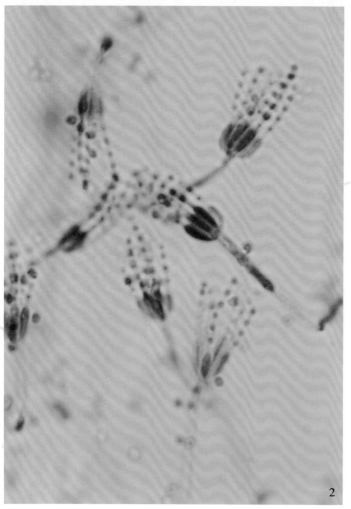

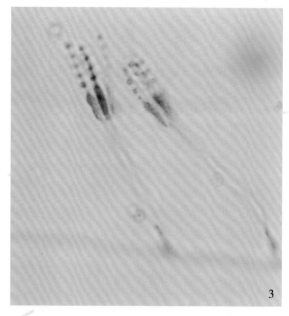

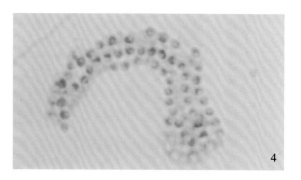

小刺青霉 *Penicillium spinulosum* Thom

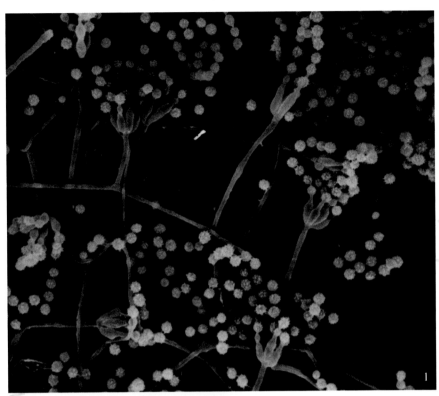

扫描电镜下：

帚状枝单轮，壁光滑；分生孢子刺状纹饰

（图 1×1000；图 2×3500）。

圆弧青霉 *Penicillium cyclopium* **Westling**

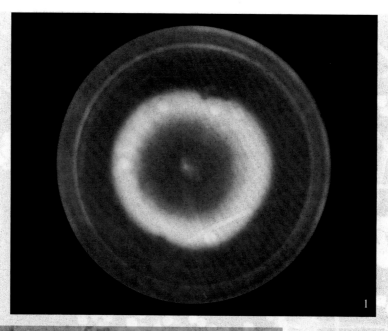

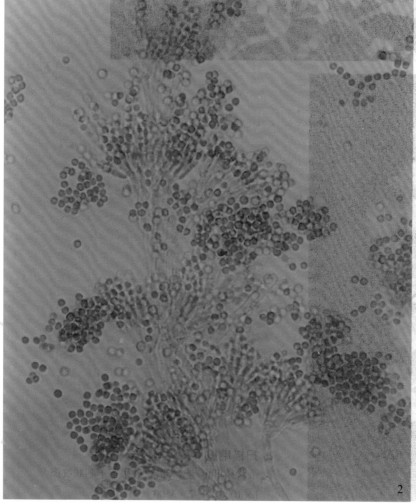

外观：

菌落局限，细绒状，蓝绿色，周围绕以白边；背面无色（图1）。

光学显微镜下：

分生孢子梗稍粗糙；帚状枝不对称，常具3层分枝；梗基及小梗轮生；分生孢子近球形，光滑，直径3~4μm（图2×630）。

圆弧青霉 *Penicillium cyclopium* Westling

扫描电镜下：
  帚状枝光滑；不对称；分生孢子近球形，
壁光滑（图1×2000；图2×6000）。

产黄青霉 *Penicillium chrysogenum* Thom

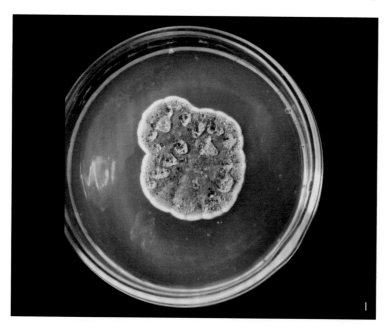

外观：

菌落蔓延，表面致密绒状；蓝绿色，具明显的放射状沟纹；背面暗黄色（图1）。

光学显微镜下：

分生孢子梗光滑；帚状枝不对称，作2~3次分枝；副枝长短不等；小梗4~6轮生；分生孢子椭圆形，2~4μm×2.8~3.5μm（图2×650，图3×1200）。

1 2 3

产黄青霉 *Penicillium chrysogenum* Thom

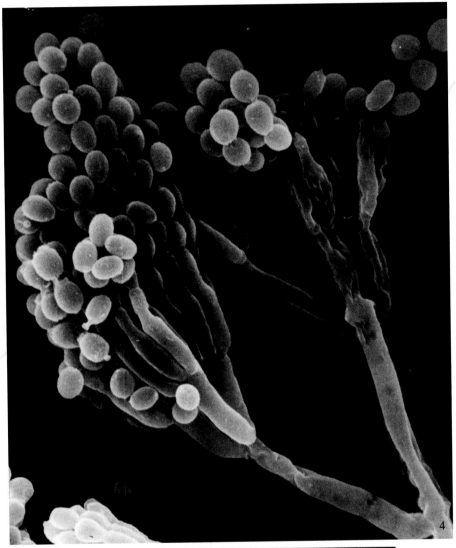

扫描电镜下：

  帚状枝不对称；分生孢子椭圆形，光滑，高倍镜下可见稀疏的颗粒状物（图4×3000；图5×9000）。

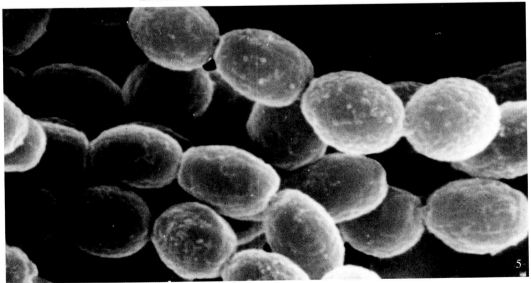

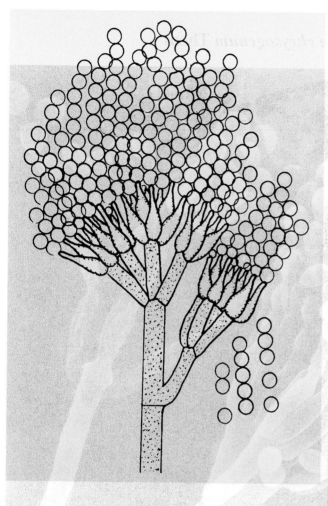

圆弧青霉

Penicillium cyclopium

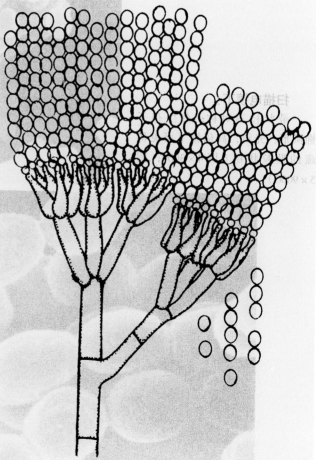

产黄青霉

Penicillium chrysogenum

缓生青霉 *Penicillium tardum* Thom

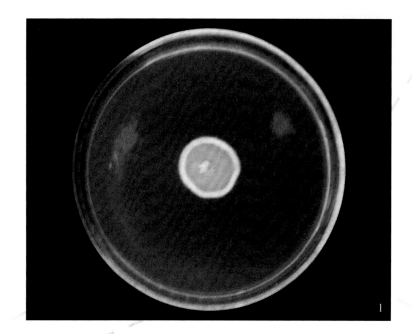

外观：

    菌落在普通培养基上生长缓慢，表面细绒状，蓝绿色，周围有白边；背面淡色（图1）。

光学显微镜下：

    帚状枝典型二轮对称；分生孢子梗光滑；小梗几个密集排列；分生孢子椭圆形，光滑3.0~3.5μm×2.0~2.5μm（图2×650）。

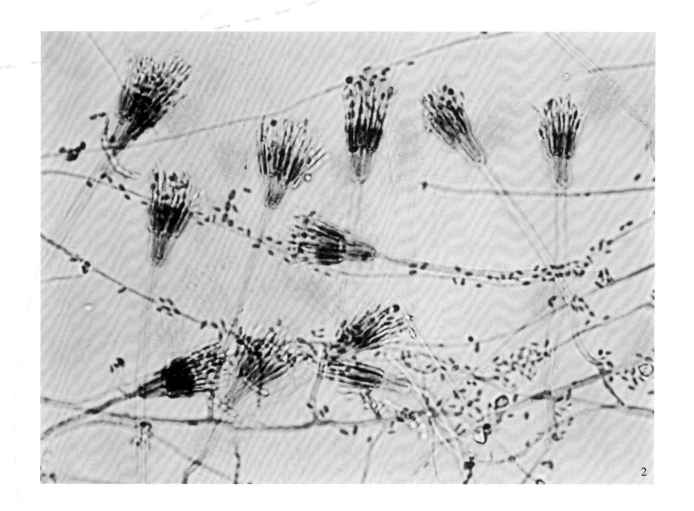

产紫青霉 *Penicillium purpurogenum* Stoll

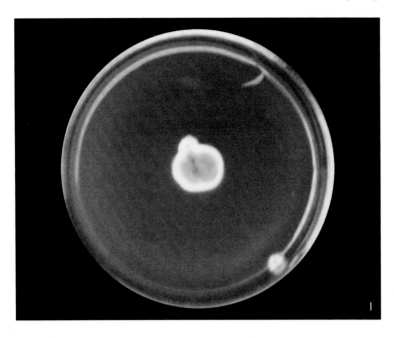

外观：

菌落绒状，绿色至深绿色；背面紫红色并扩散于培养基中（图1）。

光学显微镜下：

帚状枝双轮对称，紧密；梗基5~8轮生；小梗细长，紧密，4~6个一簇；分生孢子椭圆形至近球形，10~12μm×2~2.5μm（图2×650）。

产紫青霉 *Penicillium purpurogenum* Stoll

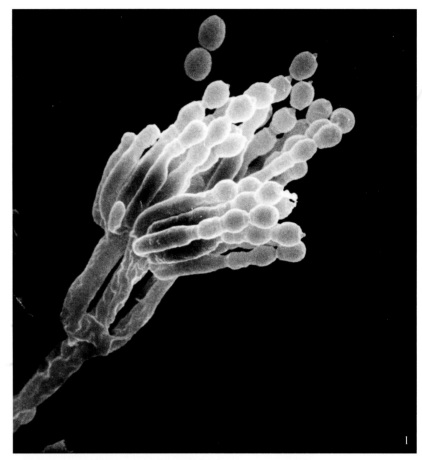

扫描电镜下：

分生孢子梗粗糙；分生孢子椭圆形，高倍镜下可见表面较粗糙（图 1 × 2500；图 2 × 7000）。

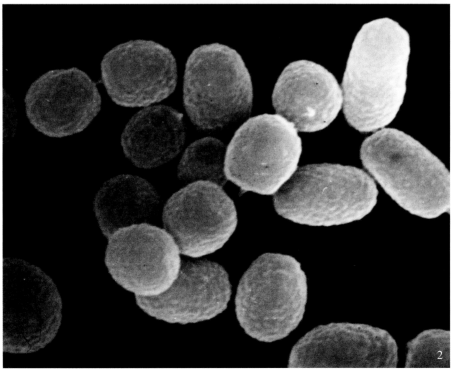

草酸青霉 *Penicillium oxalicum* Currie et Thom

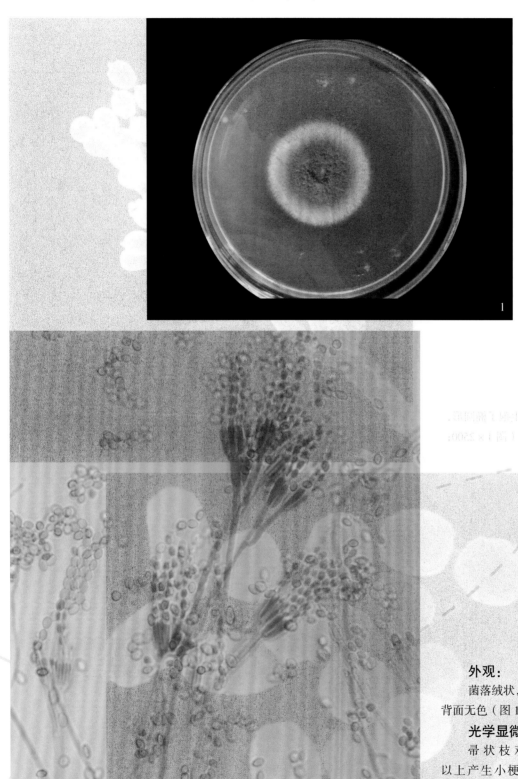

外观：

　　菌落绒状，平坦，暗绿色，边缘白色；背面无色（图1）。

光学显微镜下：

　　帚状枝双轮，不对称，由2个以上产生小梗的梗基组成；分生孢子梗光滑；分生孢子椭圆形，光滑，4.5~6.5μm×3~4μm，呈链状着生，集合成直柱状（图2×650）。

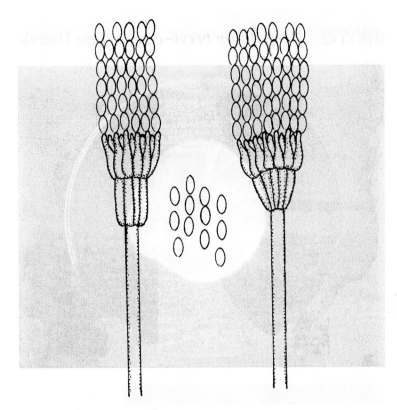

缓生青霉 *Penicillium tardum*

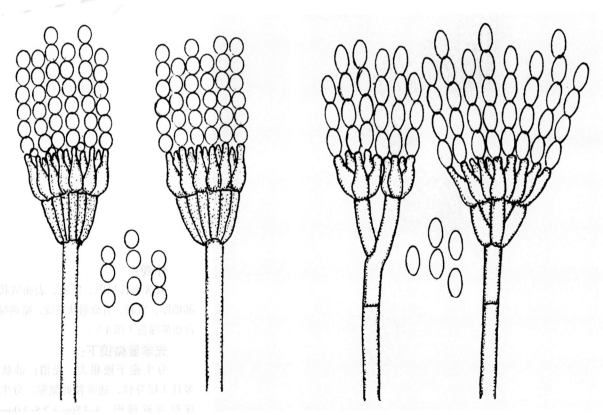

产紫青霉 *Penicillium purpurogenum*　　　草酸青霉 *Penicillium oxalicum*

短密青霉 *Penicillium brevi–compactum* Dierckx

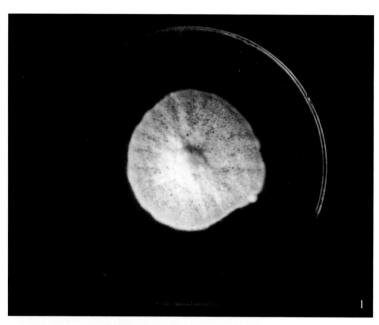

1

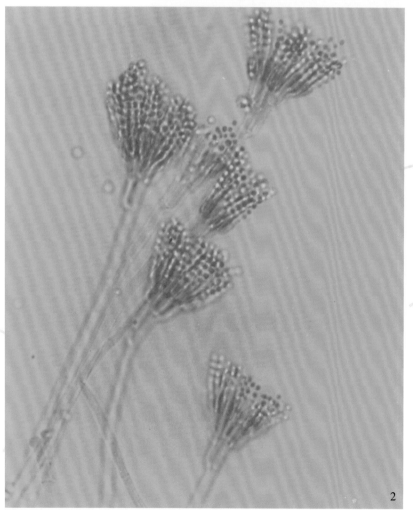

2

外观：

菌落生长局限，紧密，表面绒状，中部稍厚，突起，有放射状皱纹，暗黄绿色；背面带绿色（图1）。

光学显微镜下：

分生孢子梗粗大，光滑；帚状枝大多具3层分枝，通常彼此紧贴。分生孢子球形或近球形，3~3.5μm×2.5~3.0μm（图2×650）。

展开青霉 *Penicillium patulum* **Bainier**

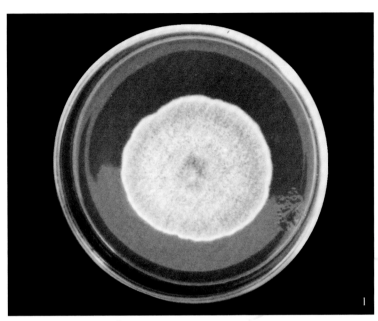

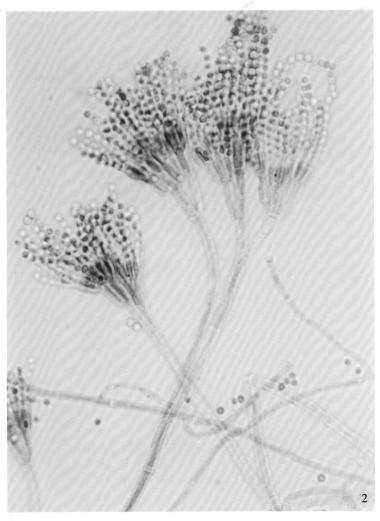

外观：

　　菌落生长局限，灰绿色；背面橙褐色，扩散于培养基中（图1）。

光学显微镜下：

　　帚状枝疏松散开，具3~4层分枝。分生孢子链略散开，分生孢子梗多集结成束，壁光滑；副枝散开。分生孢子近球形，2.5~3μm，光滑（图2 × 650）。

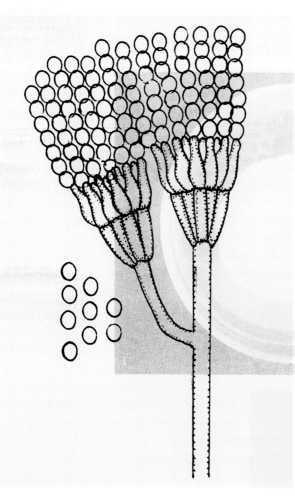

短密青霉

Penicillium brevi–compactum

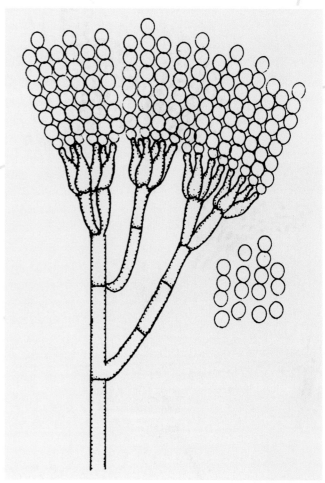

展开青霉

Penicillium patulum

淡紫青霉 *Penicillium lilacinum* Thom

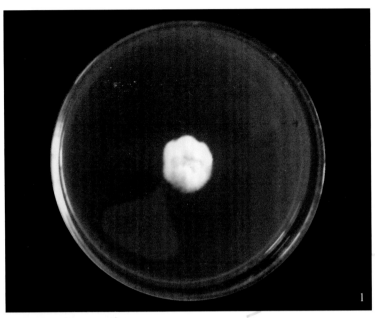

1

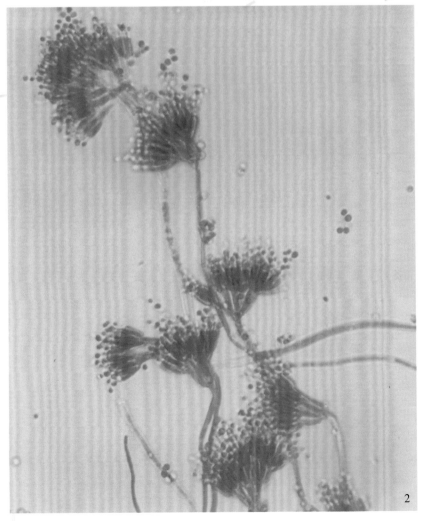

2

外观:
　　菌落生长较局限, 絮状, 最初白色, 继而变灰紫色, 渗出液少; 背面淡紫色(图1)。

光学显微镜下:
　　分生孢子梗长度差别大, 在菌落边缘者多自基质生出, 极长; 在菌落中部者多生自气生菌丝, 极短。帚状枝不对称。2~3次分枝, 基梗短, 小梗先端骤然变细。形成管状物, 其上产生分生孢子。分生孢子椭圆形, $2.5\sim3\mu m \times 2\mu m$(图$2 \times 650$)。

淡紫青霉   *Penicillium lilacinum* Thom

扫描电镜下：

分生孢子梗微现粗糙，小梗先端管状结构明显；分生孢子在
高倍镜下极粗糙；每个孢子一端均有一锥形突起物将其联结成链
（图 1 × 500；图 2 × 3000；图 3 × 7000）。

岛青霉 *Penicillium islandicum* Sopp

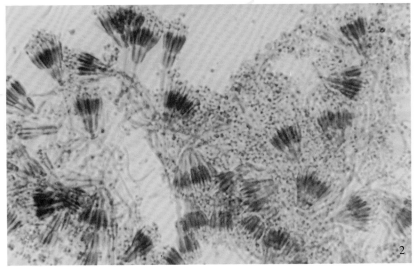

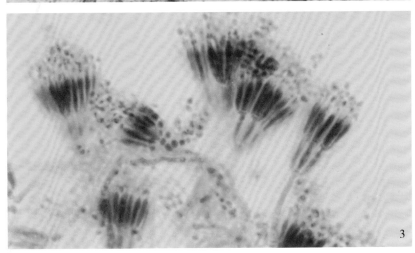

外观：

菌落局限，绒状，边缘不规则，灰色，培养基带橙色；背面橙色（图1）。

光学显微镜下：

分生孢子梗短，光滑；基梗4~6个轮生，帚状枝双轮对称；分生孢子椭圆形，光滑，产生短的分生孢子链，孢子大小约 3~3.5μm×2~3.5μm（图2×400；图3×1000）。

岛青霉　*Penicillium islandicum* **Sopp**

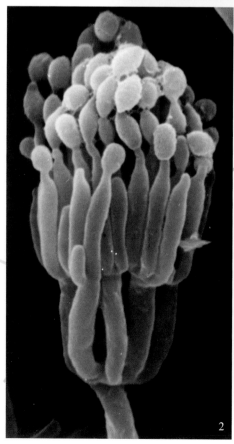

扫描电镜下：

　　分生孢子梗短而光滑；帚状枝双轮对称（图 1×600；图 2×2000），分生孢子椭圆形，表面粗糙（图 3×8000）。

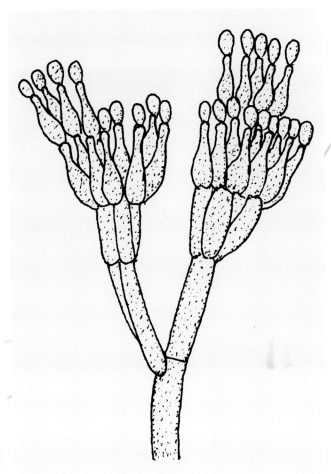

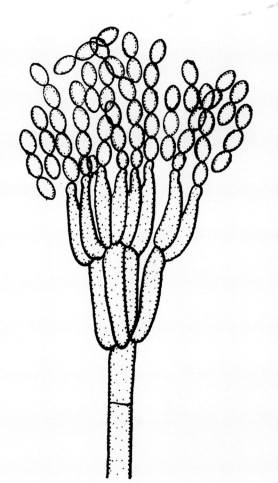

淡紫青霉

Penicillium lilacinum

岛青霉

Penicillium islandicum

枝状枝孢 *Cladosporium cladosporioides*（Fr.）de Vires

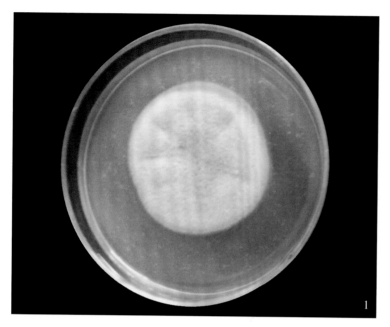

外观：

    菌落局限，细粉末状，稍凸起，表面具放射状沟纹，蓝绿色；背面蓝黑色，为空气中优势真菌（图1）。

光学显微镜下：

    菌丝褐色，具横隔。分生孢子梗直立，具横隔，与菌丝同色。分生孢子卵形，借连续出芽而形成分生孢子链，孢子之间有暗色分离点间隔；分生孢子链下部的孢子多成柱状或筒状，有的具1~2个隔膜及脐点，大小为2~7（~11）μm×2~4（~6）μm（图2×1620）。

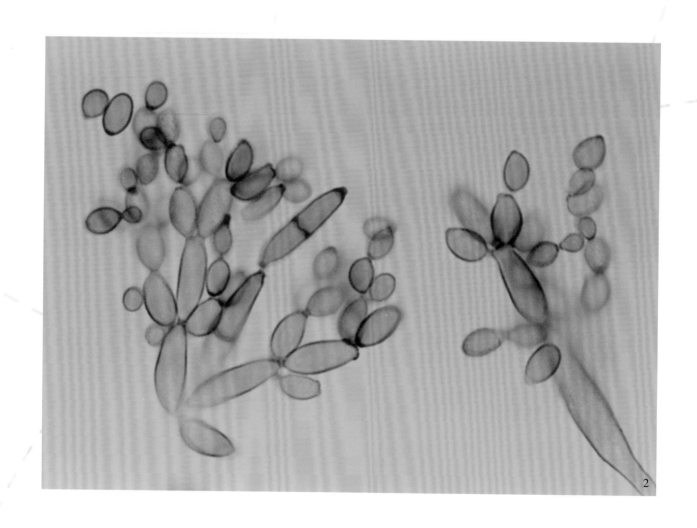

枝状枝孢 *Cladosporium cladosporioides*（Fr.）de Vires

扫描电镜下：

分生孢子链具分枝，孢子表面不平，无明显纹饰（图 1×1700；图 2×4000）。

球孢枝孢 *Cladosporium sphaerospermum* **Penz.**

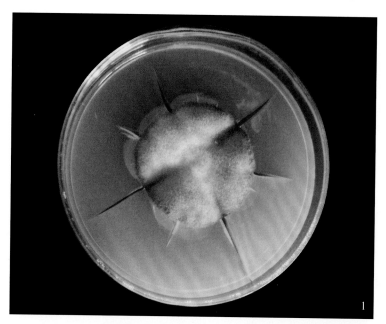

外观：

　　菌落局限，蓝绿色，细绒状，隆起，表面具简单的深沟纹，皿碟中的培养基与沟纹同步裂开；背面暗色，空气中常见（图1）。

光学显微镜下：

　　分生孢子梗顶生于菌丝，淡褐色。分生孢子链生，球形、近球形，褐色，直径5~8μm（图2 × 1620）。

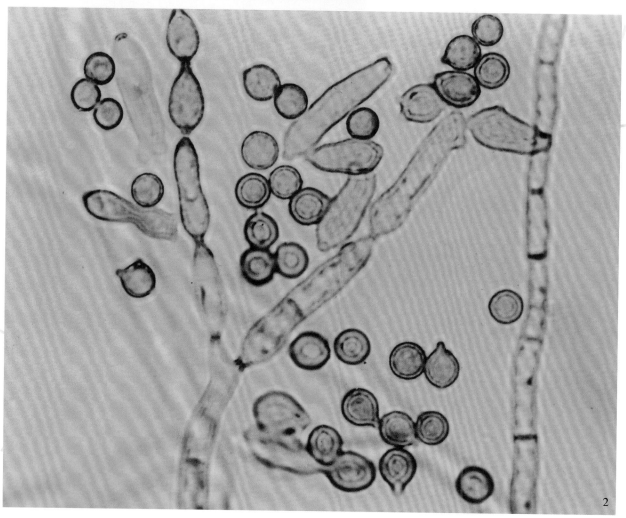

大孢枝孢 *Cladosporium macrocarpum* **Preuss**

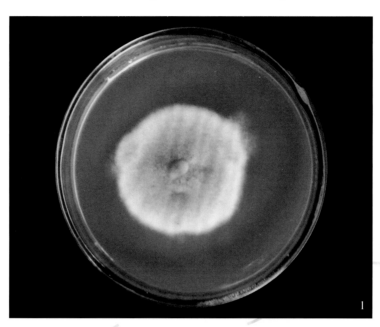

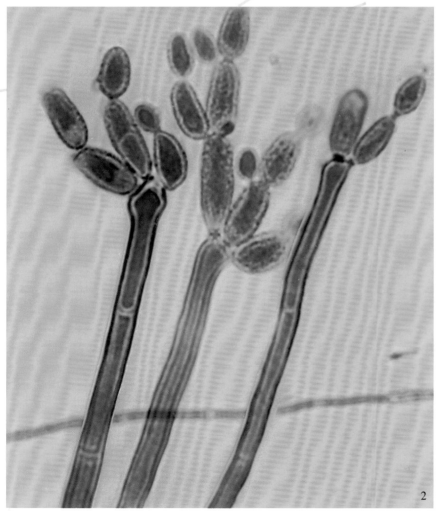

外观：

菌落局限，表面细绒状，高低不平，深绿色；背面暗色。（图1）

光学显微镜下：

分生孢子梗直立，兰绿色，有横隔。分生孢子椭圆形，有的表面具一横隔，兰绿色，呈直链或分枝链着生在分生孢子梗上；孢子大小约 24~40μm×8~14μm（图2×1650）。

大孢枝孢　*Cladosporium macrocarpum* **Preuss**

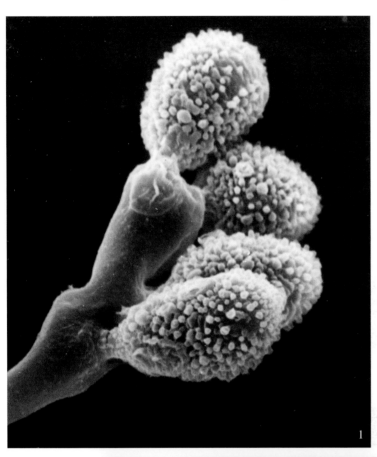

扫描电镜下：
　分生孢子梗粗糙，分生孢子卵圆形，表面密生小瘤状纹饰（图 1 × 3500；图 2 × 6000）。

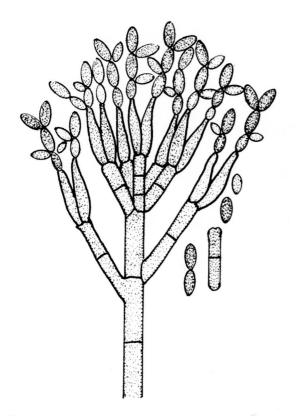

枝状枝孢
Cladosporium cladosporioides

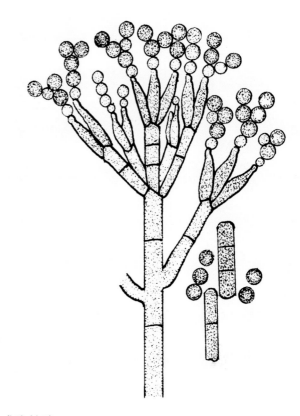

球孢枝孢
Cladosporium sphaerospermum

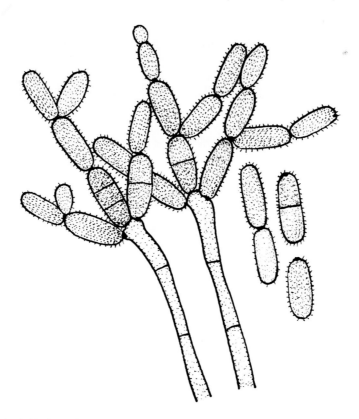

大孢枝孢　*Cladosporium macrocarpum*

链格孢 *Alternaria alternata*（Fr.）Keissler

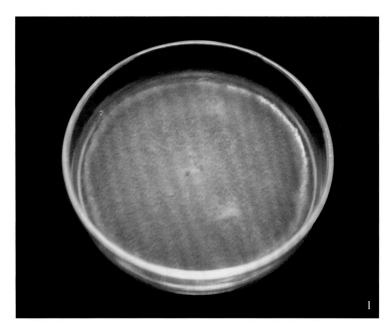

外观：

菌落细绒状，褐绿色，老后变暗，边缘整齐；背面褐黑色（图1）。

光学显微镜下：

分生孢子梗短，不分枝或分枝，有隔，褐绿色。分生孢子倒棒状，表面具3~5横隔和纵隔，形成壁砖状结构；孢子末端有一喙状物，较短，具直链和斜链，褐色，大小不规则，30~36μm × 4~15μm。为全国各地空气中优势真菌（图2 × 1620）。

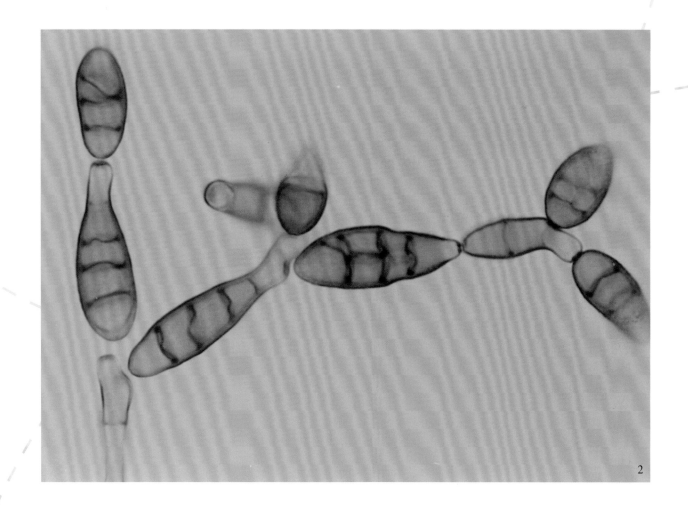

链格孢 *Alternaria alternata*（**Fr.**）**Keissler**

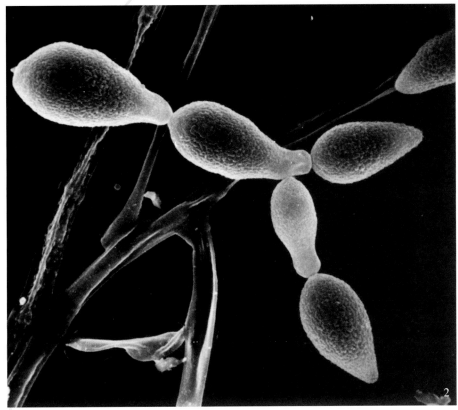

扫描电镜下：

分生孢子大小极不一致，其斜链多从孢子喙状物的侧面生出，表面具细密的瘤状物，无横隔和纵隔（图1×1100；图2×2500）。

链格孢属 *Alternaria* sp.

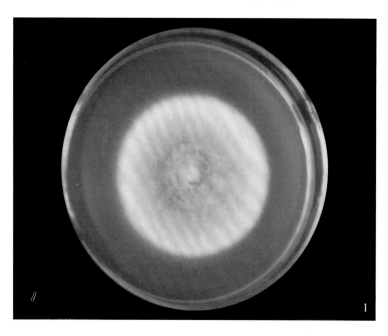

外观:

菌落絮状,生长迅速,初期暗白色,老后变暗;背面褐色(图1)。

光学显微镜下:

菌丝及分生孢子梗褐绿色,具横隔。分生孢子倒棒状,表面具横隔和纵隔,成壁砖状结构,横隔较粗,多数为3个,末端喙短,排成较长的直链或斜链;褐绿色,大小较一致,约35~42μm×6~20μm。空气中多见(图2×1620)。

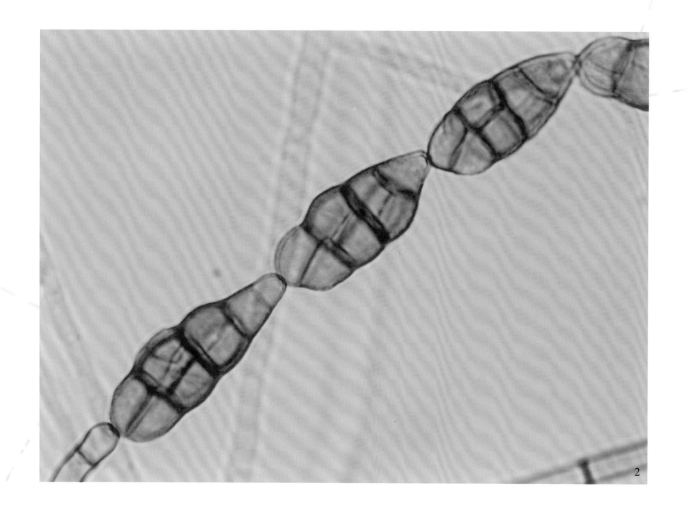

新月弯孢霉 *Curvularia lunata* （Walker） Boedijn

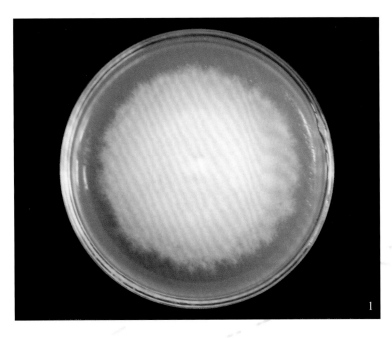

外观：

菌落蔓延，近絮状，平伏，老后颜色变暗，边缘不齐；背面蓝黑色，为全国各地空气中优势真菌（图1）。

光学显微镜下：

菌丝褐绿色，具横隔。分生孢子梗与菌丝同色，单生，不分枝，有横隔。分生孢子正面观船形，侧面观弯曲状，似驼背，具3个分隔，中间细胞明显较两端大，成轮状或螺旋状着生于分生孢子梗的结节处，褐色，大小为18~29μm×10μm（图2×650；图3×1200）。

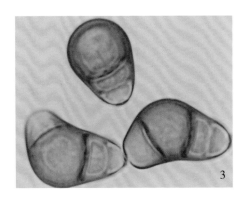

新月弯孢霉 *Curvularia lunata* （Walker） Boedijn

扫描电镜下：

　　菌丝及分生孢子梗光滑，分生孢子轮生于分生孢子梗结节处，孢子表面具小瘤状突起（图 1×2000；图 2×2500）。

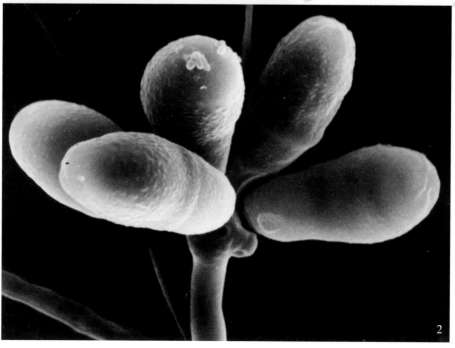

弯孢属 *Curvularia* sp.

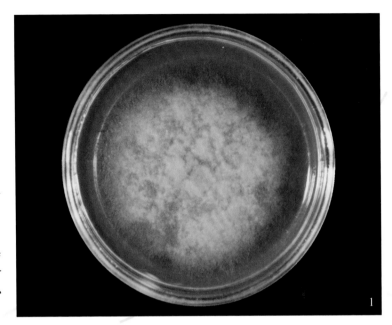

外观：

菌落局限，絮状，灰黑色，边缘不齐；背面黑色，空气中较多见（图1）。

光学显微镜下：

分生孢子梗褐色，不分枝，分生孢子呈轮状集生于孢梗结节处；孢子圆柱形、卵圆形，具3个分隔，第三个细胞稍大，侧面观弯曲状不典型，大小约20~30μm×8~12μm（图2×500；图3×1200）。

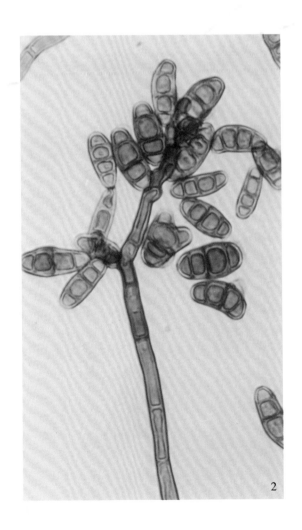

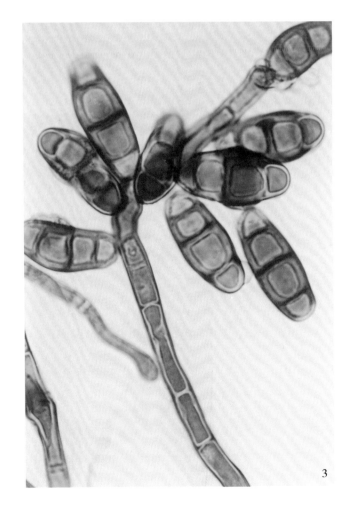

弯孢属 *Curvularia* sp.

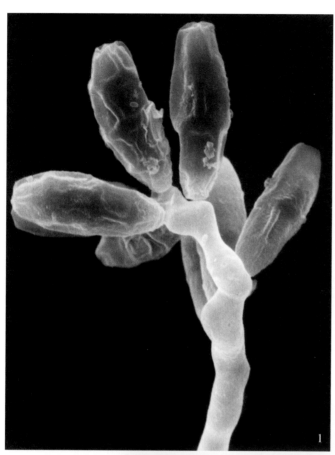

扫描电镜下:

菌丝及分生孢子梗光滑。分生孢子圆柱形或椭圆形、轮生于孢子梗结节处,表面不平(图1×2000;图2×2000)。

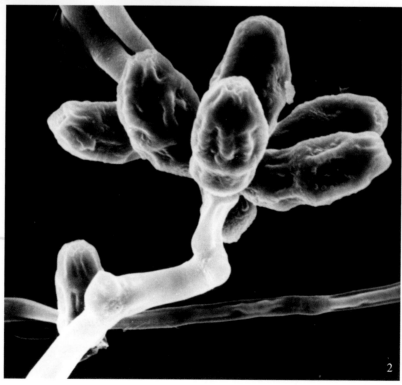

新月弯孢霉
Curvularia lunata

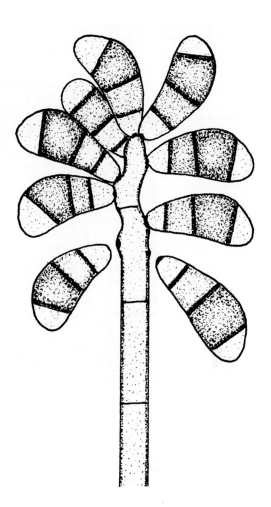

弯孢

Curvularia sp.

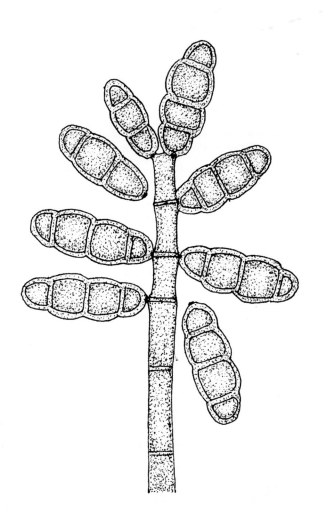

弯孢属　*Curvularia* sp.

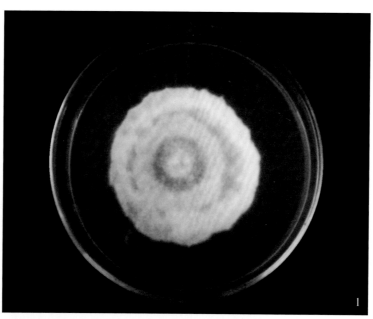

1

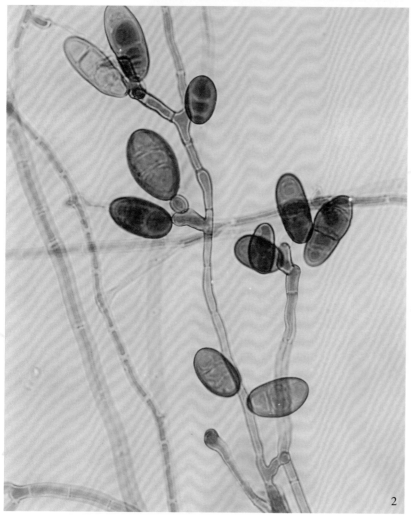

2

外观：

　　菌落絮状，褐色，表面具一简单环纹；背面暗色（图1）。

光学显微镜下：

　　分生孢子梗短，褐色，有分权；分生孢子褐色，椭圆形、圆柱形、船形，不弯曲或轻度弯曲，表面具 2~3 个横隔（图2×650；图3×1200）。

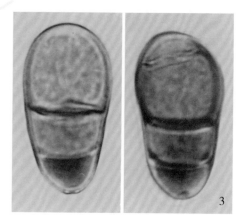

3

黑细基格孢 *Ulocladium atrum* Preuss

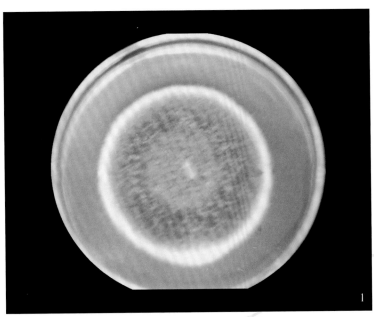

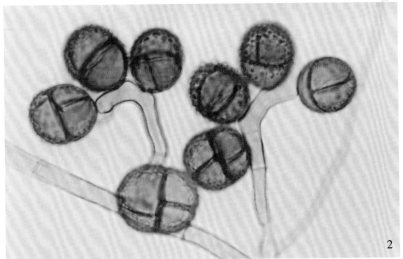

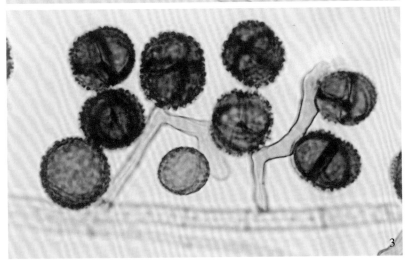

外观：

菌落绒状，深褐色，背面暗色（图1）。

光学显微镜下：

分生孢子梗单生，直立，上端膝状弯曲，光滑，淡褐色。分生孢子近球形、球形，黄褐色至深褐色，孢子表面多具密集疣突，具简单横隔膜和纵、斜隔膜，多数两个交叉成丫字形斜隔膜；大小 14.5~20.5μm×12.5~17.5μm，平均 17.5μm×15μm；基细胞下端稍尖或钝圆，顶端钝圆（图2、图3×1200）。

韭细基格孢 *Ulocladium alii–tuberosi* X. G. Zhang & T. Y. Zhang

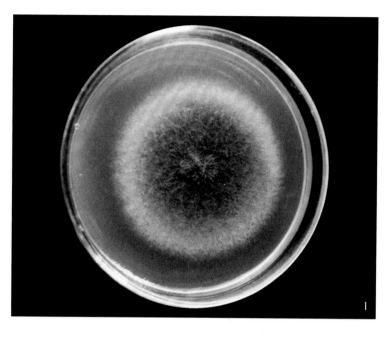

外观：

菌落平展，粉状，暗褐色，背面褐色（图1）。

光学显微镜下：

分生孢子梗直立，粗壮，有分枝，光滑。分生孢子单生，倒卵形至长椭圆形，褐色，表面光滑，1~3个横隔膜，0~1个纵隔膜或斜隔膜。大小平均约 30μm×12μm（图 2 ×1650）。

韭细基格孢 *Ulocladium alii–tuberosi* X. G. Zhang & T. Y. Zhang

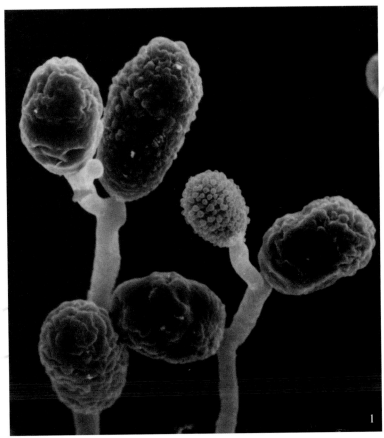

扫描电镜下：

分生孢子梗短，光滑，分生孢子椭圆形或卵圆形，单个着生于孢梗顶端，不成链，表面粗糙不平，有的孢子具小瘤（图 1 × 1700；图 2 × 2500）。

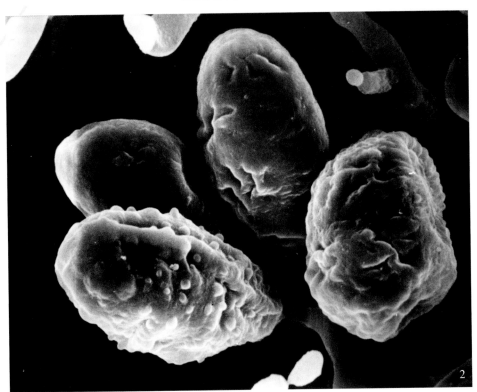

链格细基格孢 *Ulocladium alternaria*（Cooke）E. Simmons

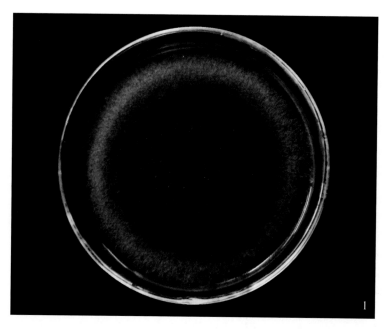

外观：

菌落平展，粉状，黑色，背面暗黑色（图 1）。

光学显微镜下：

菌丝淡褐色，半透明，光滑，具横隔。分生孢子梗直立，产孢后呈弯曲状，光滑。分生孢子单生于孢梗顶部和节结处，倒卵形或宽椭圆形，深褐色，表面光滑，具 1~5 个横隔膜和 1~3 个纵、斜隔膜，基部圆锥形或钝圆形，端钝圆。大小约 18~36μm × 11~22μm（图 2 × 1650）。

链格细基格孢 *Ulocladium alternaria* （Cooke） E. Simmons

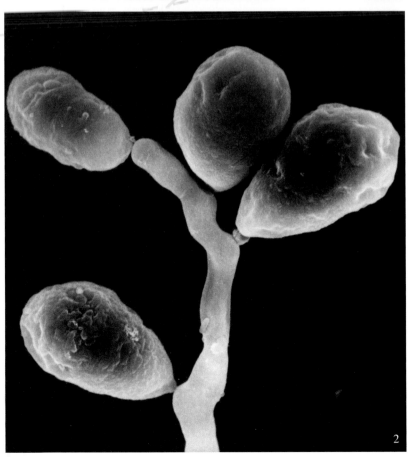

扫描电镜下：

菌丝及分生孢子梗光滑，分生孢子椭圆形，表面稍不平（图 1 × 700；图 2 × 2500）。

细基格孢属 *Ulocladium* Preuss

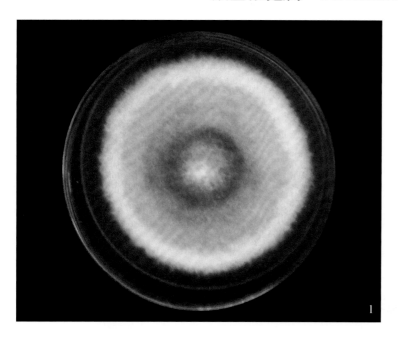

外观：

菌落絮状，褐灰色，中间色深，表面有简单环纹；背面暗色（图1）。

光学显微镜下：

分生孢子单生于孢梗结节处，褐色，椭圆形、橄榄形，1~3横隔及少数不明显纵隔，中间横隔处有内缩，表面粗糙（图2、图3×1200）。

细基格孢属 *Ulocladium* **Preuss**

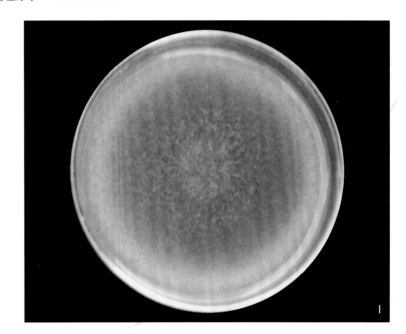

外观：

菌落絮状，褐色，边缘整齐；背面与表面同色（图1）。

光学显微镜下：

分生孢子梗不分枝或分枝，淡褐色，孢子着生处呈结节状；分生孢子椭圆形，具横隔和纵隔，表面极粗糙（图 2 × 1200）。

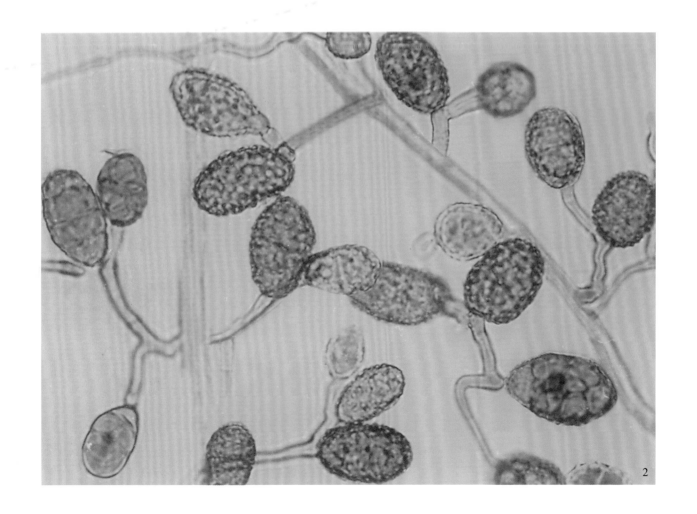

席氏内脐蠕孢 *Drechslera sivanesanii* Manohar. & V. R. T. Reddy

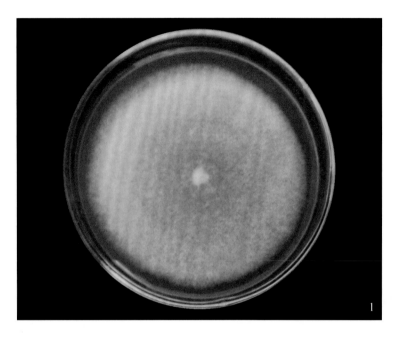

外观：

菌落絮状。初期灰白色，老后变暗；背面与表面同色（图1）。

光学显微镜下：

分生孢子梗褐色，具隔膜，直或弯曲，不分枝；分生孢子从孢梗顶端产孢的小孔产出，纺锤形，褐色，有3个以上假隔膜，脐点不突出，位于基细胞内（图2×1200；图3×1200）。

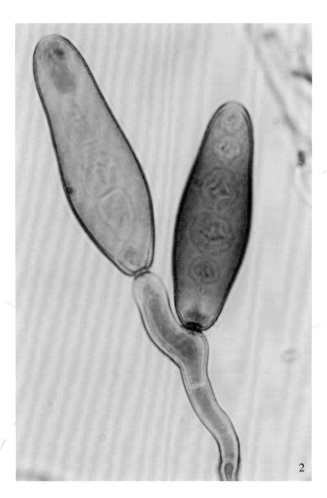

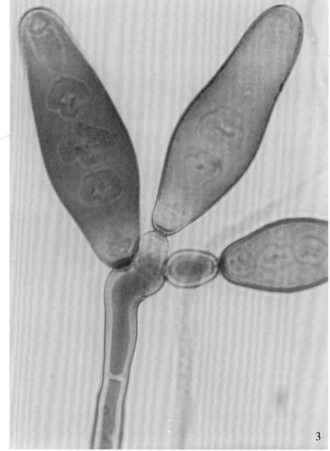

澳大利亚平脐蠕孢 *Bipolaris australiensis*（M. B. Ellis）Tsuda & Ueyama

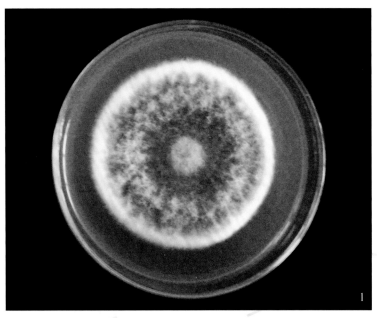

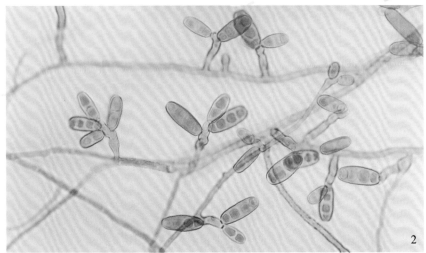

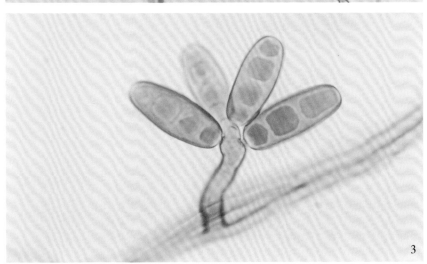

外观:

菌落絮状, 质地疏松, 开始色淡, 老后褐黑色; 背面暗色; 培养基褐色(图1)。

光学显微镜下:

分生孢子梗黄褐色, 顶端色浅, 多单生（偶见簇生）, 屈膝状弯曲。分生孢子浅黄褐色至中度黄褐色, 椭圆形, 一般直, 光滑, 多数具 3 个假隔膜, 21.5~28.5μm×7.5~11.5μm（平均 25.9×9.6μm）; 脐部略突出, 色暗(图 2×480; 图 3×1200)。

狗尾草平脐蠕孢 *Bipoaris setariae*（Sawada）Shoemaker

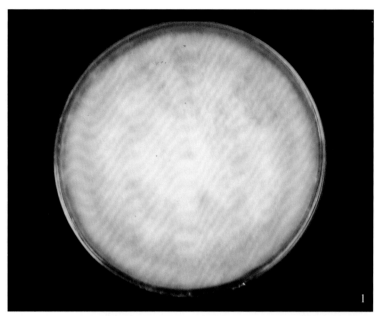

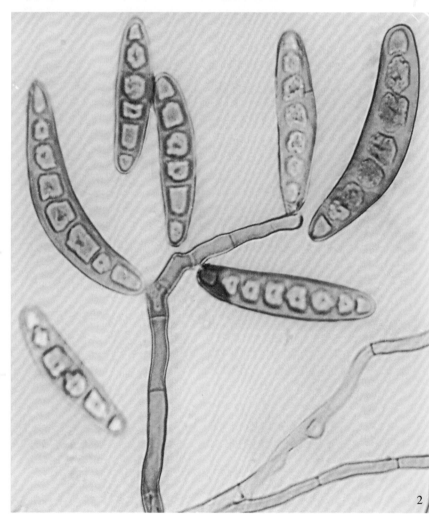

外观：

　　菌落絮状，蔓延，初期无色，逐渐变暗；背面暗色（图1）。

光学显微镜下：

　　分生孢子梗单生或丛生，上部弯曲，不分枝，褐色，具横隔；分生孢子（孔出孢子）圆柱状，暗色，具5~7个假隔膜，基部有黑色孢痕（图2×650）。

狗尾草平脐蠕孢 *Bipoaris setariae* （Sawada） Shoemaker

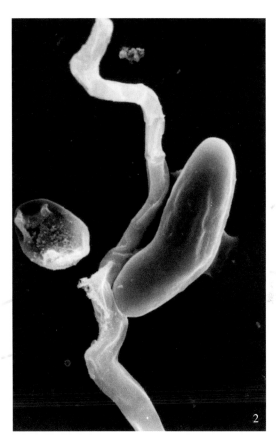

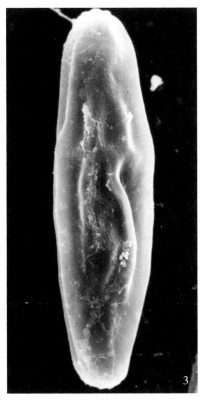

扫描电镜下：

分生孢子圆柱状，单生，壁光滑（图
1 × 10000；图 2 × 1000；图 3 × 1300）。

尼科平脐蠕孢 *Bipolaris nicotiae* （Mouch.） Alcorn, Mycotaxon

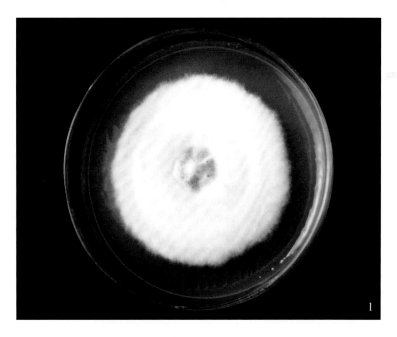

外观：

菌落绒状，平展，淡褐色，表面具简单的同心环；背面褐红色（图1）。

光学显微镜下：

分生孢子梗单生，圆柱状，光滑，黄褐色，屈膝状弯曲，宽5~8μm，其上生分生孢子。分生孢子长椭圆形，直，中间宽，褐色3~4（通常4）个假隔膜，大小约32~39.5μm×14.5~19.5μm，平均36.2μm×16.8μm。脐部略突出，基部平截（图2、图3 ×1200）。

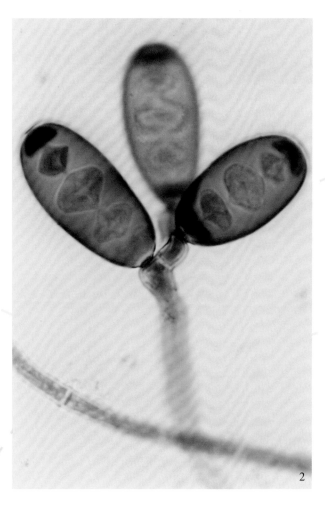

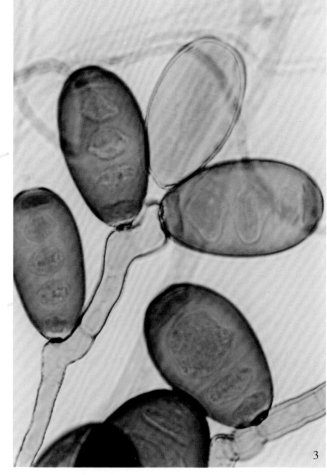

草野平脐蠕孢 *Bipolaris kusanoi*（Y. Nisik）Shoemaker, Can. J. Bot

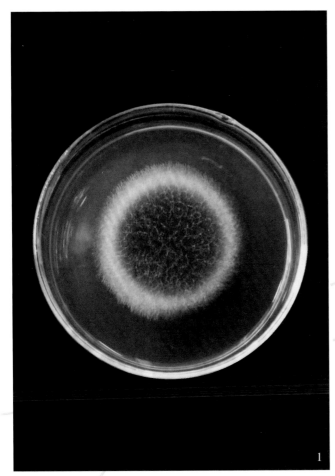

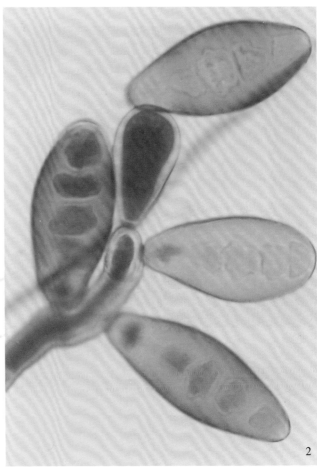

外观：

菌落绒毛状，表面暗色；背面暗褐色（图1）。

光学显微镜下：

分生孢子梗深褐黄色，单生或簇生，具横隔膜，上部屈膝状弯曲。分生孢子深褐色，倒卵形，中间宽，两端渐窄，成橄榄状；多具4个假隔膜，32~42μm×12.5~18.5μm（图2、图3×1200）。

小柄凸脐蠕孢　*Exserohilum pedicellatum* （Henry）
K. J. Leonard & Suggs, Mycologia

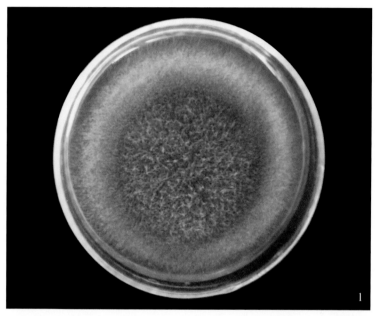

外观：

　　菌落绒状，生长较快，初期淡褐色，平伏，老后变暗并充满培养皿；背面暗色（图1）。

光学显微镜下：

　　分生孢子梗单生或丛生，褐色，端部色淡柱状，直，不分枝，上部曲膝状，具梗隔膜。分生孢子粗梭形，基部细，缩成小柄状。孢子顶端和基部两端色浅，多具5个假隔膜。大小约53~87μm×14~30μm（图2×650；图3×1200）。

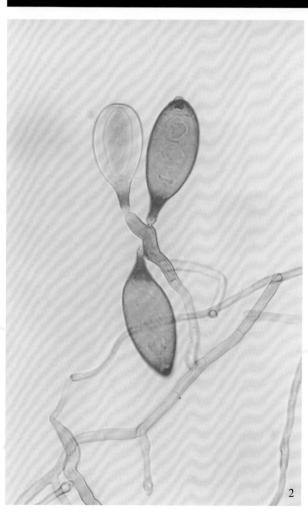

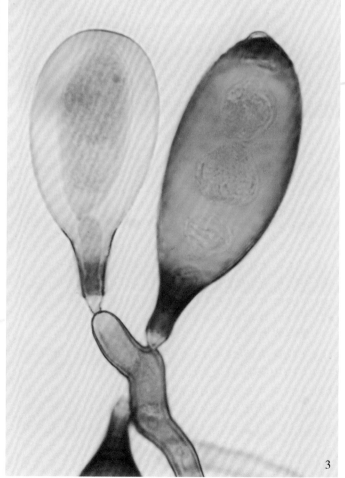

凸脐蠕孢属　*Exserohilum* sp.

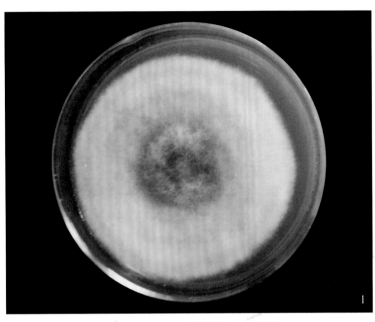

外观：

　　菌落絮状，初期白色，继而呈灰黑色，中间产孢区域色深；背面暗色（图1）。

光学显微镜下：

　　分生孢子（孔出孢子）梭形，直或弯曲，橄榄色，表面具多个假隔膜，基部黑色脐点突出于细胞外（图2×650）。

凸脐蠕孢属 *Exserohilum* sp.

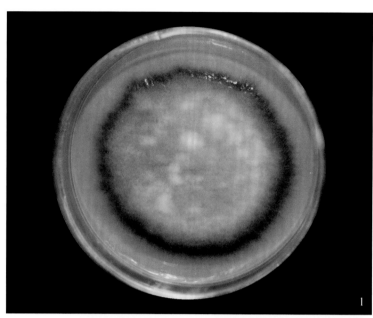

1

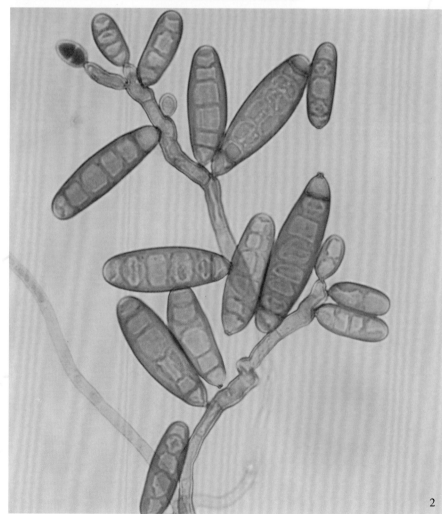

2

外观：

    菌落絮状，暗色边缘色深；背面暗色空气中较常见（图1）。

光学显微镜下：

    分生孢子梗褐色，弯曲；分生孢子（孔出孢子）单生于孢梗上，褐色，近纺锤状，直，表面光滑，具多个假隔膜；脐突出（图2×650）。

结节小戴顿霉 *Deightoniella arundinacea* （Corda） S. Hughes

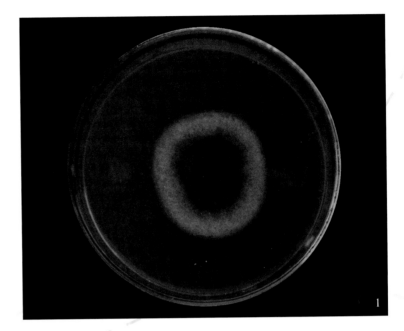

外观：

　　在普通培养基上，菌落生长较慢，细绒状，表面暗色，周围灰白色；背面暗色（图1）。

光学显微镜下：

　　分生孢子梗粗壮，多不分枝，褐色，向顶端色淡，壁厚，光滑。分生孢子单生，倒棒状、桶形，暗褐色，光滑，基部有黑色脐点，具3个以上假隔膜，大小约25~65μm×13~21μm（图2×650）。

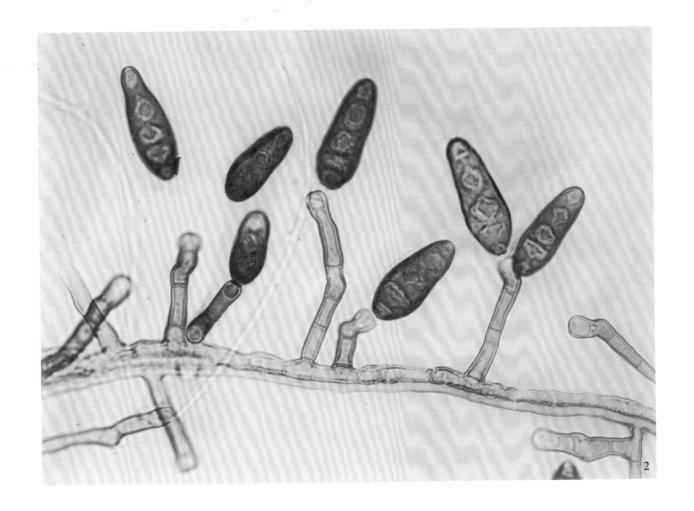

头梗霉属 *Cephaliophora* sp.

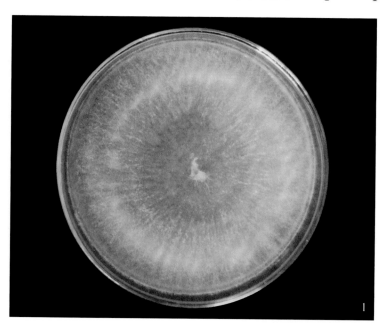

外观:

在普通培养基上生长较快,菌落薄,扩展,羊毛状,灰褐色;背面与表面同色(图1)。

光学显微镜下:

分生孢子梗短,无色,顶部膨大,在全部表面上同时产生密集的分生孢子簇;分生孢子长倒卵形,基部窄,无色,多数表面具 2~4 个横隔,大小约 28~45(~50)μm × 14~19(~24)μm(图 2 × 1200)。

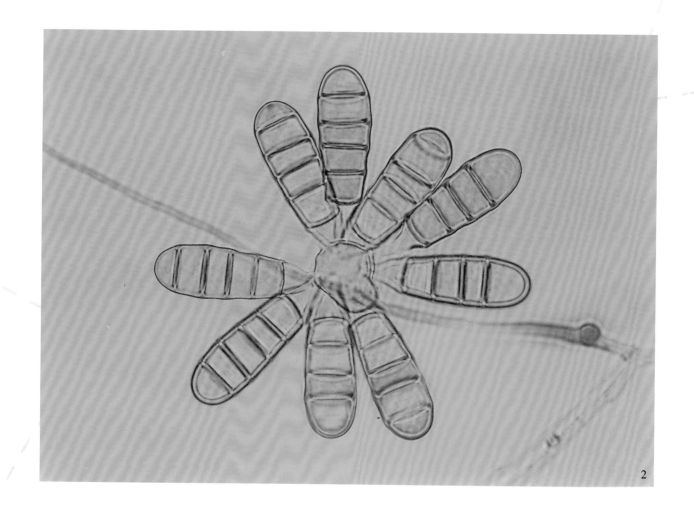

宛氏拟青霉 *Paecilomyces varioti* **Bain**

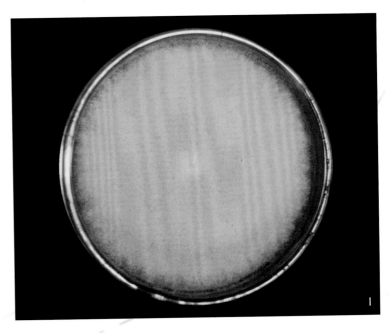

外观：

菌落扩展，平伏，黄褐色，老后变深，绒状，边缘不齐，背面与表面同色空气中常见（图1）。

光学显微镜下：

菌丝无色或微色，分生孢子梗细长渐尖，常弯曲，除在分生孢子梗末端呈帚状排列外，还沿菌丝出现单独小梗。分生孢子大都椭圆形，大小为4~5μm×2~3μm，链状着生于瓶形小梗上，表面光滑；同时常在靠近基质的菌丝末端上产生巨孢子，即较大的球形或卵形的粉块孢子，单生或小簇状（图2、图3×650）。

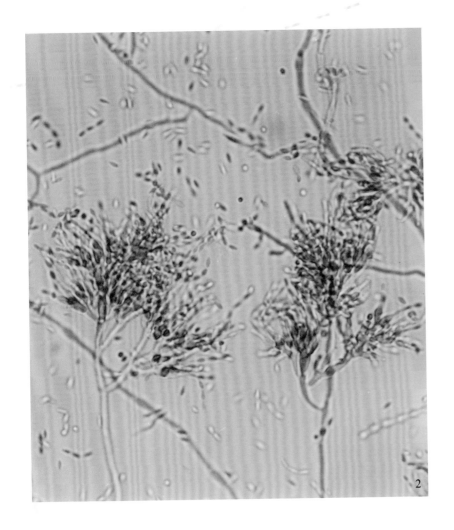

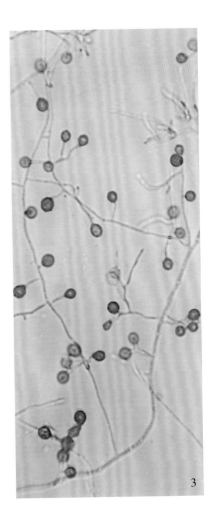

宛氏拟青霉 *Paecilomyces varioti* **Bain**

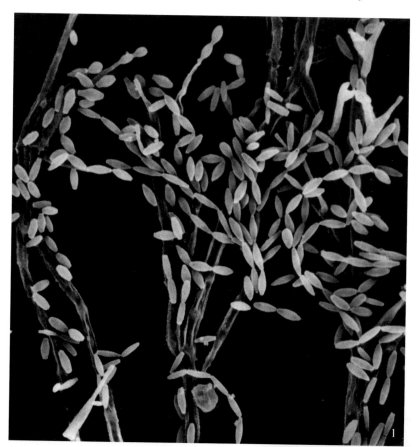

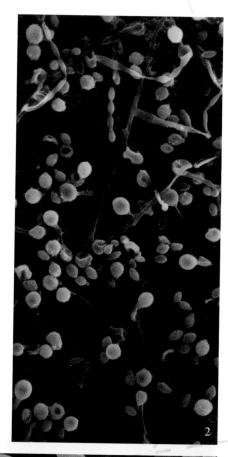

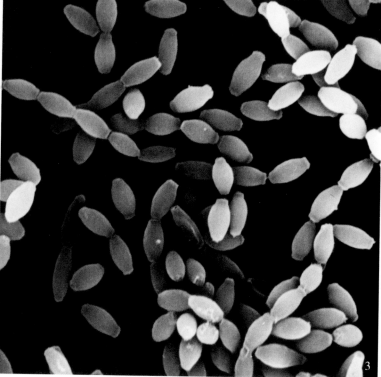

扫描电镜下：

分生孢子梗及分生孢子光滑，巨孢子单生，光滑（图 1×1200；图 2×1000；图 3×3000）。

桃色拟青霉　*Paecilomyces persicinus* Nicot

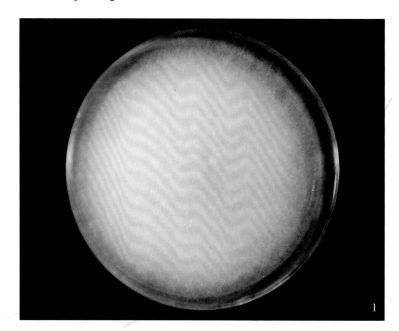

外观：

　　菌落絮状，初期白色，继而呈淡粉红色；背面污粉红色（图1）。

光学显微镜下：

　　菌丝细，有隔；小梗多单生于菌丝上，少数呈双杈状；分生孢子卵形，3.5~6μm×2.5~3μm（图2×500；图3×1200）。

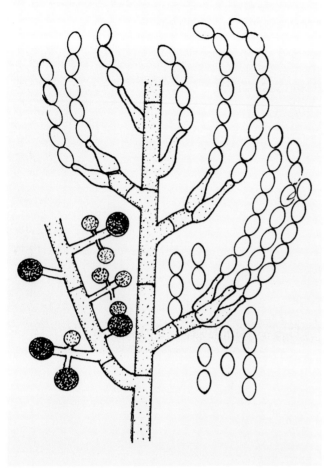

宛氏拟青霉

Paecilomyces varioti

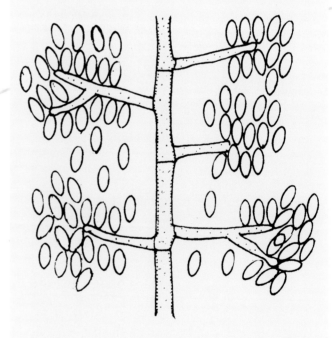

桃色拟青霉

Paecilomyces persicinus

轮枝孢属 *Verticillium* sp.

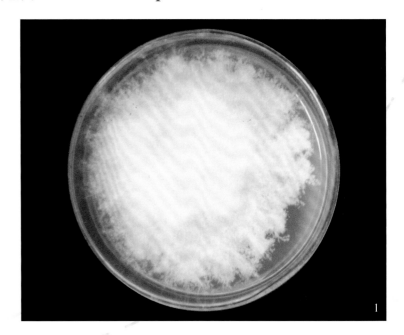

外观：

菌落絮状，扩展，初期白色，老后淡粉色；背面与表面同色（图1）。

光学显微镜下：

分生孢子梗细长，硬直，具双叉式或三叉式分枝；分生孢子单生，长卵形，近无色，在孢梗顶端形成小黏液簇，老后散开（图 2×650）。

砖红轮枝孢　*Verticillium lateritium* **Berkeley**

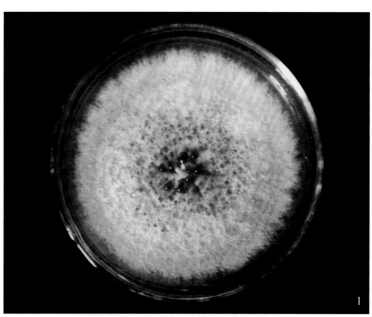

外观：

　　菌落薄，表面绒状，砖红色，中间色深；背面褐红色（图1）。

光学显微镜下：

　　分生孢子梗细长，硬直，大部分具几次双叉式或三叉式分枝；分生孢子卵形，无色，在孢梗顶部形成小的黏液簇，孢子大小为 3μm×2μm（图 2×650）。

砖红轮枝孢 *Verticillium lateritium* **Berkeley**

扫描电镜下：

分生孢子梗具分枝，光滑；分生孢子长筒形，基部较细，平截，表面光滑（图 3 × 1300；图 4 × 6000 ）。

粉红单端孢霉 *Trichothecium roseum* **Link ex Fr**

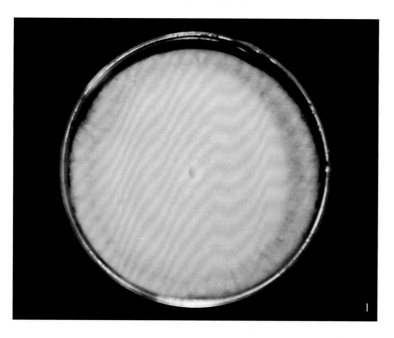

外观：

菌落平伏，细粉末状，初期白色，继变为清澈的粉红色，表面具简单的同心环，边缘整齐，背面淡黄色（图1）。

光学显微镜下：

分生孢子梗直立，不分枝，梗端稍膨大，横隔少或无横隔。分生孢子自梗端单个地以向基式连续形成，靠着生痕彼此连接地聚集在孢梗的顶端，形成外观圆形或矩圆形的孢子头。单个分生孢子梨形或倒卵形，两个孢室，上孢室稍大，下孢室基端明显收缩变细，在连接点上有乳头状突起，即着生痕，偏于一侧，分隔处略有收缩或不收缩，无色，大小为12~20μm×8~10μm。为空气中常见真菌（图2×650；图3×1200）。

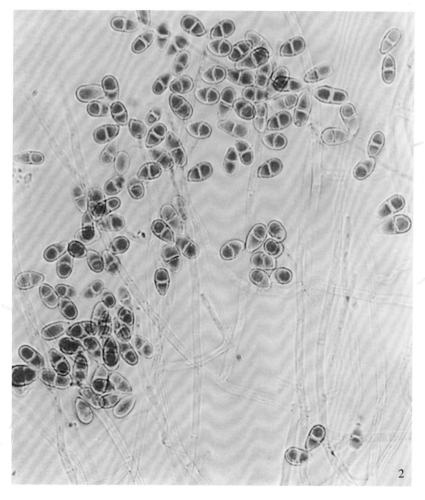

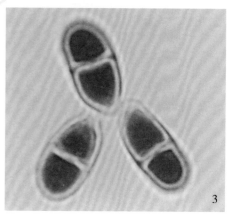

粉红单端孢霉 *Trichothecium roseum* Link ex Fr

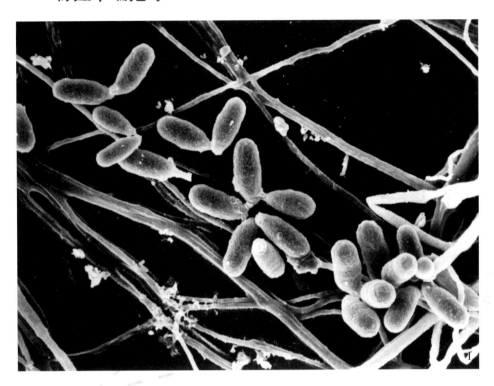

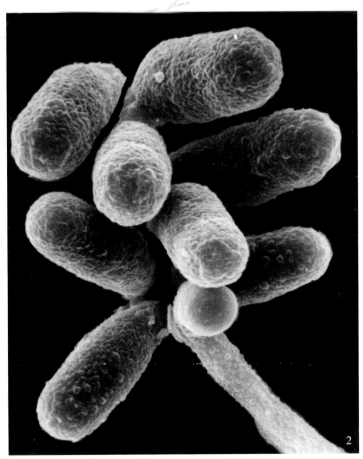

扫描电镜下：

分生孢子梗粗糙，分生孢子长柱形，下端收缩变细并彼此连接，形成孢子头聚集分生孢子梗端，孢子表面密集小瘤状突起，成微波浪形（图1×700；图2×3000）。

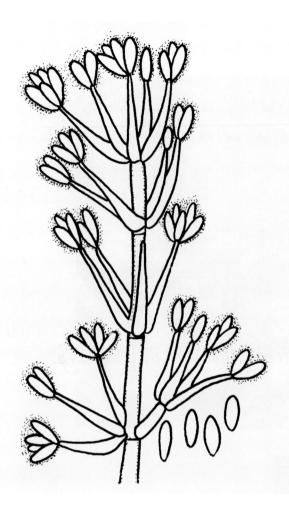

砖红轮枝孢

Verticillium lateritium

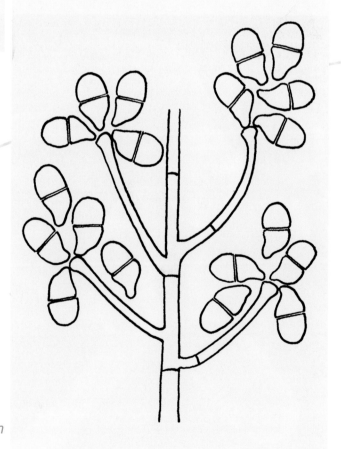

粉红单端孢霉

Trichothecium roseum

单纯沃德霉 *Wardomyces simplex* Sugiyama et al

外观：

菌落局限，粉粒状，表面具简单的放射状沟纹；背面黑褐色（图1）。

光学显微镜下：

分生孢子梗短，反复分枝，无色。分生孢子椭圆形，基部截形，中间具一横隔，无色，链状着生于分生孢子梗顶端。侧生孢子卵圆形至椭圆形，基部钝圆或平截，上部略尖，单孢，灰褐色，多数几个或十几个孢子组成花瓣状侧生于菌丝上，老后分开。空气中偶见（图2×650；图3×1200）。

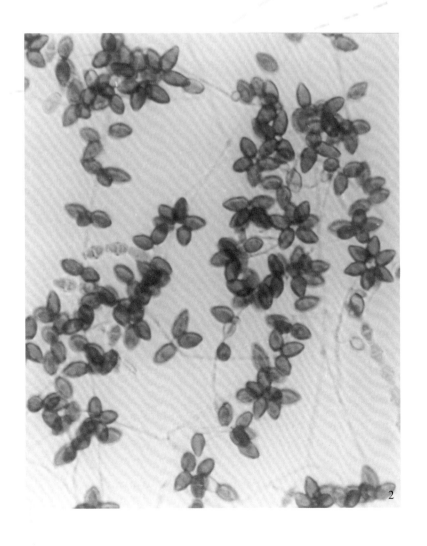

单纯沃德霉 *Wardomyces simplex* Sugiyama et al

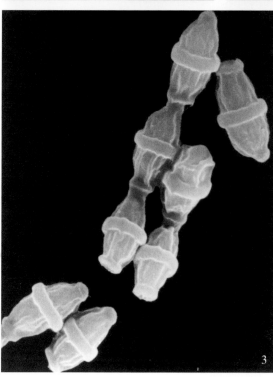

扫描电镜下：

菌丝体光滑。分生孢子纺锤形，中间具一突起套环，孢子表面具简单的纵纹。侧生孢子基部宽，顶端尖，中间具一突起条纹（图 1×1500；图 2×2000；图 3×3000）。

球黑孢 *Nigrospora sphaerica*（Sacc）Mason

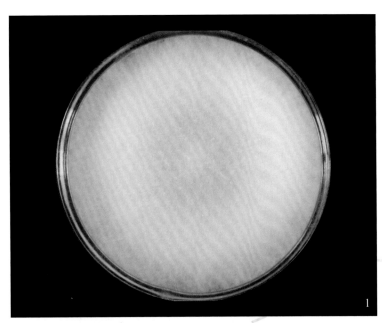

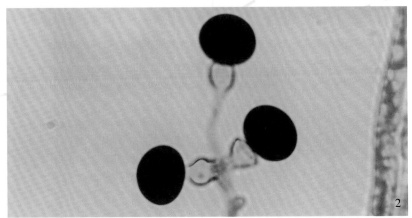

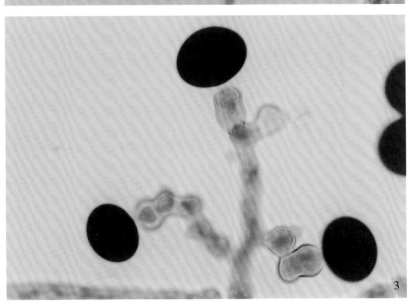

外观：

菌落絮状，生长迅速，开始白色，产孢后中间及平皿周围变暗。背面淡色(图1)。

光学显微镜下：

分生孢子梗多单生，个别具分枝，有横隔，顶端孢梗膨大成无色透明泡囊。分生孢子球形或如压扁的球形，单生于泡囊上，成熟时为黑色，外表光滑如黑玉，直径 16~21μm。空气中较常见（图2×1000；图3×1200）。

球黑孢 *Nigrospora sphaerica*（Sacc）**Mason**

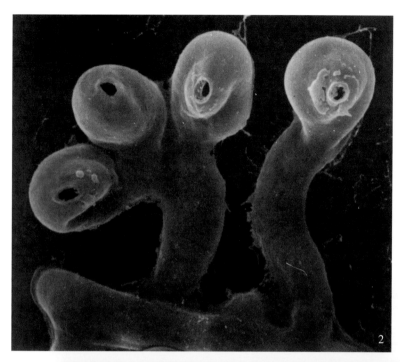

扫描电镜下：

菌丝体光滑，分生孢子梗较短，多弯曲；梗端泡囊扁平，每个泡囊上具一生孢子孔痕；分生孢子表面光滑（图2×4000；图3×5000）。

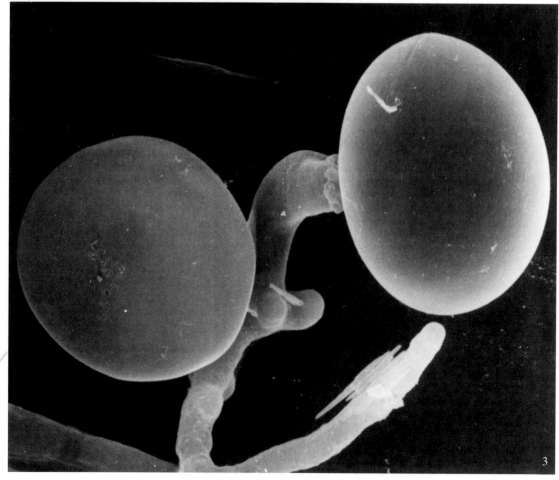

稻黑孢 *Nigrospora oryzae* （Berk. et Br） Petch

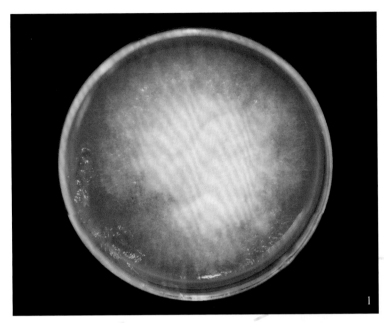

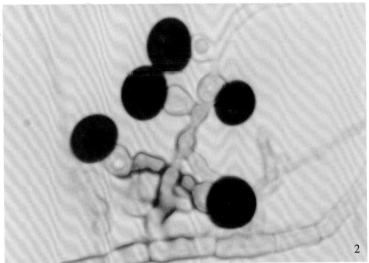

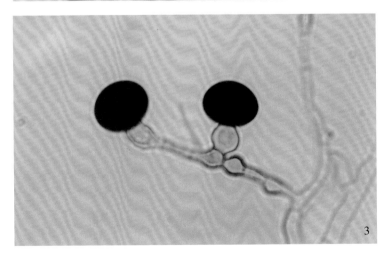

外观：

菌落绒状，扩展，初期白色，逐渐变灰，上面散生黑色细颗粒，边缘不整齐。背面淡色（图1）。

光学显微镜下：

分生孢子梗及分生孢子形态特征均与球黑孢近似，不同的是分生孢子略小，直径 10~16μm。空气中较常见（图2、图3 ×1200）。

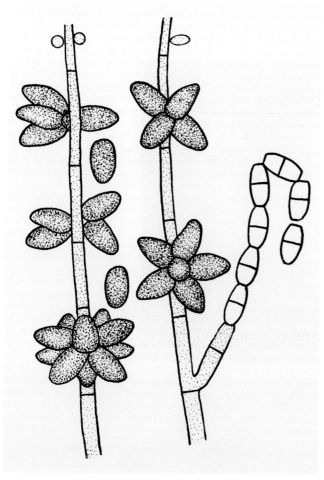

单纯沃德霉

Wardomyces simplex

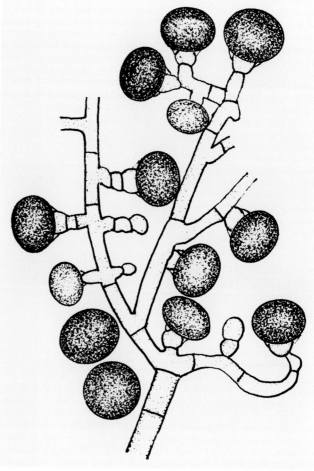

球黑孢

Nigrospora sphaerica

刺黑乌霉 *Memnoniella echinata*（Riv）Gall

外观：

菌落粗绒状，开始暗白色，继而由里向外产生黑色细粉粒，表面密集放射状沟纹，边缘不齐。背面褐色，空气中偶见（图1）。

光学显微镜下：

分生孢子梗直立，老后梗变粗糙，暗色。瓶形小梗呈轮状着生于分生孢子梗顶端，小梗末端变圆。分生孢子球形，光滑或粗糙，呈长链状着生于瓶形小梗上，成熟时黑色，大小为4~6μm×4μm（图2×650；图3×1200）。

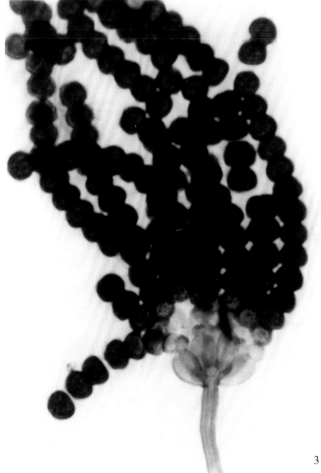

刺黑乌霉 *Memnoniella echinata* （Riv） Gall

扫描电镜下：

    分生孢子梗粗糙，分生孢子扁球形，在高倍镜下满布瘤状突起物（图 1 × 1500；图 2 × 6000）。

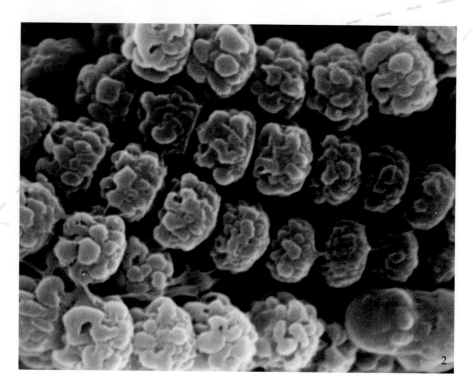

色串孢属 *Torula* sp.

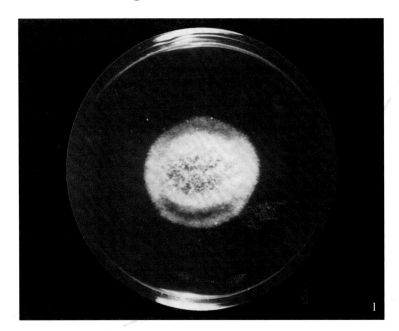

外观：

菌落局限，绒毛状，灰白色，边缘整齐；背面黑色（图1）。

光学显微镜下：

分生孢子梗短或缺少。分生孢子球形，深褐色和灰白色两种，壁厚，呈链状着生于菌丝分枝上部。空气中偶见（图2×650；图3×1200）。

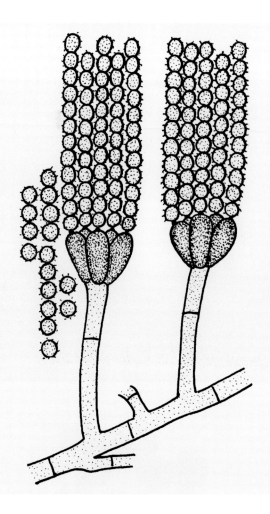

刺黑乌霉
Memnoniella echinata

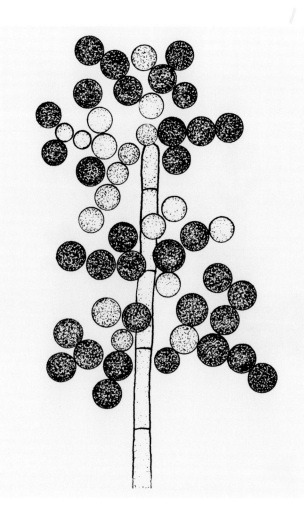

色串孢霉　*Torula*

葱疣蠕孢 *Heterosporium allii* Ell. et Mart

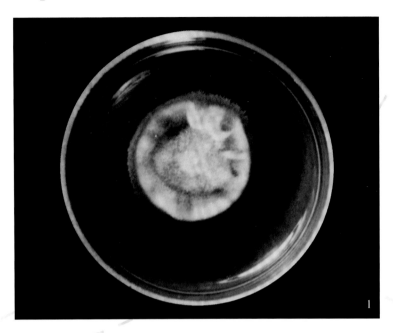

外观：

菌落局限，绒毛状，灰褐色，边缘整齐；背面褐色，为空气中常见真菌（图1）。

光学显微镜下：

分生孢子梗丛生，暗色，有横隔。分生孢子圆柱形，1~3个横隔，横隔处内缩，壁厚，暗色，老后具小刺。多成长链及分枝链着生于孢梗顶端，成熟后断裂成2~4个孢室；大小为32~64μm×15~20μm（图2×1620）。

2

葱疣蠕孢　*Heterosporium allii* Ell. et Mart

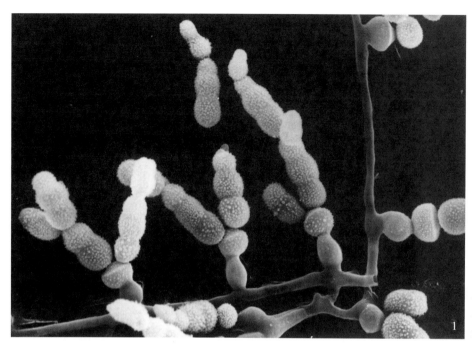

扫描电镜下:
　　菌丝体光滑,分生孢子梗短而膨大;分生孢子 2~4 个细胞,链状着生,表面具均匀而密集的小瘤状纹饰(图 1 × 1300;图 2 × 3300)。

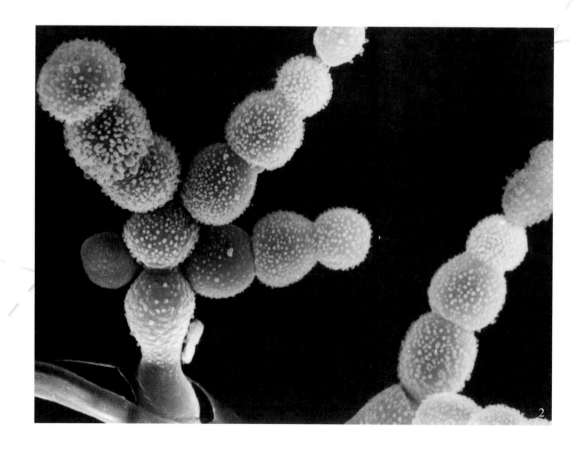

嗜果刀孢霉 *Clasterosporium carpophilum* （Lew） Aderh

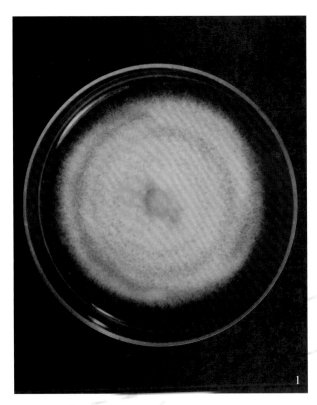

外观：

菌落扩展，绒毛状，黄绿色，中间褐绿色，表面具同心环，边缘整齐；背面褐红色。空气中偶见（图1）。

光学显微镜下：

菌丝单生或束生，浅褐色，有横隔。分生孢子梗与菌丝同色，有横隔。分生孢子长梭形或长卵形，4~6个细胞，大小为23~62μm×10~16μm（图2×650；图3×1200）。

嗜果刀孢霉 *Clasterosporium carpophilum*（Lew）Aderh

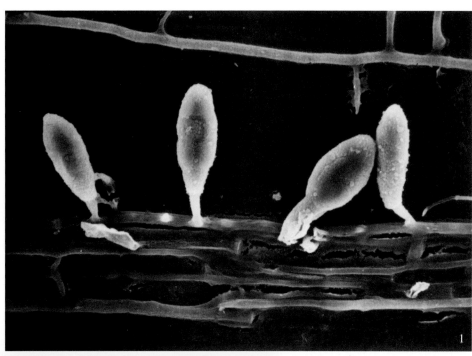

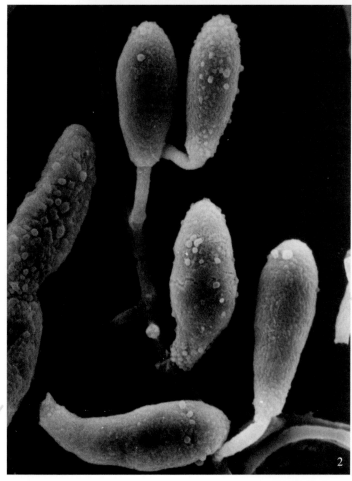

扫描电镜下：

菌丝及分生孢子梗光滑，分生孢子单生，长梭形或长卵形，表面具稀疏的瘤状物（图1×1200；图2×2200）。

葱疣蠕孢

Heterosporium allii

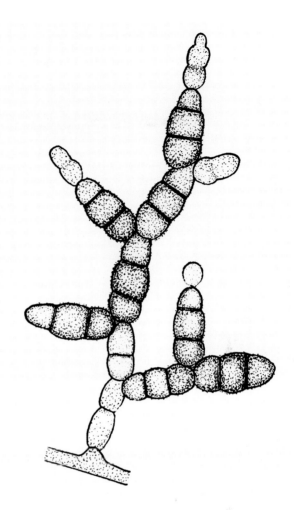

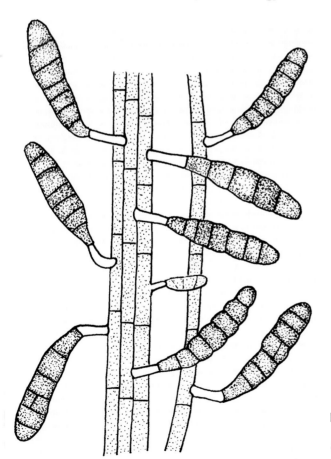

嗜果刀孢霉

Clasterosporium carpophilum

三叉星孢属 *Tripospermum* sp.

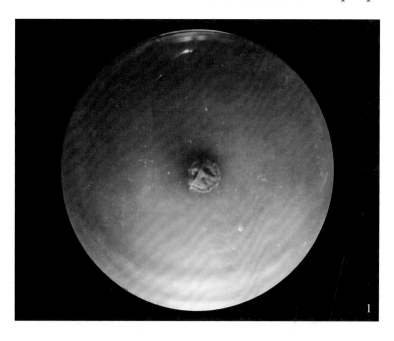

外观：

菌落局限，在普通培养基上生长缓慢，褐色，表面隆起，皱褶；背面暗色，空气中偶见（图1）。

光学显微镜下：

分生孢子梗短或无，分生孢子星状，浅青黄色，平滑，直接着生在菌丝上，由一个柄和2~4个分开的臂所组成，臂具1~2个横隔，横隔处内缩（图2×650）。

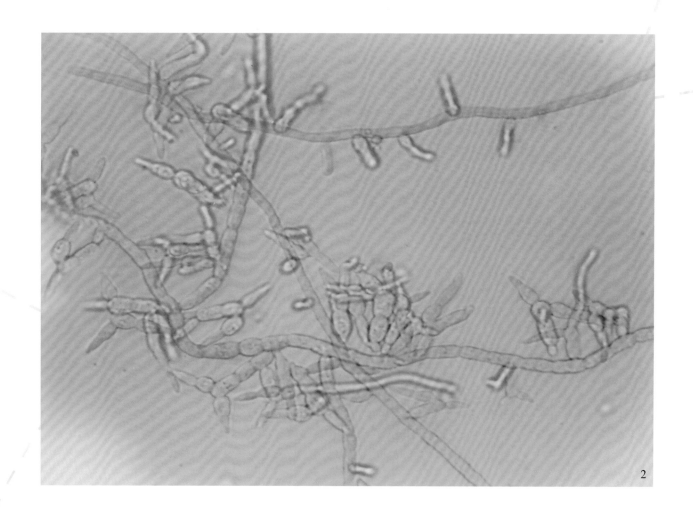

三叉星孢属　*Tripospermum* sp.

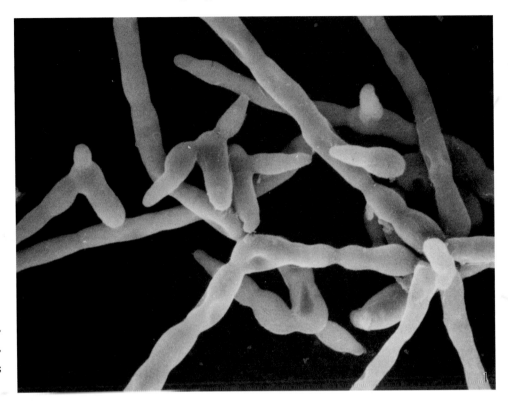

扫描电镜下：

　　菌丝及孢子表面光滑，分生孢子直接从菌丝上长出，无分生孢子梗（图 1×1700；图 2×3000）。

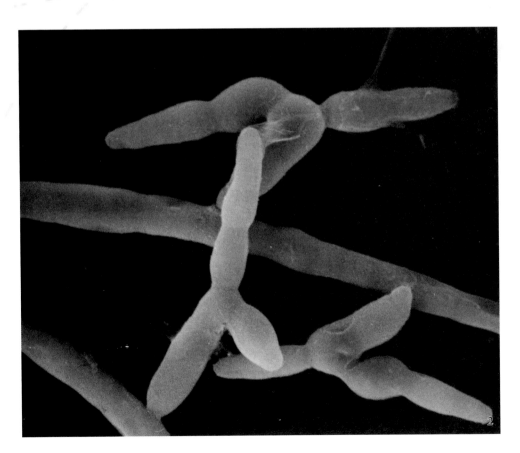

粗壮顶套霉 *Acrothecium robustum* Gilm. et Abbott

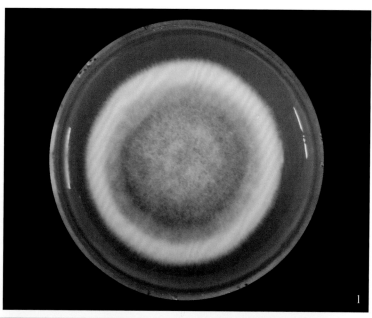

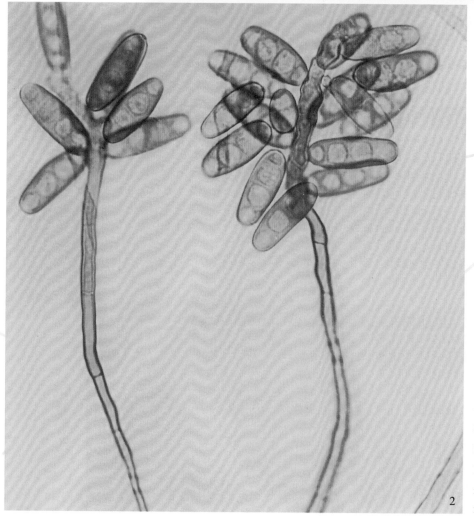

外观：

菌落絮状，开始白色，逐渐变深，老后中部蓝灰色，周围无色，边缘整齐；背面暗色，空气中常见（图1）。

光学显微镜下：

分生孢子梗直立，不分枝或分枝，褐色。分生孢子柱状或长椭圆形，两端钝圆。绝大多数具3个伪隔，较少1~2个伪隔，褐色，大小24~36μm×7~10μm，数个轮生于分生孢子梗顶端结节上，衰老后散开（图2×1200）。

粗壮顶套霉　*Acrothecium robustum* **Gilm. et Abbott**

扫描电镜下：
　　分生孢子梗光滑，分生孢子轮生，呈皱褶状（图 1 × 800；图 2 × 2500）。

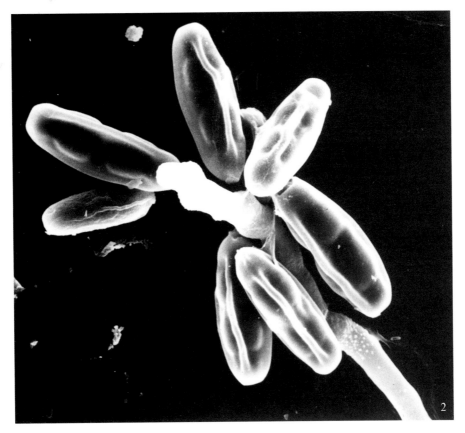

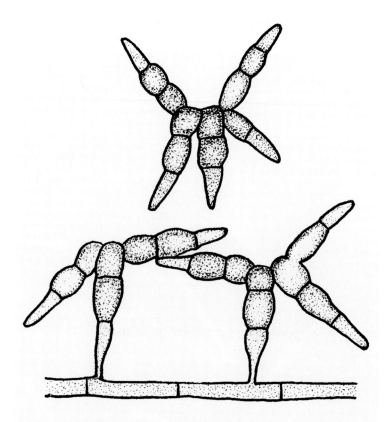

三叉星孢

Tripospermum

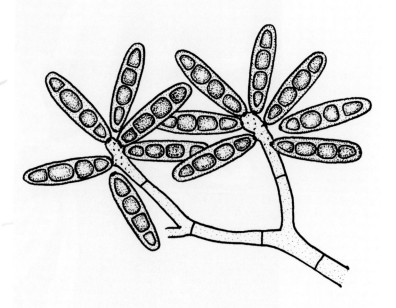

粗壮顶套霉

Acrothecium robustum

顶头孢 *Cephalosporium aeremonium* **Corda**

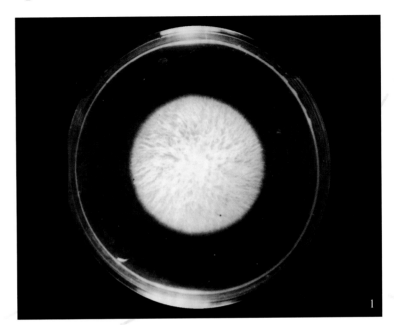

外观：

菌落局限，初期白色，绒状，老后呈疣状，橘黄色，边缘整齐；背面微黄色。空气中常见（图1）。

光学显微镜下：

菌丝编成绳状，无色，有隔。分生孢子梗直立，一般不分枝，末端变细，无隔。分生孢子椭圆形至长椭圆形，无色，大小为 $3.5\sim8\mu m \times 2\sim3.5\mu m$（图 2×1620）。

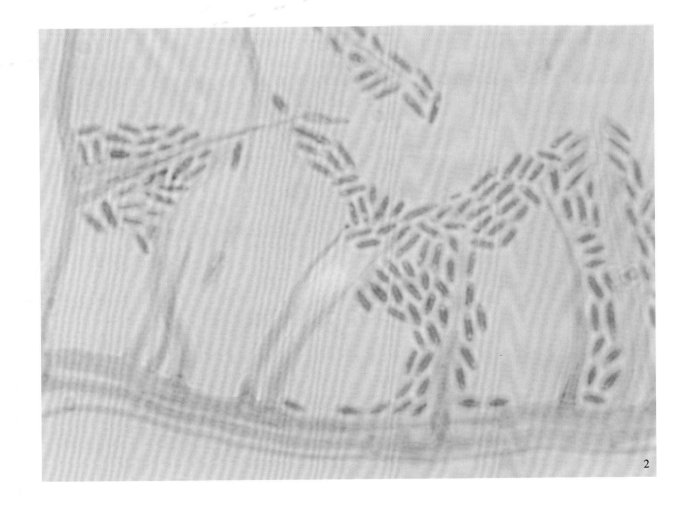

顶头孢 *Cephalosporium aeremonium* Corda

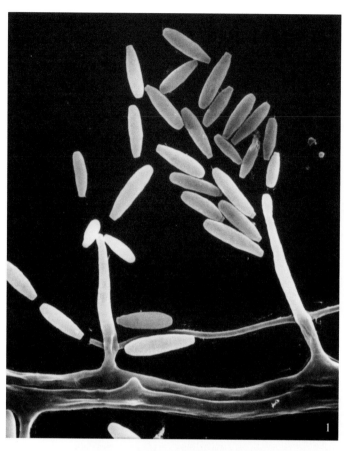

扫描电镜下：

菌丝及分生孢子梗光滑，孢梗不分枝，分生孢子长椭圆形，表面光滑（图 1 × 1700；图 2 × 3000）。

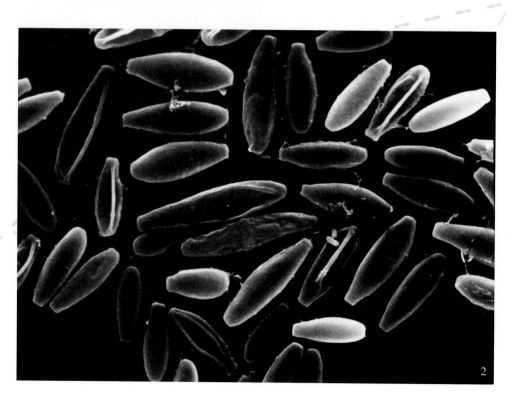

头孢属 *Cephalosporium* sp.

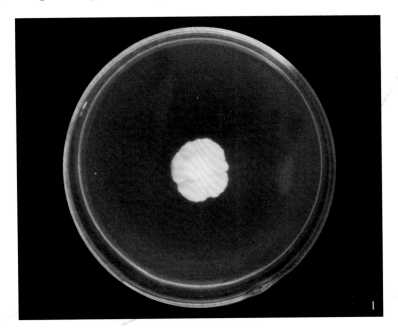

外观：

菌落生长局限，白色略带粉色，表面具简单的沟纹，边缘不齐；背面与表面同色（图1）。

光学显微镜下：

菌丝不呈编结状；分生孢子梗单生，较短；分生孢子生于孢梗顶端，靠黏液结成头状，染色后散开，单个孢子呈圆柱形（图2×500；图3×1200）。

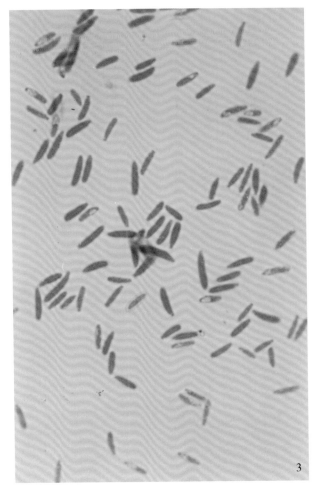

头孢属 *Cephalosporium* sp.

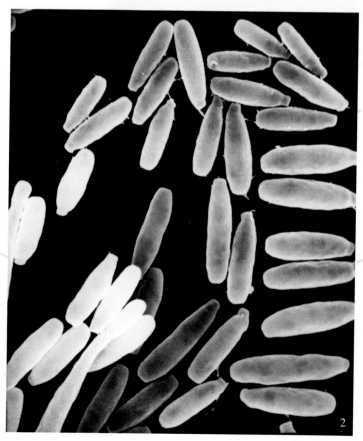

扫描电镜下：

　　菌丝不呈编结状；分生孢子梗较短，不分枝；分生孢子圆柱形，光滑，（图 1×1000；图 2×3500）。

粉红头孢 *Cephalosporium roseum* Oud

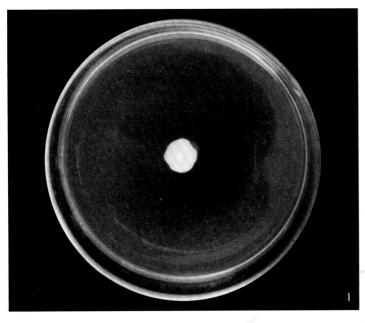

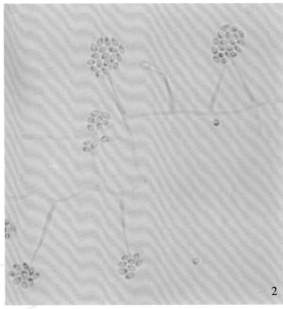

外观：

菌落生长局限，淡粉红色；背面与表面同色（图1）。

光学显微镜下：

菌丝单生，不结成绳状；分生孢子梗单生，直或弯曲，顶端生出聚成球状的分生孢子头，染色制片后多散开；分生孢子卵形至椭圆形，壁光滑（图2×1200）。

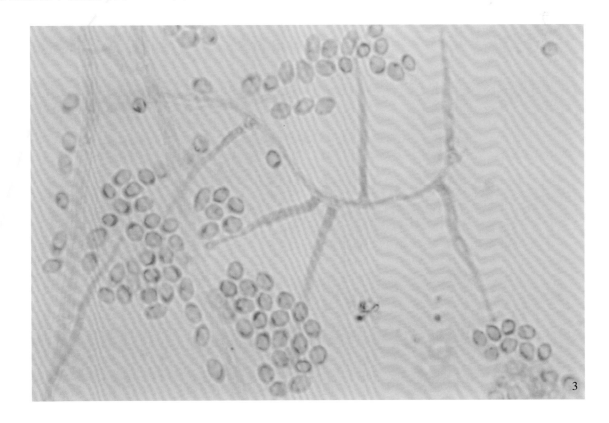

禾生喙孢 *Rhynchosporium graminicola* Heins

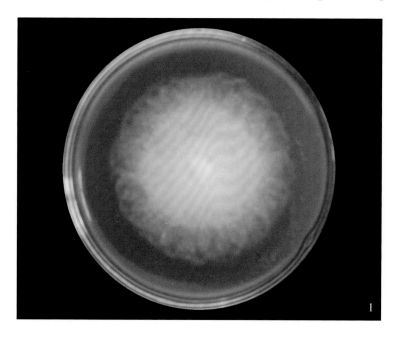

外观:

菌落广铺，絮状，开始无色，老后呈浅蓝绿色。背面与表面同色，空气中偶见（图1）。

光学显微镜下:

产孢细胞直接从菌丝上生出，无色。分生孢子弯月状，双孢，无色，两个孢室通常不等大。大小 12~20μm × 2~4μm（图 2 × 1200；图 3 × 1620）。

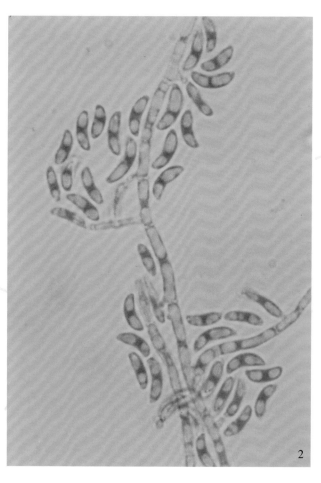

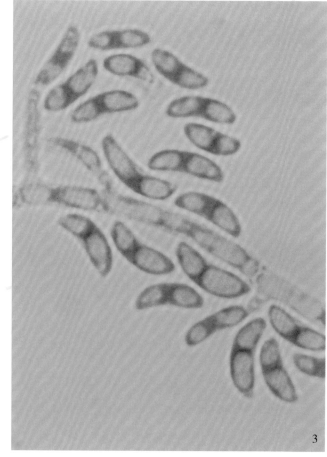

梅氏瓶霉 *Phialophora melinii* Thaxt

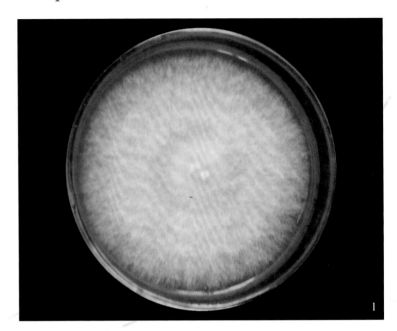

外观：

菌落丝状常纠集成丛毛状，平伏，生长较快，1周内充满培养皿，白色，略带粉色色调；背面淡色（图1）。

光学显微镜下：

子实体成不规则分枝；小梗单生，瓶形，顶端为杯状小开口，分生孢子即埋在其上面；孢子淡色，椭圆形，大小约9~13μm×2~3μm（图2×1650）。

梅氏瓶霉 *Phialophora melinii* **Thaxt**

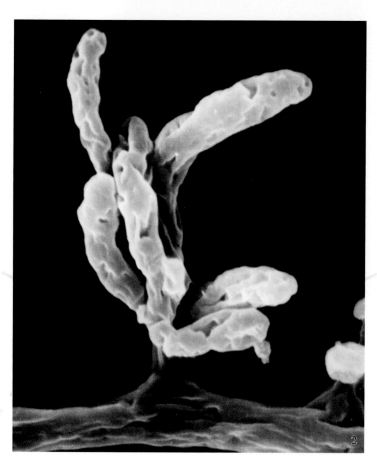

扫描电镜下：

分生孢子集生于分生孢子梗顶端，柱形，多弯曲，表而光滑（图 1 × 2500；图 2 × 7000）。

康宁木霉 *Trichoderma koningii* Oud

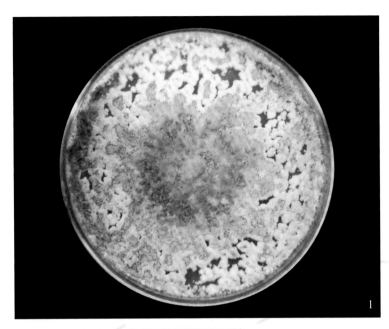

外观：

菌落广铺，平伏，产孢区域黄绿色，边缘不齐。背面浅绿色。空气中多见（图1）。

光学显微镜下：

分生孢子梗短，透明，其上对生或互生分枝，分枝上又可继续分枝，形成二级、三级分枝，分枝呈锐角几乎直角，束生、对生、互生或单生瓶形小梗。分生孢子由小梗相继生出，靠黏液把孢子聚成球形或近球形的孢子头；单个孢子椭圆形、卵形、倒卵形近无色，大小为 3.5μm × 1.9~3.2μm。厚垣孢子间生在菌丝中或顶生侧枝上，圆形或筒形，壁光滑，直径可达 12μm（图2×600；图3×1200）。

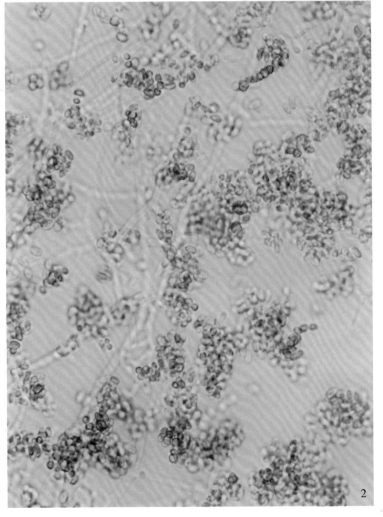

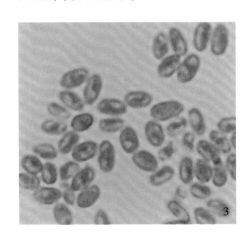

康宁木霉 *Trichoderma koningii* Oud

扫描电镜下：

分生孢子梗光滑，分生孢子多个聚成球形或近球形生于孢梗顶端，散开后孢子椭圆形、卵形或圆柱形，表面光滑（图 1 × 700；图 2 × 3500）。

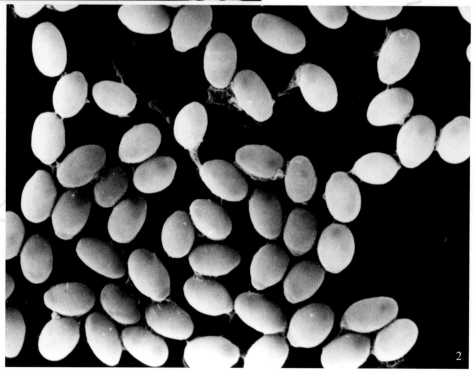

绿色木霉　*Trichoderma viride* Pers. ex Fr

外观:

　　菌落广铺，絮状，开始白色，继而形成草绿色产孢丛束区，背面无色，为空气中优势真菌（图1）。

光学显微镜下:

　　菌丝透明，有隔，分枝复杂。分生孢子梗同康氏木霉 T. koningii。分生孢子大多为球形，直径 2.5~4.5μm，少数孢子为卵形，淡绿色，在分生孢子梗分枝上聚成孢子头，大小约 8~9μm。厚垣孢子间生于菌丝中或顶生于短侧枝上，多数球形，直径可达 14μm，壁光滑（图 2×650）。

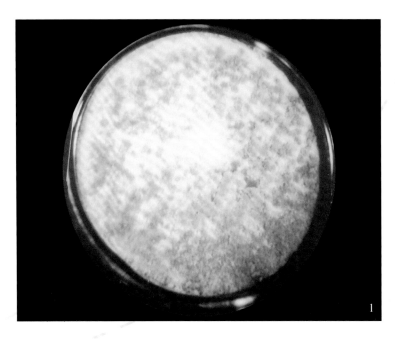

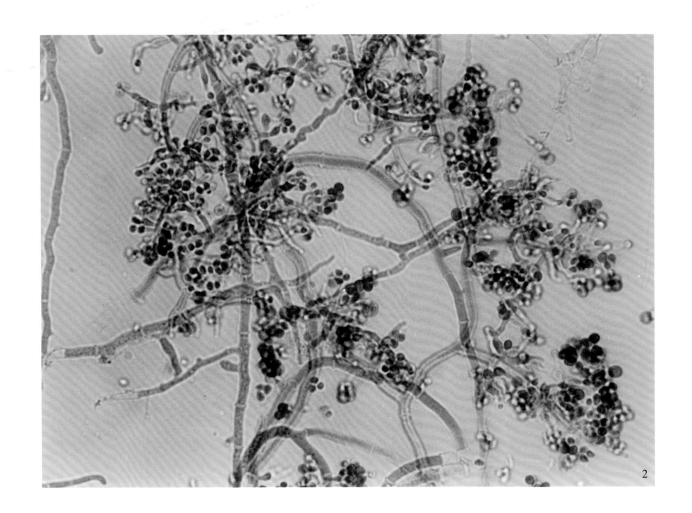

绿色木霉 *Trichoderma viride* Pers. ex Fr

扫描电镜下：
　分生孢子梗光滑，分生孢子头聚集在分枝的瓶形小梗顶端，散开后单个孢子球形，表面光滑（图1×1000；图2×2500）。

康宁木霉

Trichoderma koningii

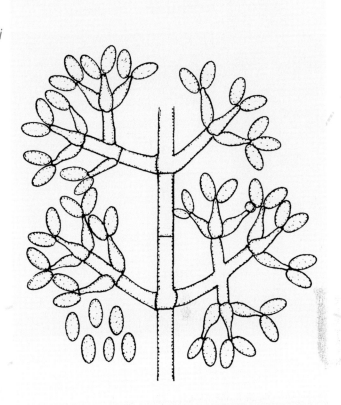

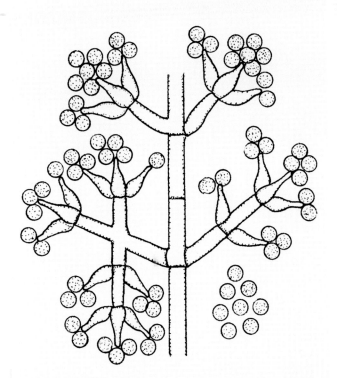

绿色木霉

Trichoderma viride

短柄帚霉　*Scopulariopsis brevicaulis* （Sacc.） Bainier

1

外观：
　　菌落绒毛状，广铺，灰绿色；背面淡黄色（图1）。

光学显微镜下：
　　菌丝无色，有横隔；分生孢子梗极短或没有，有的具帚状分枝；分生孢子球形或柠檬形，无色，幼时壁光滑，成熟后变粗糙，呈链状着生于帚状枝顶端，大小为 7.5~9μm × 6.5~7.5μm（图 2 × 650）。

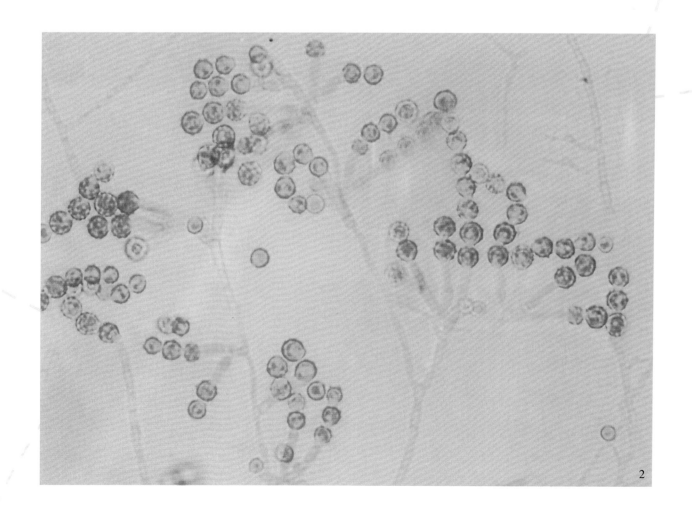

2

短柄帚霉 *Scopulariopsis brevicaulis* （Sacc.） Bainier

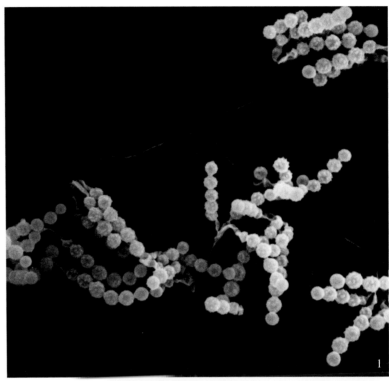

扫描电镜下：

　　分生孢子链状着生，孢子表面粗糙，具钝刺，基部可见明显的加厚环（图 1×600；图 2×1700；图 3×3500）。

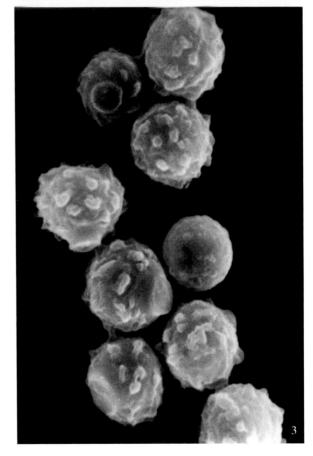

光孢短柄帚霉 *Scopulariopsis brevicaulis*（Sacc）**Bain. var glabra Thom**

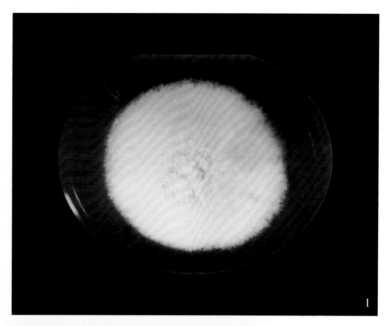

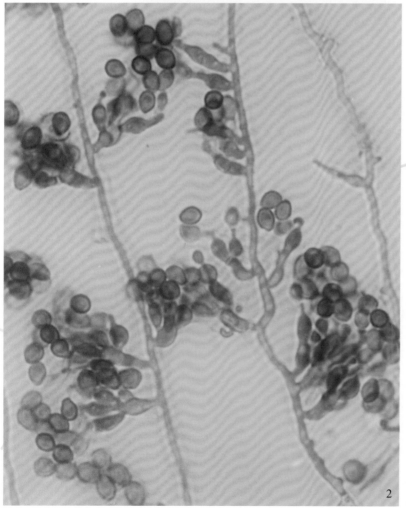

外观：

　　菌落扩展，平铺，粉状，白色，边缘整齐；背面无色，空气中偶见（图1）。

光学显微镜下：

　　菌丝无色，有横隔。分生孢子梗极短，具帚状分枝。分生孢子光滑，卵圆形，基部平截，上部圆形，大小 5~7μm × 4~5μm（图 2 × 650）。

光孢短柄帚霉　*Scopulariopsis brevicaulis*（Sacc）Bain. var glabra Thom

扫描电镜下：

分生孢子梗及帚状枝光滑；分生孢子基部平截，具加厚环（图 1×500；图 2×2200；图 3×7000）。

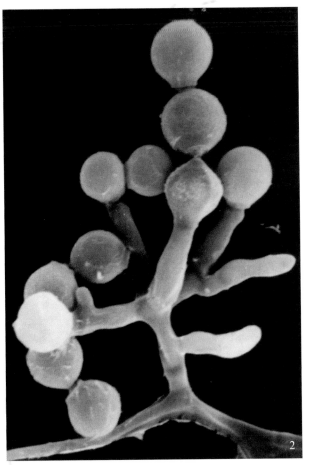

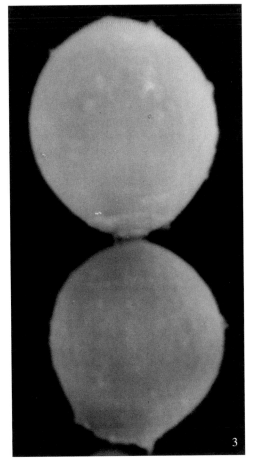

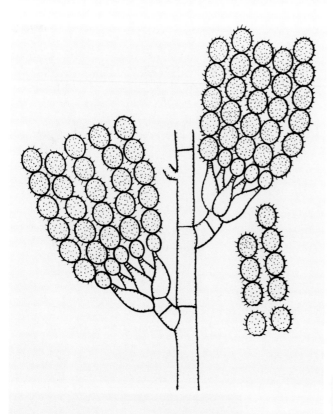

短柄帚霉

Scopulariopsis brevicaulis

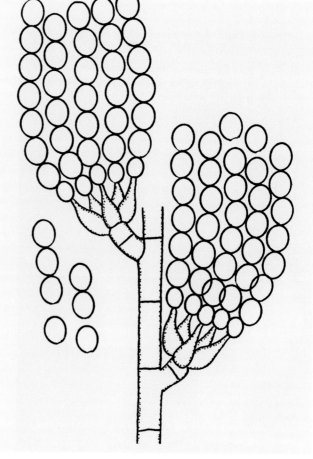

光孢短柄帚霉

Scopulariopsis brevicaulis

（Sacc） Bain. var glabra Thom

帚霉属 *Scopulariopsis* sp.

1

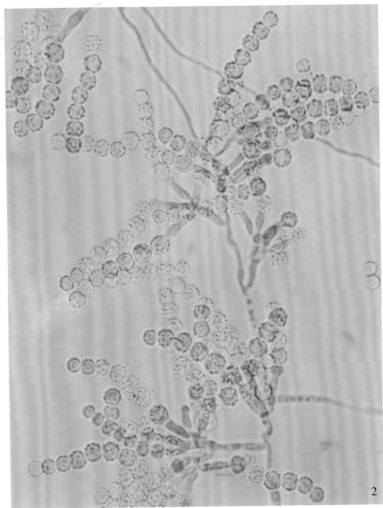

2

外观：

　　菌落扩展，平伏，初期白色，继变为灰褐色；背面无色（图1）。

光学显微镜下：

　　分生孢子梗短；帚状枝简单；分生孢子球形至柠檬形，链状着生，极粗糙（图2×350）。

帚霉属 *Scopulariopsis* sp.

扫描电镜下：

分生孢子梗极短，帚状枝较简单。密集生长，分生孢子洋梨形，极粗糙，在附着点上具明显的中央孔的加厚环（图 1 × 500；图 2 × 1200；图 3 × 3500）。

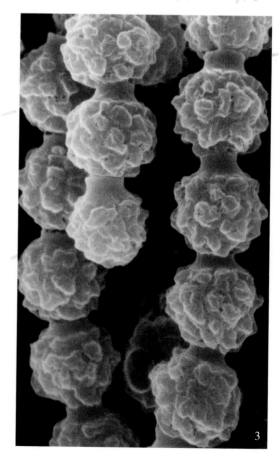

帚霉属 *Scopulariopsis* sp.

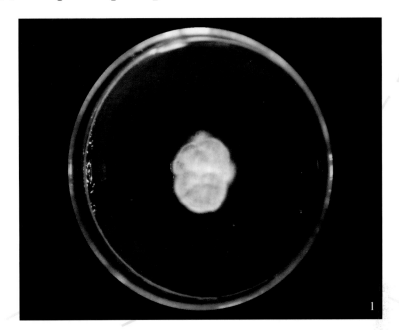

外观：

菌落局限，灰褐色，表面不平；背面暗色（图1）。

光学显微镜下：

分生孢子梗自气生菌丝生出，短，密集；分生孢子小，呈短链状着生，壁光滑，有色（图2 × 650）。

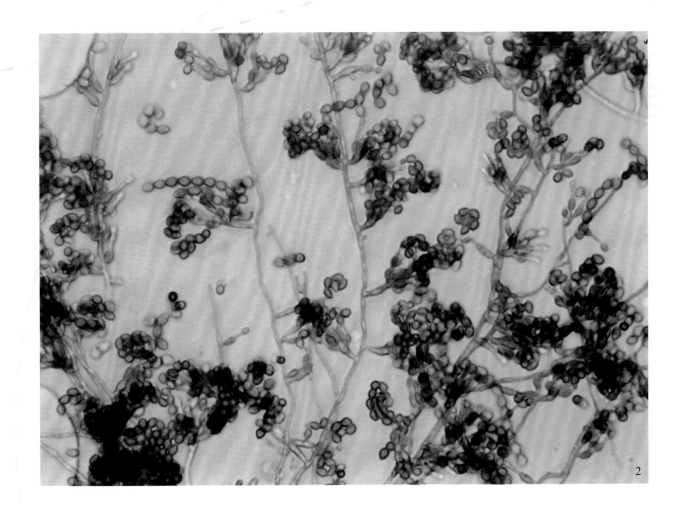

帚霉属 *Scopulariopsis* sp.

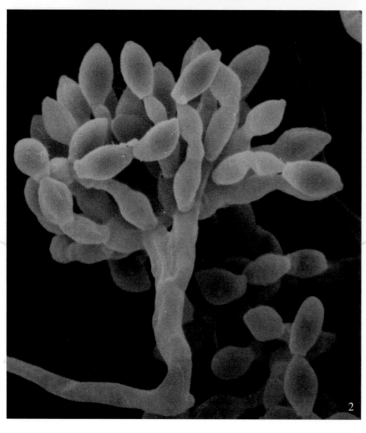

扫描电镜下：

　　帚状枝密集，分生孢子光滑，顶端尖，基部
平截，具加厚环（图 1 × 1000；图 2 × 2000）。

汉斯齿梗孢属 *Hsansfordia* sp.

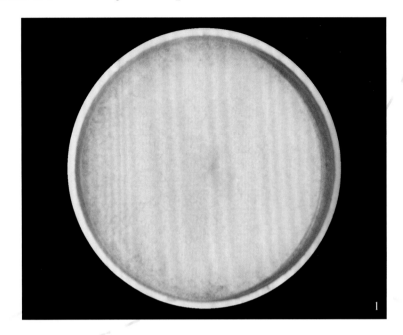

外观：

菌落扩展，浅褐色，细粉粒状，边缘整齐。背面淡褐色，空气中偶见（图1）。

光学显微镜下：

分生孢子梗直立，光滑，梗上具重复分枝，色淡。分生孢子单胞，卵圆形或纺锤形，着生于分生孢子梗顶端的钝牙上，不成链，无色，大小约 12~14μm（图 2 × 650）。

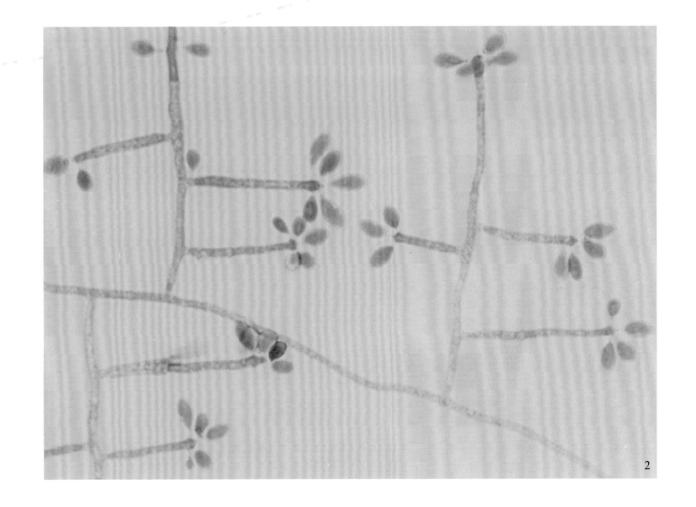

汉斯齿梗孢属 *Hsansfordia* sp.

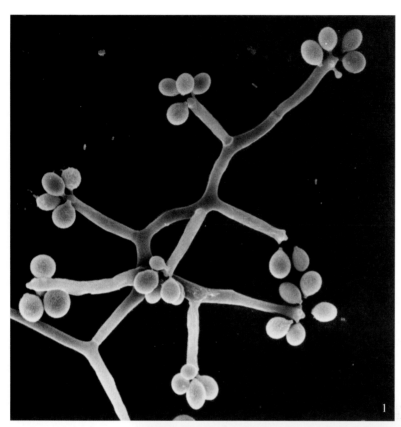

扫描电镜下：

分生孢子梗在高倍镜下可见稀疏小瘤，具枝杈状分枝，顶端具钝牙，分生孢子着生于钝牙上，孢子表面密生小瘤状物，基部有短颈（图3×1000；图2×5000）。

喜花葡萄孢 *Botrytis anthophila* **Bondartsev Bolez**

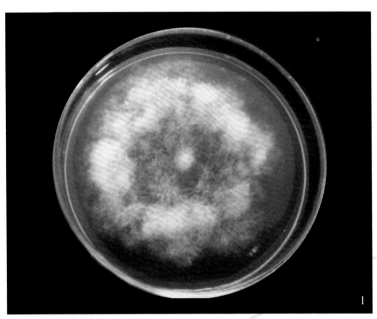

外观：

菌落絮状，蔓延，初期淡灰色，老后褐灰色；背面暗色（图1）。

光学显微镜下：

分生孢子梗褐色，分隔，顶部稍膨大，或梗向侧面生短柄，再形成膨大体。分生孢子长圆形，端部稍尖，光滑无色，9.5~22μm×3.5~7μm（图2×650）。

灰葡萄孢霉 *Botrytis cinerea* **Pers**

外观：

　　菌落扩展，絮状，气生菌丝发达，灰褐色。背面灰色。空气中较常见（图1）。

光学显微镜下：

　　分生孢子梗直立，具分枝，有横隔，淡灰褐色。分生孢子卵形及近球形，丛生于分生孢子梗及分枝顶端，淡黄色，大小为9~16μm×6~10μm（图2×1200）。

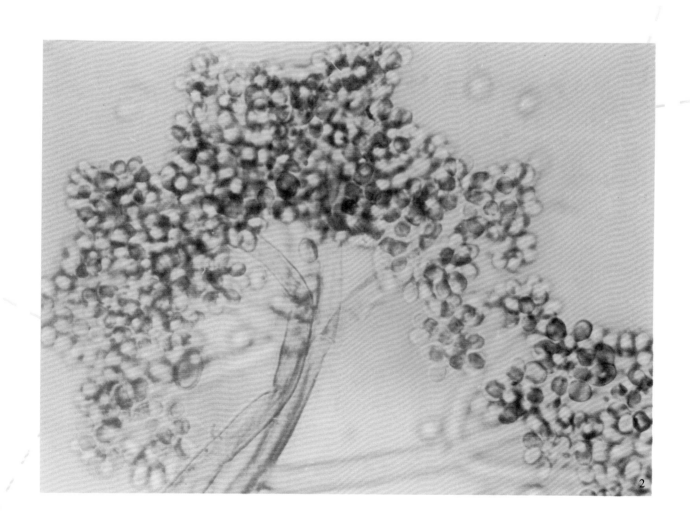

壳皮霉属 *Ostracoderma* sp.

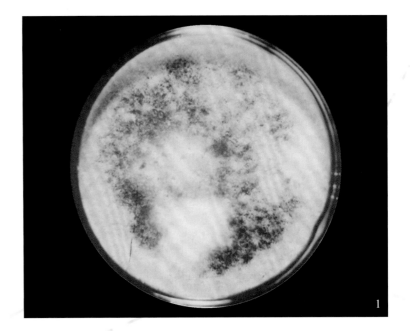

外观：

菌落扩展，表面粉粒状，肉桂色；背面深褐色，空气中偶见（图1）。

光学显微镜下：

分生孢子梗粗壮，直立，主轴不分枝，顶端具二杈分枝，分枝上又产生几个棍棒状分散的分枝，分枝表面长满分生孢子。分生孢子球形，单胞密集生长在分枝表面细、短的小齿上，无色，直径约为5~7μm（图2×650）。

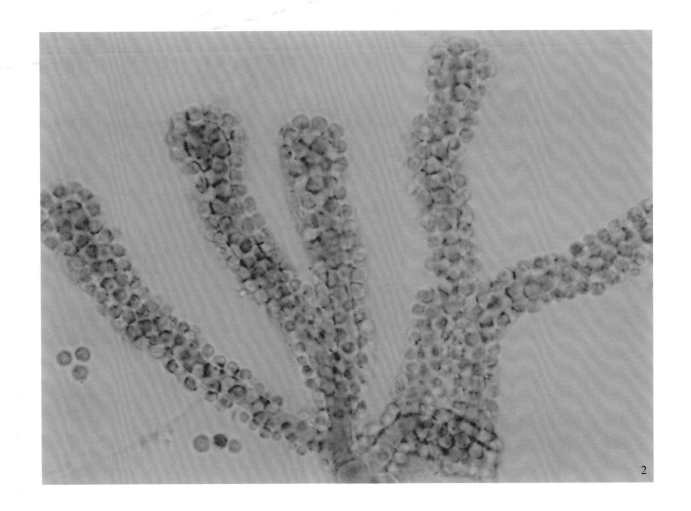

壳皮霉属 *Ostracoderma* sp.

扫描电镜下：

分生孢子单生于二次分枝的表面，密集排列，孢子球形，具一较大孔洞，表面有模糊的网状纹饰（图1×1000；图2×6000）。

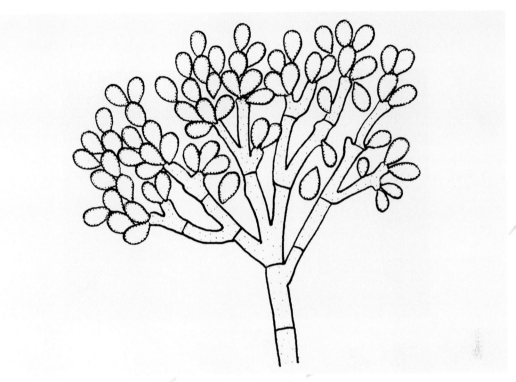

灰葡萄孢霉　*Botrytis cinerea*

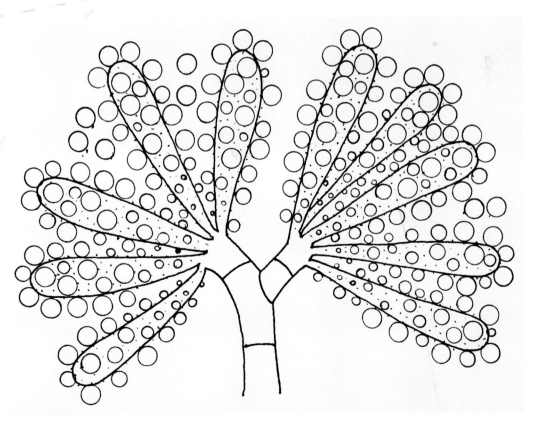

壳皮霉属　*Ostracoderma* sp.

斯氏格孢 *Spegazzinia tessarthra* （Berk. & Curt）Sacc

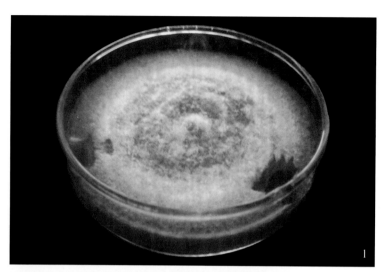

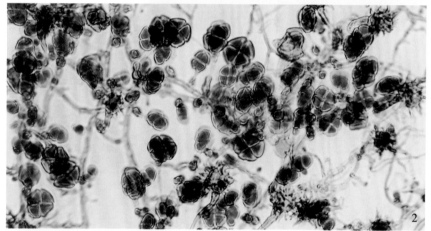

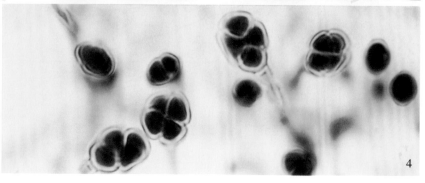

外观：

菌落扩展，开始无色，逐渐变暗，表面高低不平，呈暗褐黄色；背面暗色，空气中偶见（图1）。

光学显微镜下：

分生孢子梗产生两种类型：a 型单生，直立，暗褐色，长可达 100μm；b 型短小，近无色。分生孢子亦分 a、b 两种类型：a 型 4 细胞，簇生在分生孢子梗顶端，呈分离状，扁平，圆形至不规则形，18~21μm，深褐色，单个细胞表面密生刺毛状疣突；b 型分生孢子呈十字分隔，表面光滑，扁平，边缘裂作浅瓣状，宽 11~14μm，厚 5~7μm，孢子基部常有一小段柄细胞（图2×500；图3×1200）。

桶孢霉　*Amblyosporium* sp.

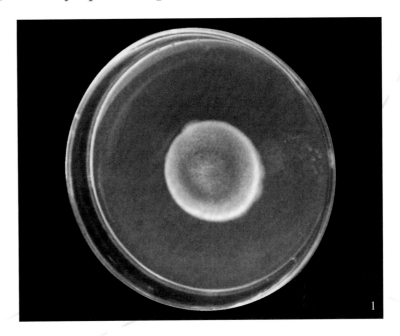

外观：

　　菌落局限，细绒状，暗色，中间色深；背面与表面同色，空气中偶见（图1）。

光学显微镜下：

　　分生孢子梗直立或稍弯曲，有隔，高倍镜下孢梗表面粗糙；顶部具有不规则短分枝；分生孢子（节孢子），单孢，桶状，系由分枝断裂形成，链状着生，无色（图2×500；图3×1200）。

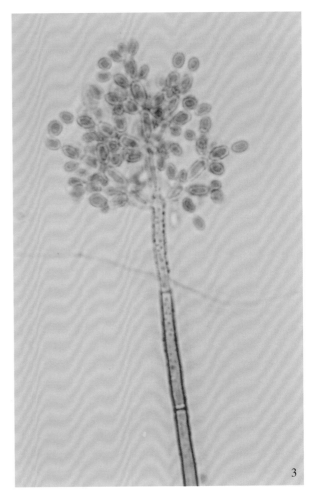

斯氏格孢

Spegazzinia tessarthra

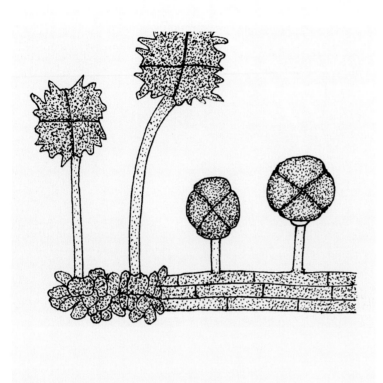

桶孢霉

Amblyosporium

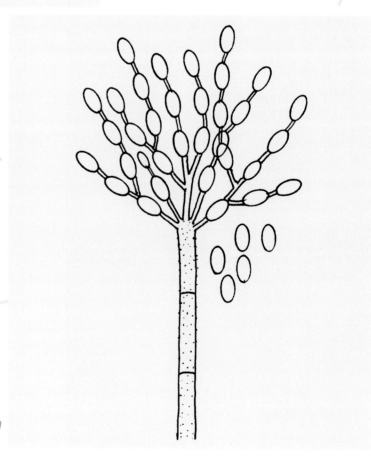

绚丽葡萄孢霉 *Botryosporium pulchrum* Corda

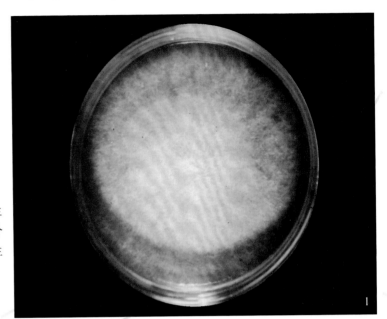

外观:

菌落扩展,絮状,淡褐色;背面与表面同色,空气中偶见(图1)。

光学显微镜下:

分生孢子梗细长,无色,由伸长的顶部和侧生多个小枝组成。小枝产生较多的次生分枝,次生分枝顶部膨大,着生于十字形分生孢子头,顶端产生密集的分生孢子。分生孢子单胞,无色,卵圆形,老后脱落(图2×240;图3×460)。

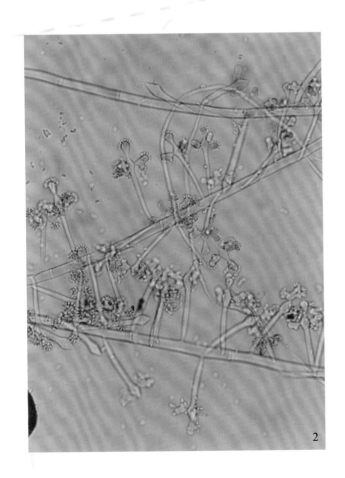

绚丽葡萄孢霉 *Botryosporium pulchrum* **Corda**

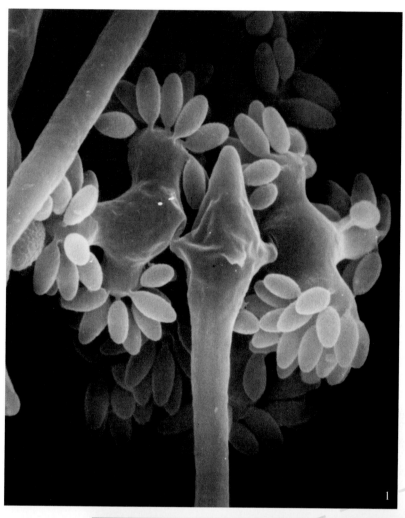

扫描电镜下：

分生孢子梗光滑。分生孢子橄榄形，表面小瘤状纹饰（图 1 × 3000；图 2 × 6000）。

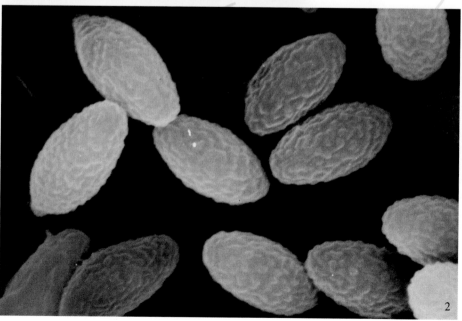

非洲膝葡孢　*Gonatobotrys africanus* Saccac

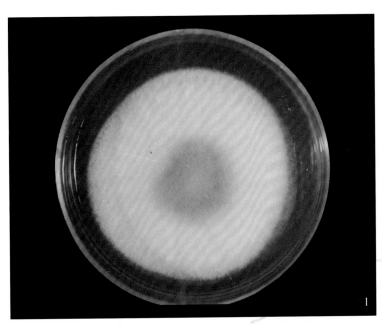

外观：

　　菌落絮状，开始白色，老后淡褐色，中间色深，边缘整齐；背面与表面同色，空气中偶见（图1）。

光学显微镜下：

　　分生孢子梗直立，分隔，无色，梗上具多处膨大结节，分生孢子集生于结节的小齿上，无色，单胞，卵圆形至近卵圆形，基部尖，顶端圆，大小 9.5~16μm × 15~29μm（图 2 × 1200）。

非洲膝葡孢 *Gonatobotrys africanus* **Saccac**

扫描电镜下：

在高倍镜下，可见孢梗膨大结节处呈齿轮状，分生孢子生于小齿上，孢子呈皱褶状（图 1 × 1300；图 2 × 4000）。

绚丽葡萄孢霉

Botryosporium pulchrum

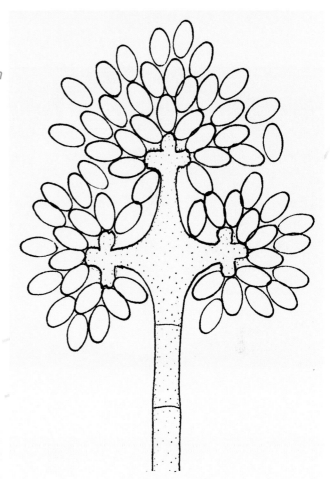

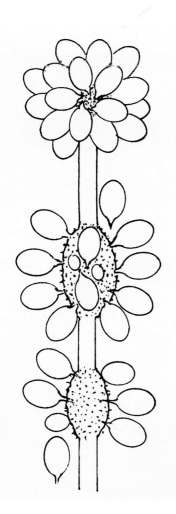

非洲膝葡孢

Gonatobotrys africanus

田字孢属 *Dictyoarthrinium* sp.

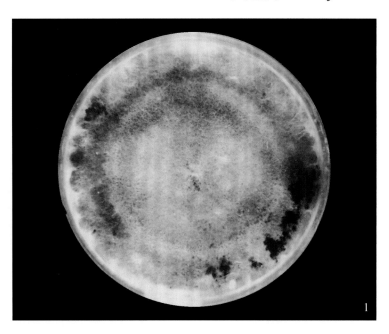

外观：

菌落絮状，初期白色，继而成块变黑。背面灰黑色，空气中偶见（图1）。

光学显微镜下：

分生孢子梗丛生，直或弯曲，色淡，有粗而密集的暗色横隔。分生孢子十字形分隔，4个孢室，形状如田字，色极深，顶生和侧生于分生孢梗上（图2×650）。

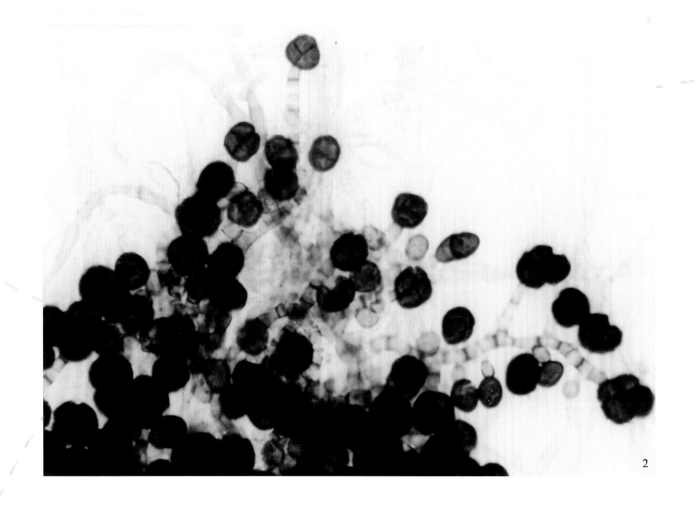

田字孢属 *Dictyoarthrinium* sp.

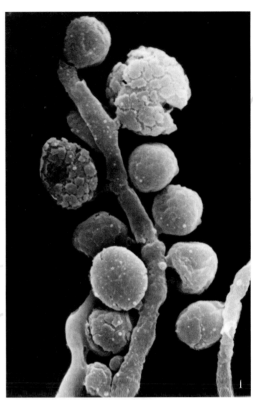

扫描电镜下:

分生孢子着生于分生孢子梗两侧的短侧枝上,近球形,光滑。成熟后具龟裂(图 1×1500;图 2×2200)。

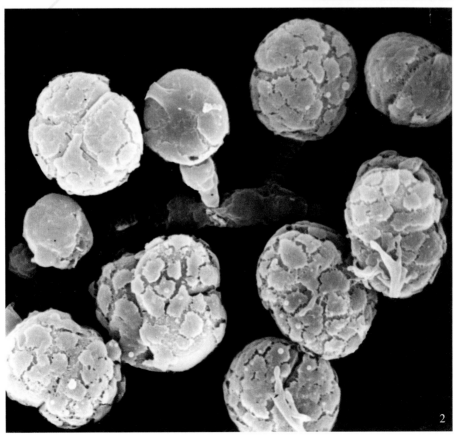

卷黏鞭霉 *Gliomastix convolute*（Harz）Mastix

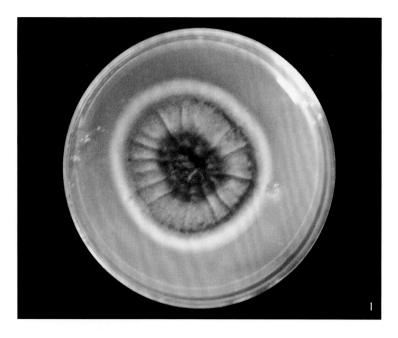

外观：

菌落局限，最初无色，逐渐变深，老后成暗色，中间色深，表面具放射状沟纹，周围绕以白边；背面暗色（图1）。

光学显微镜下：

分生孢子梗细长，由蔓延的菌丝或菌丝索上以侧生分枝状生出；分生孢子由小梗先端相继断裂而成，形成黏液球；成熟的分生孢子暗色，卵圆形，大小 4~5μm×3~4μm（图2×650）。

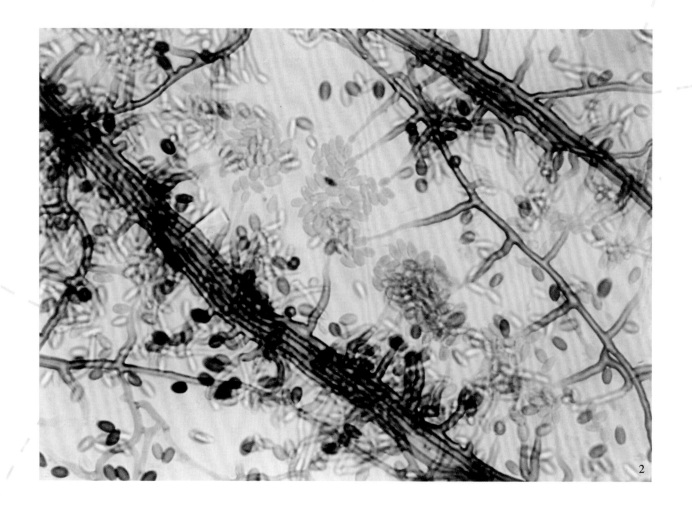

田字孢属

Dictyoarthrinium

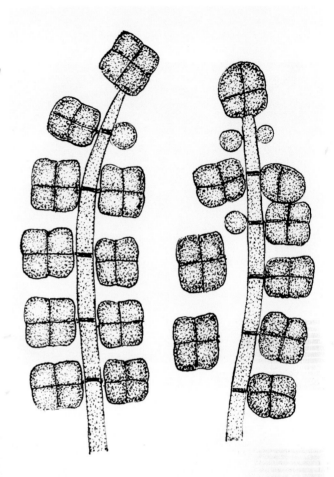

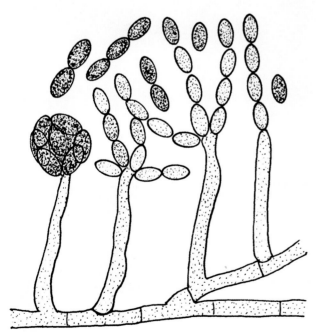

卷黏鞭霉

Gliomastix convolute

葡萄穗霉 *Stachybotrys atra* Corda

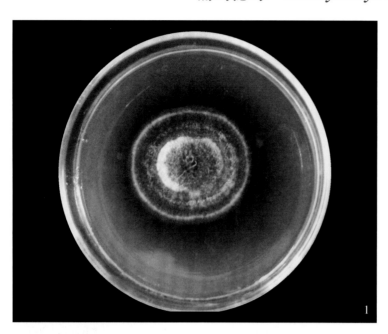

外观：

　　菌落局限，绒毛状，稍突起，初期烟灰色，衰老后黑色；背面黑色，空气中较多见（图1）。

光学显微镜下：

　　分生孢子梗自菌丝上直立生出，具横隔，顶端轮生瓶形小梗。透明或浅褐色。分生孢子椭圆形或卵圆形，单生于瓶形小梗上，大小 8~12μm × 5~7μm。初期色较淡，老后变黑，外壁粗糙，质粘，在瓶形小梗上聚成不规则的团块。空气中较多见（图2 × 1620；图3 × 1200）。

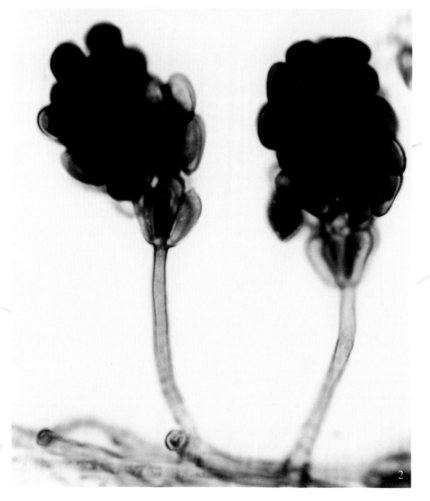

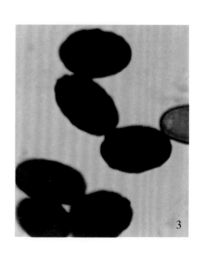

葡萄穗霉 *Stachybotrys atra* Corda

扫描电镜下：

    分生孢子椭圆形，成团聚集在瓶形小梗顶端，孢子表面极粗糙，具多数横向排列的短条纹状纹饰（图 1 × 3000；图 2 × 4000）。

柱孢葡萄穗霉　*Stachybotrys cylindrosporum* Jens.

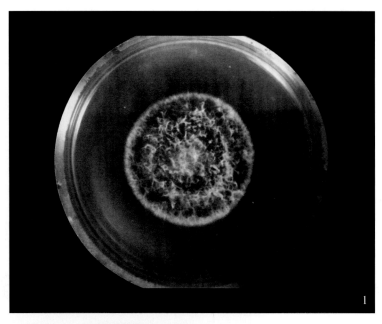

外观：

　　菌落局限，绒毛状，黑褐色，边缘整齐，周围绕以白边；背面黑褐色，空气中偶见（图1）。

光学显微镜下：

　　分生孢子梗自菌丝上直立生出，具横隔，浅褐色，粗糙。孢梗顶端轮生瓶形小梗。分生孢子圆柱形或长卵圆形，初期色淡，衰老后黑色，壁光滑或粗糙，质黏，在瓶形小梗上聚成球形孢子头，老后散开，孢子大小为8~14μm×4~6μm。空气中偶见（图2×1620；图3×1200）。

柱孢葡萄穗霉 *Stachybotrys cylindrosporum* Jens.

扫描电镜下：

分生孢子梗粗糙，分生孢子圆柱形，粗糙，具多数排列不规则的短条纹（图 1×3500；图 2×4000）。

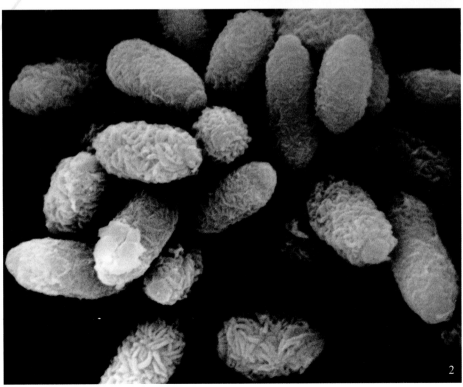

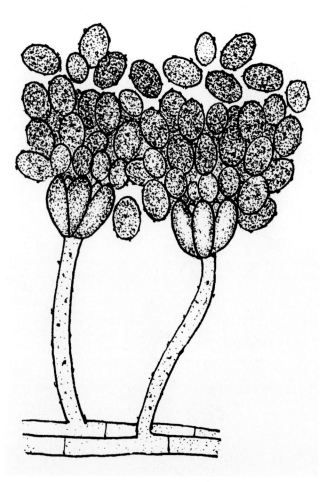

黑葡萄穗霉
Stachybotrys atra

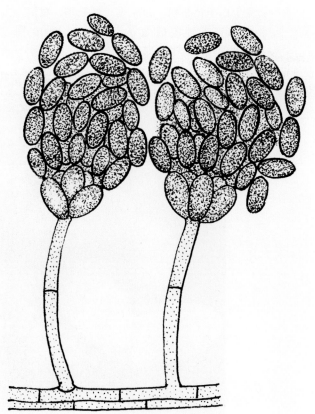

柱孢葡萄穗霉
Stachybotrys cylindrosporum

小齿梗霉属 *Rhinotrichum* sp.

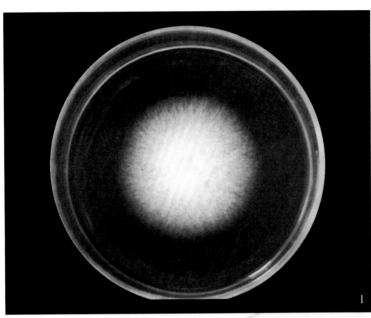

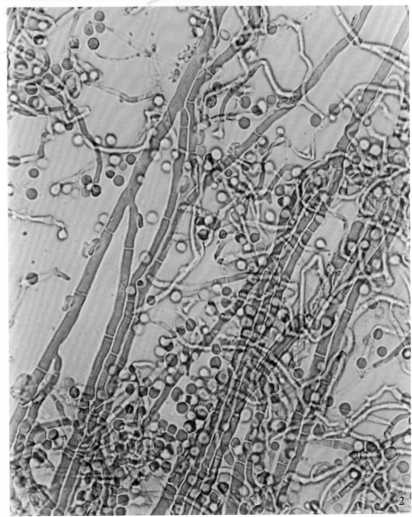

外观：

菌落绒毛状，白色，边缘不齐；背面无色，空气中偶见（图1）。

光学显微镜下：

分生孢子梗直立，具分枝。分生孢子（芽孢子）球形或卵圆形，无色，着生在菌丝分枝的齿状小梗上（图2×650）。

小齿梗霉属 *Rhinotrichum* sp.

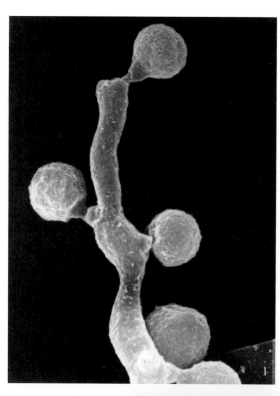

扫描电镜下：

分生孢子梗略粗糙；分生孢子近球形，单个着生于孢子梗结节处，表面略粗糙（图 1×4000；图 2×8000）。

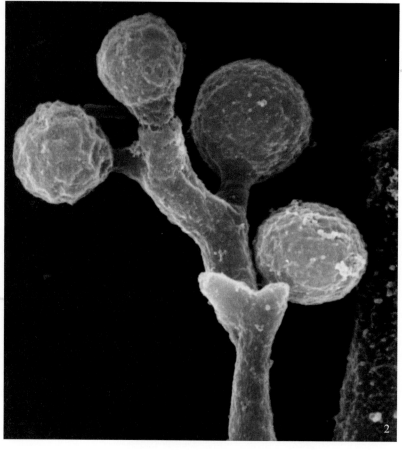

喙枝霉属 *Rhinocladiella* sp.

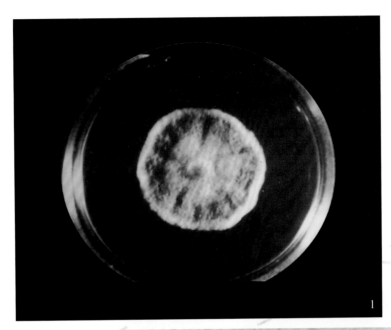

1

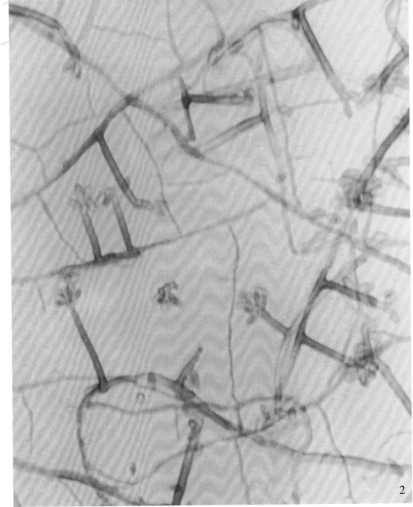

2

外观:

菌落局限,绒毛状,青绿色,表面具稀疏的放射状沟纹;背面褐绿色,空气中偶见(图1)。

光学显微镜下:

分生孢子梗直立,不分枝,褐绿色。分生孢子卵形至长圆形,单孢,褐绿色,簇生于分生孢子梗上部(图2×650)。

喙枝霉属 *Rhinocladiella* sp.

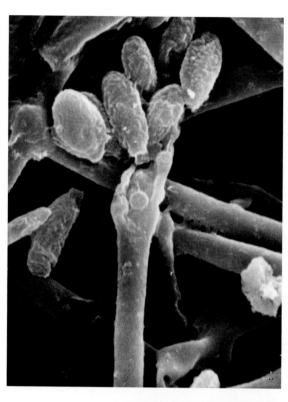

扫描电镜下：

分生孢子梗光滑。分生孢子表面粗糙，生于孢梗上部圆形着生点上（图 1 × 3500；图 2 × 4000）。

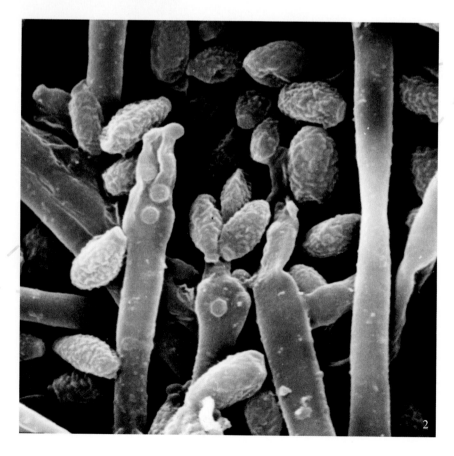

小齿梗霉
Rhinotrichum sp.

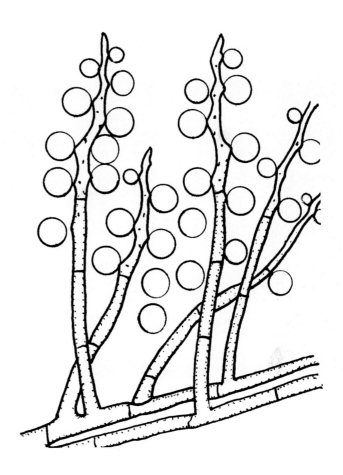

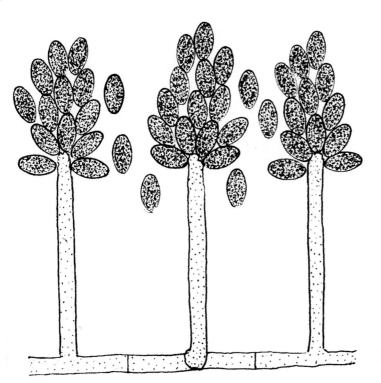

喙枝霉
Rhinocladiella

棕色树粉孢　*Oidiodendron fuscum* Szilv

外观：

　　菌落局限，绒状，表面稍突起，有简单放射状沟纹，绿色；背面褐黄色，空气中偶见（图1）。

光学显微镜下：

　　分生孢子梗褐色，树状分枝不规则，向上部分较少分枝，分枝断裂成杆状、柱状、球形或其他形状的分生孢子，保持成链。分生孢子（节孢子）单孢，淡褐色。（图2×124；图3×500）。

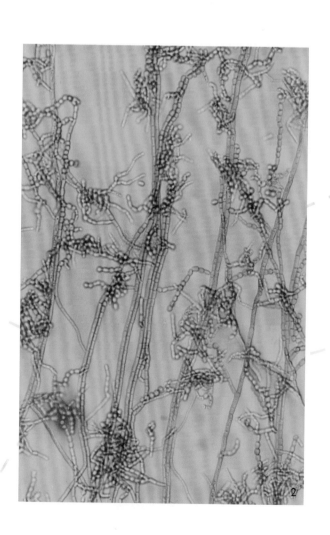

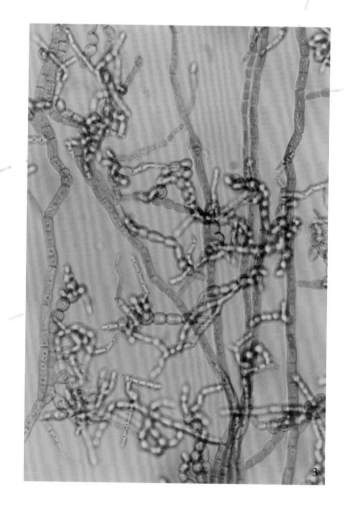

棕色树粉孢 *Oidiodendron fuscum Szilv*

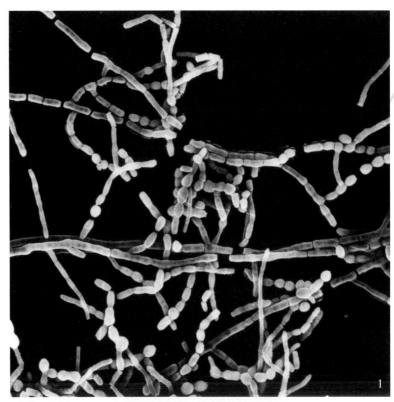

扫描电镜下：

　　分生孢子梗高大，呈树状分枝，老后从分枝横隔断裂成节孢子，表面光滑（图1×600；图2×1000）。

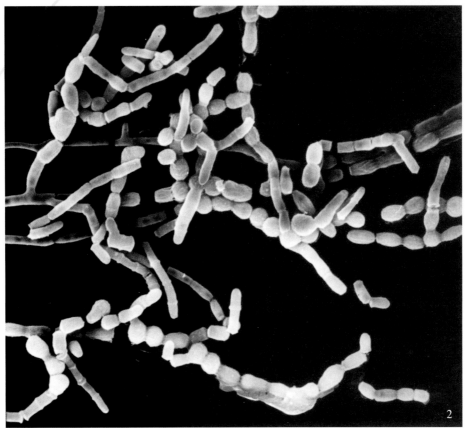

单梗孢属 *Haplographium* sp.

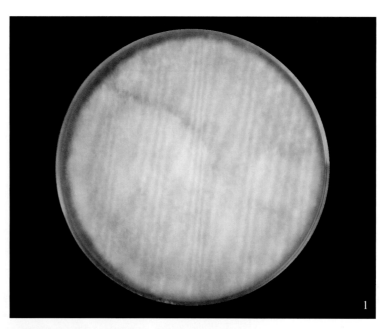

外观：

菌落絮状，蔓延，开始无色，衰老后灰色；背面淡色（图1）。

光学显微镜下：

分生孢子梗暗色，直立，顶部簇生无色的短分枝，似青霉状；分生孢子生于短分枝顶端，无色，单胞，小，卵圆形，潮湿条件下聚集在黏液头中（图2×650）。

枝顶孢属 *Acremonium* sp.

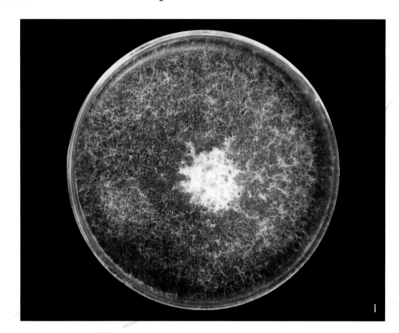

外观：

菌落绒毛状，黄绿色至深绿色；背面暗色（图1）。

光学显微镜下：

分生孢子梗单生于菌丝上，直立，短；分生孢子长卵形，单胞，淡色，呈长链着生于分生孢子梗顶端，大小 4.5~8μm×1.7~2.5μm（图2×650；图3×1200）。

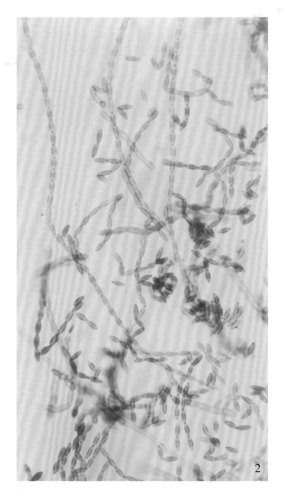

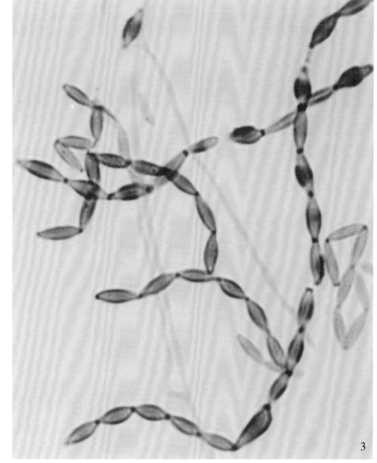

枝顶孢属　*Acremonium* sp.

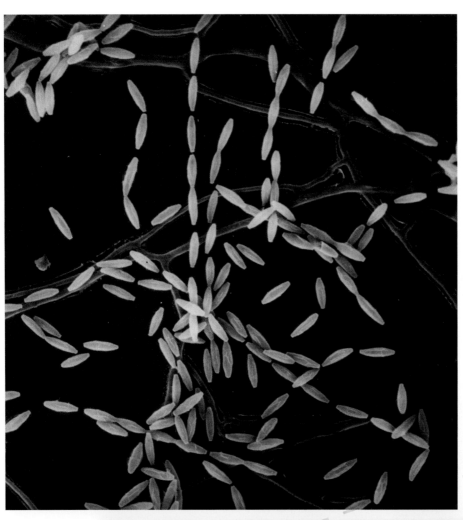

扫描电镜下：
　　分生孢子长卵形，链状着生，孢子两端截形。

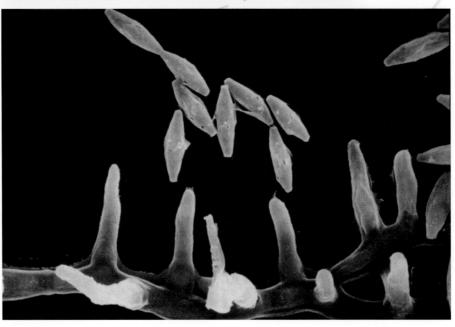

单梗孢属

Haplographium sp.

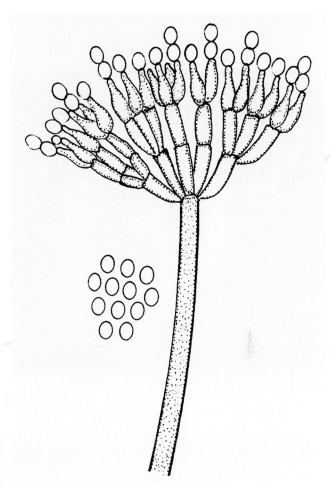

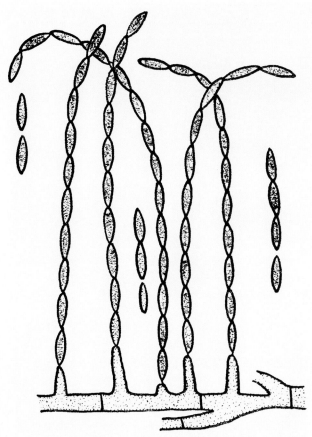

枝顶孢属

Acremonium sp.

具柄梗束霉 *Stysanus stemonites* （Pers） Corda

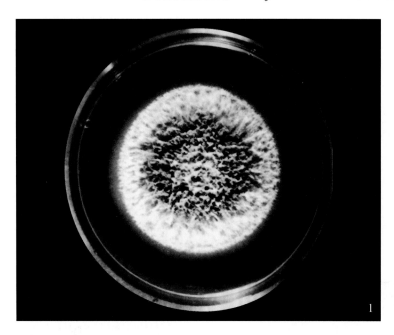

外观：

菌落局限，质地疏松，凸起，中央烟灰色，周围灰白色，边缘整齐。背面淡色，空气中偶见（图1）。

光学显微镜下：

分生孢子梗集成菌丝束，棒状或柱状，直立，坚硬，有横隔，向上部呈青霉状分枝，有的菌丝产生简单的帚状枝。分生孢子卵圆形或柠檬形，淡绿色，链状着生在孢梗束上，大小6~8μm×4~5μm（图2×650）。

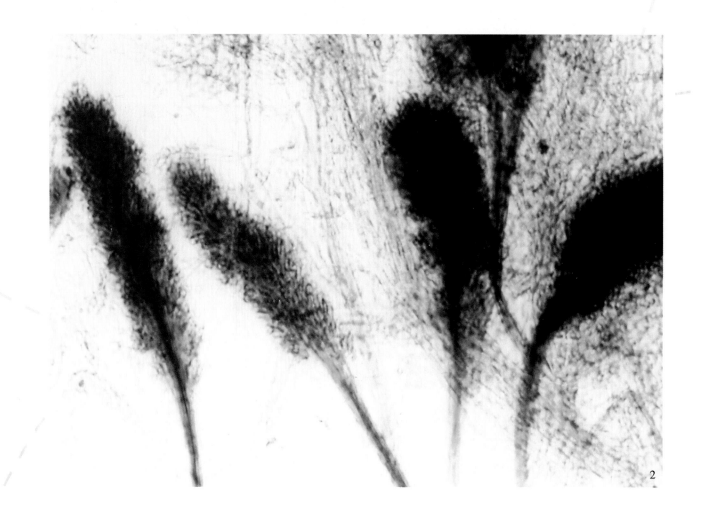

具柄梗束霉　*Stysanus stemonites*（Pers）Corda

扫描电镜下：

　　分生孢子梗束状，光滑，上部具分枝。分生孢子链状着生于分枝顶端，高倍镜下，孢子表面具模糊的云纹状纹饰（图 1 × 1000；图 2 × 6000）。

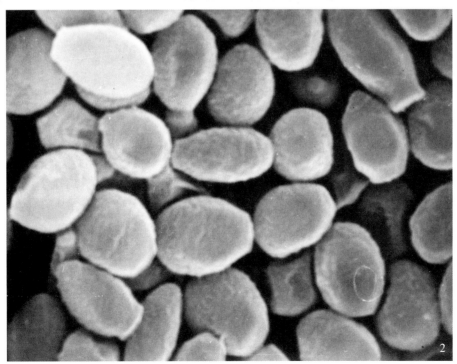

向基孢霉属 *Basipetospora* sp.

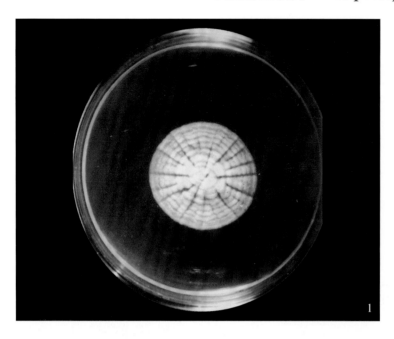

外观：

    菌落局限，开始白色，衰老后淡灰白色，表面具放射状沟纹及密集的同心环，边缘整齐；背面微色，空气中偶见（图1）。

光学显微镜下：

    分生孢子梗分权，无色。分生孢子球形，单胞，无色，有截形的基部，呈链状着生在孢梗顶端（图 2 × 650）。

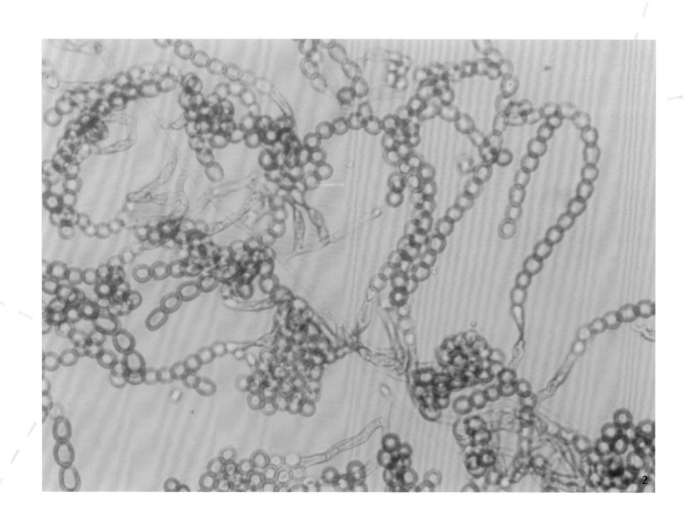

向基孢霉属　*Basipetospora* sp.

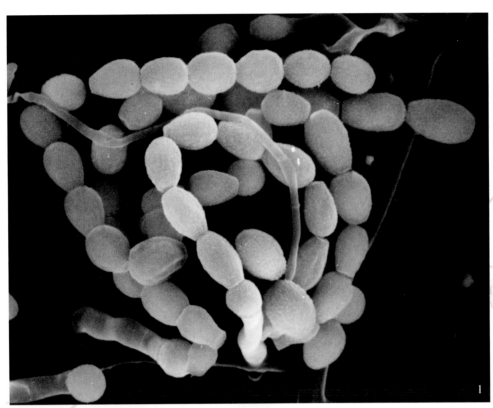

扫描电镜下：

　　分生孢子呈长链状向基着生，在高倍镜下孢子表面粗糙（图 1×2500；图 2×6000）。

黄球瘤孢菌 *Sepedonium chrysospermum* （Bull.）Fr.

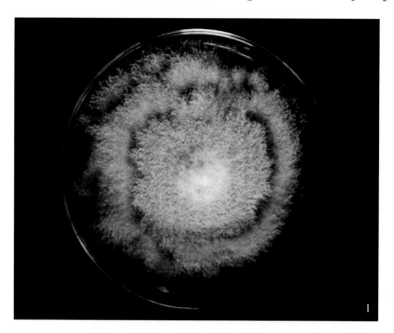

外观：

菌落扩展，绒状，开始白色，厚垣孢子大量产生后颜色淡黄色；背面无色（图1）。

光学显微镜下：

菌丝分枝。厚垣孢子球形，双壁，单个顶生于菌丝短细枝上，幼时光滑，衰老后具瘤状突起，无色至黄褐色，直径13~18μm（图2）。

分生孢子梗纤细，轮状分枝，分生孢子长圆形，透明，单生于轮状分枝顶端，9~11μm×4.5~6μm（图3）。

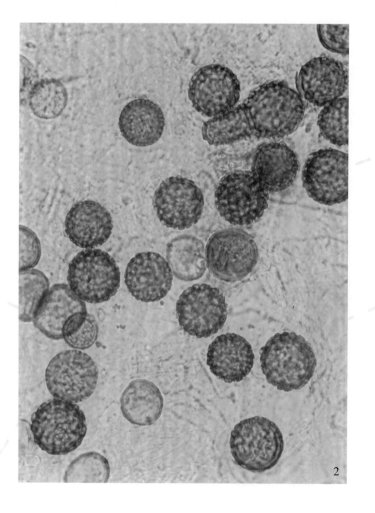

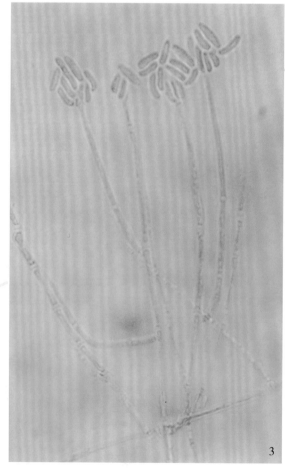

黄球瘤孢菌 *Sepedonium chrysospermum* （Bull.）Fr.

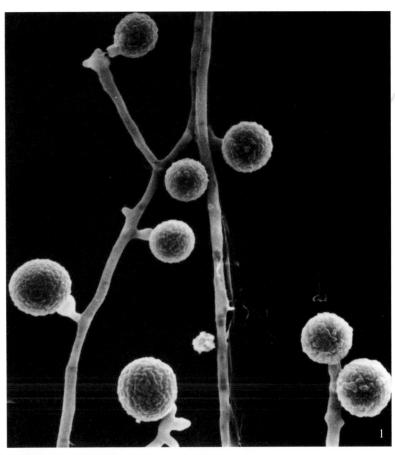

扫描电镜下：

　　枝光滑，厚垣孢子球形，表面具小疣状纹饰（图 1×1000；图 2×3000）。

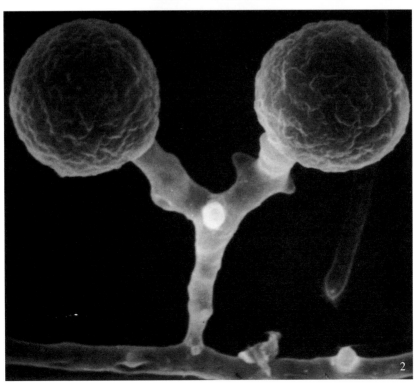

拟多毛盘孢属 *Pestalotiopsis* sp.

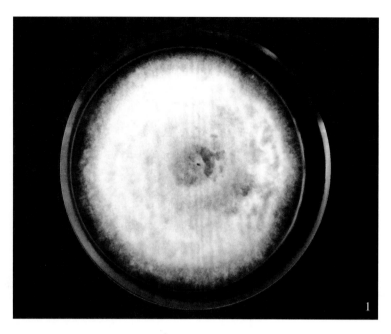

1

外观：

菌落絮状，气生菌丝发达；初期白色，继而从中央出现黑色斑块；背面呈斑驳的黑色（图1）。

光学显微镜下：

分生孢子椭圆形或纺锤形，具5个细胞，中央3个细胞暗褐色，两端细胞无色。孢子顶端有2~5根无色细尖的附属丝，末端具一细短柄（图2×450；图3×650）。

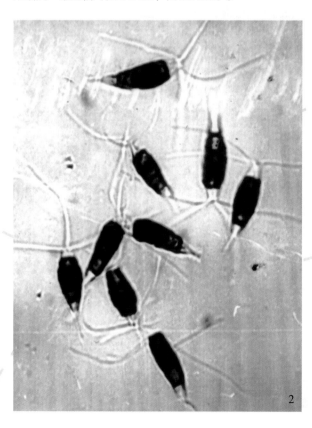

2

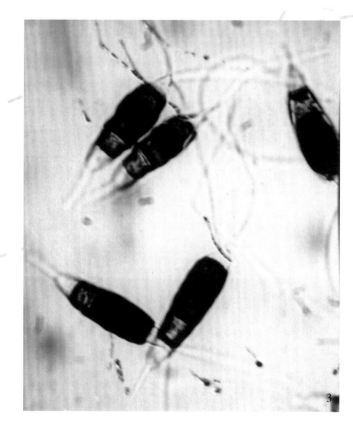

3

拟多毛盘孢属　*Pestalotiopsis* sp.

扫描电镜下：

　　分生孢子表面光滑，顶端多具
4 根附属丝；多隔处呈皱缩状（图
4×800；图 5×1500）。

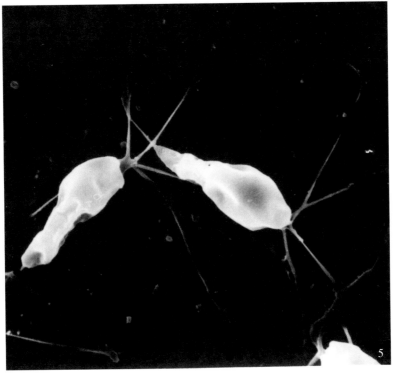

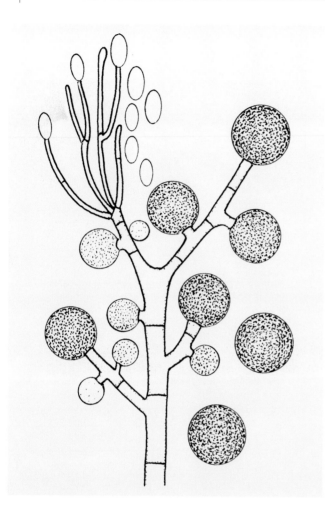

黄球瘤孢菌

Sepedonium chrysoermum

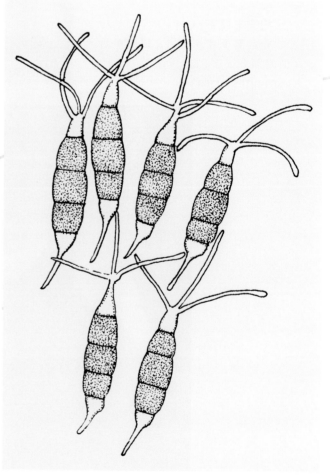

拟多毛盘孢属

Pestalotiopsis sp.

好食丛梗孢霉 *Monilia sitophila*（Mont）Sacc

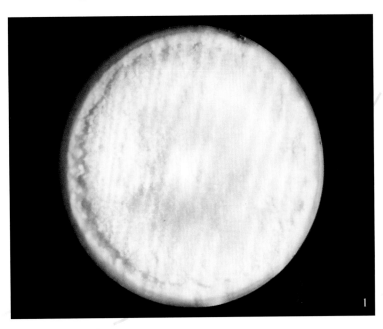

外观：

菌落蔓延，开始白色，继而在培养皿的边缘及皿盖上形成粉红色或橘黄色的络状物，为产孢区域，表面絮状，构造蔬松；背面淡褐色，为空气中常见真菌（图1）。

光学显微镜下：

菌丝体透明，有横隔，成双叉式分枝。分生孢子卵圆形，单胞，链状着生，无色或淡粉红色；同时菌丝体在横隔作某种范围的断裂，形成节孢子；孢子大小为23~26μm×10~15μm（图2×1620）。

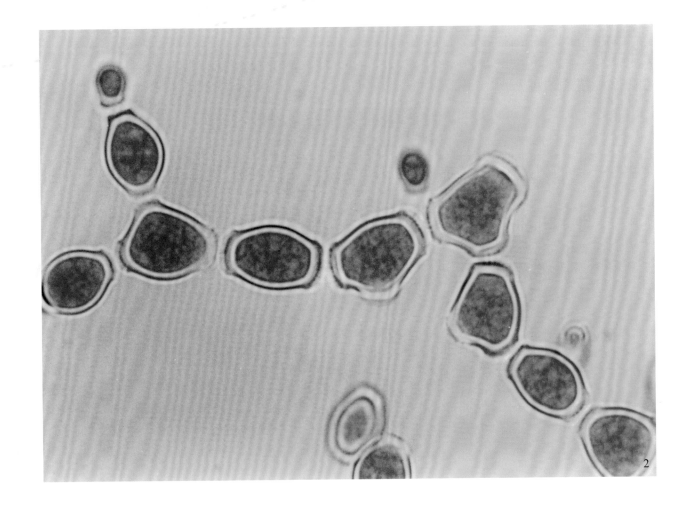

好食丛梗孢霉 *Monilia sitophila* （Mont） Sacc

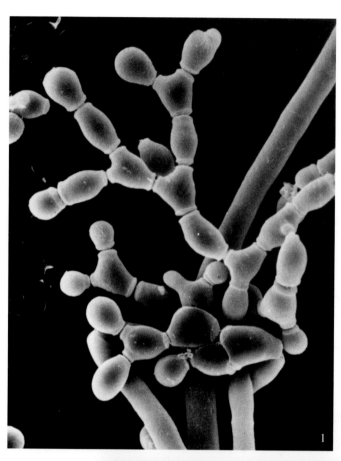

扫描电镜下：

　　菌丝体典型地双叉式分枝; 孢子卵圆形、鼓形及三角形, 表面光滑, 断开处边缘增厚(图 1 × 1200; 图 2 × 1500)。

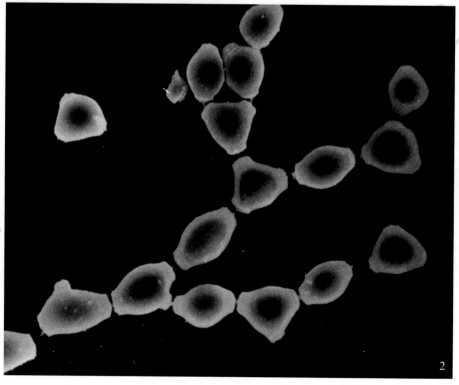

白地霉 *Geotrichum candidum* Link

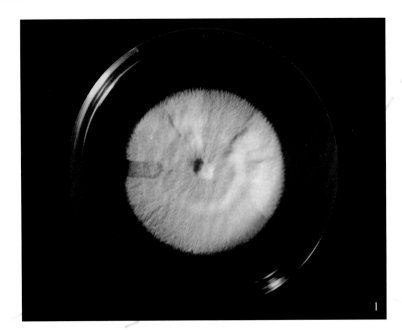

外观：

菌落平伏，细粉末状，白色，边缘不齐。背面无色，空气中多见（图1）。

光学显微镜下：

菌丝有横隔，具双叉分枝。衰老后从横隔处断裂，形成节孢子。节孢子无色，单个或连接成链，长筒形、方形、椭圆形等，末端钝圆。大多数 4.9~7.6μm×5.4~16.6μm（图2×650）。

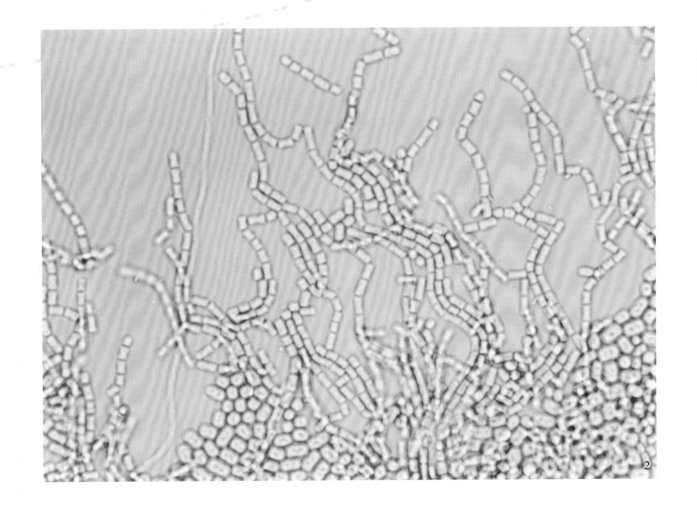

白地霉 *Geotrichum candidum* Link

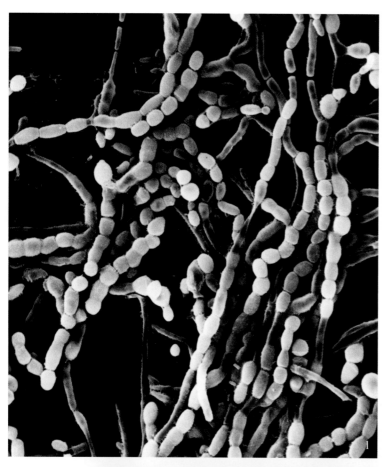

扫描电镜下：

节孢子表面光滑，长筒形、方形、椭圆形等，大小不一（图1×1000；图2×3000）。

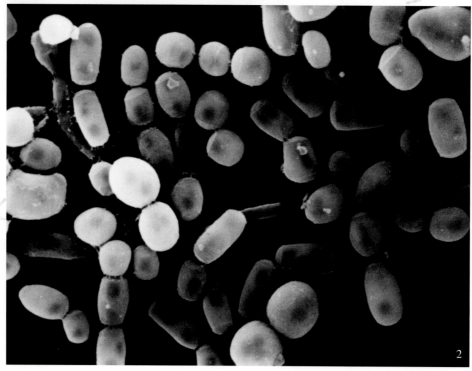

球形阜孢 *Papularia sphaerosperma*（Pers）Hohn

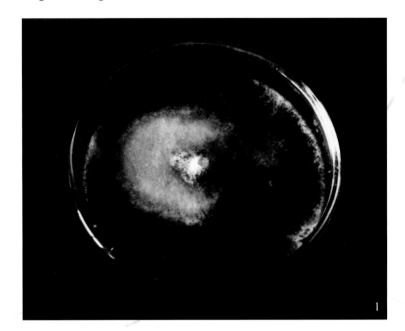

外观：

菌落絮状，灰白色，衰老后由于大量产生分生孢子而变暗；背面褐黄色，中间有黑色区域（图1）。

光学显微镜下：

分生孢子梗简单，有时沿菌丝表面形成瓶状孢子梗；分生孢子成堆生长，球形或卵圆形，壁厚，常在边上有一条无色细带；大小 9~21μm（图2 × 650）。

2

球形阜孢 *Papularia sphaerosperma* （Pers） Hohn

扫描电镜下：

　　菌丝体光滑；分生孢子成堆生长，球形或椭圆形、双透镜形，边缘薄，中间凸起；侧面观中间具一较厚的赤道环，此即为光学显微镜下描述的"细带"（图1×1300；图2×3500）。

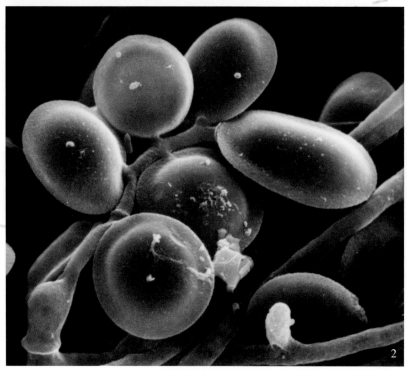

白地霉

Geotrichum candidum

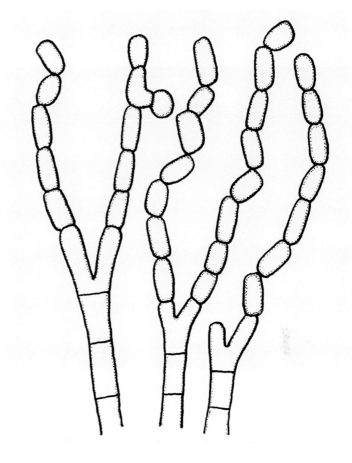

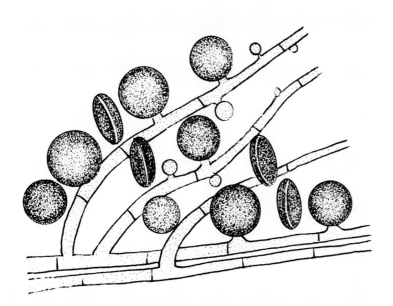

球形阜孢

Papularia sphaerosperma

双孢束梗孢属 *Didymostilbe* sp.

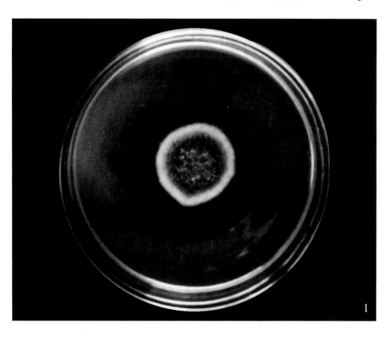

外观：

　　菌落局限，绒毛状，初期色淡，衰老后变深；背面暗色。空气中偶见（图1）。

光学显微镜下：

　　联丝体圆柱形，分生孢子头近圆形或圆形。分生孢子梗无色，有分枝。分生孢子卵圆形至长圆形，无色，双胞，聚集在孢子头的黏液中，老后散开（图2×500；图3×1200）。

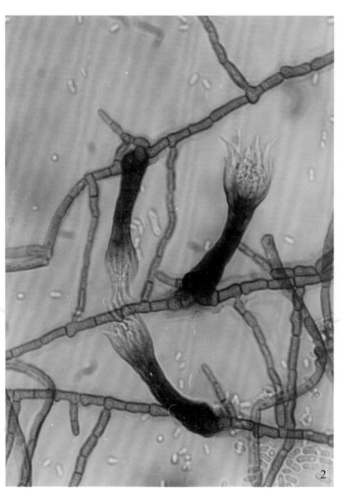

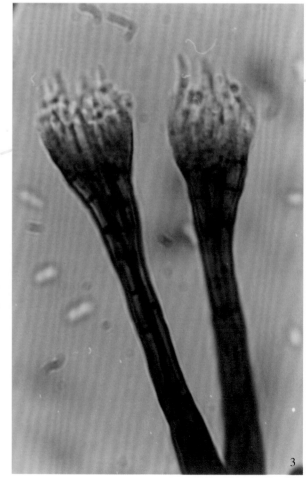

禾谷镰孢 *Fusarium graminearum* Schw

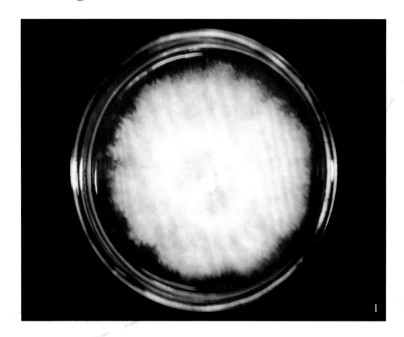

外观：

　　菌落絮状，开始白色，继变成紫红色。背面与表面同色，空气中常见（图1）。

光学显微镜下：

　　分生孢子梗着生于短的菌丝分枝上。大型分生孢子镰刀形、披针形，稍弯曲，两端尖，3~5（~7）个横隔，无色。小型分生孢子无（图2×1200；图3×1200）。

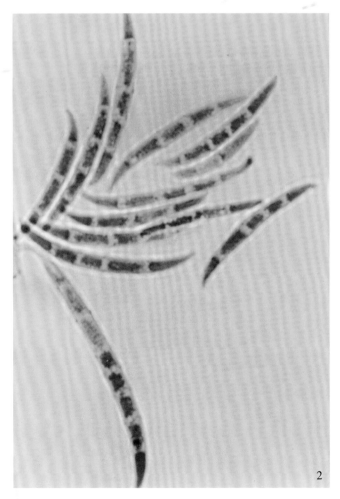

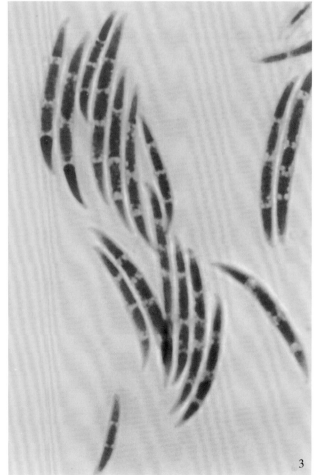

禾谷镰孢 *Fusarium graminearum* Schw

扫描电镜下：

    大型分生孢子表面光滑，高倍镜下表面不平，横隔突起（图 1×3500；图 2×4000；图 3×10000）。

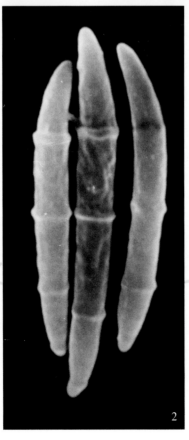

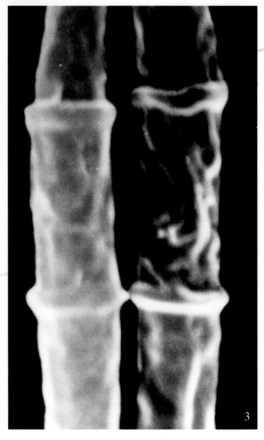

燕麦镰孢 *Fusarium avenaceum*（Fr）Sacc

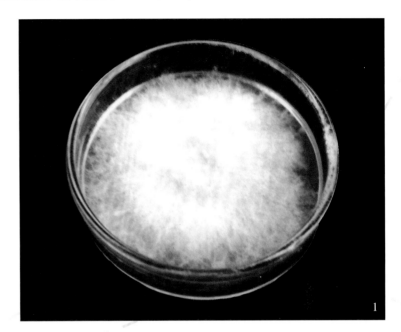

外观：

　　菌落疏松，蛛丝状，气生菌丝生长茂盛，淡褐色；背面浅褐红色（图1）。

光学显微镜下：

　　菌丝无色透明，具分枝；分生孢子成簇生于气生菌丝的短爪突起上，镰刀形，具脚细胞，有3~5（~7）横隔（图2×500；图3×1200）。

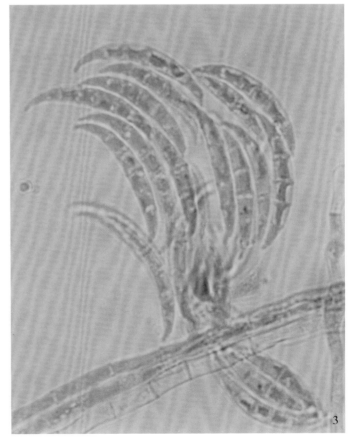

燕麦镰孢 *Fusarium avenaceum*（Fr）Sacc

扫描电镜下：

大型分生孢子成簇生于菌丝突起上，多具3~5横隔及脚细胞（图1×1500；图2×6000）。

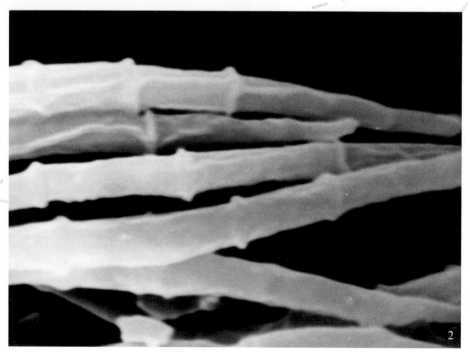

出芽短梗霉 *Aureobasidium pullulans* （de bary）Arn

外观：

菌落质地黏稠，初起色淡，继而变黑，衰老后呈皮革伏；背面灰黑色，空气中多见（图1）。

光学显微镜下：

开始菌丝无色，很快外壁加厚，颜色变暗，多横隔。老后由横隔处裂成断片。分生孢子着生于菌丝各处产生的突起部，无色，椭圆形，大小为4~6μm；同时分生孢子还可由酵母式的出芽来产生较小次生分生孢子（图2×650）。

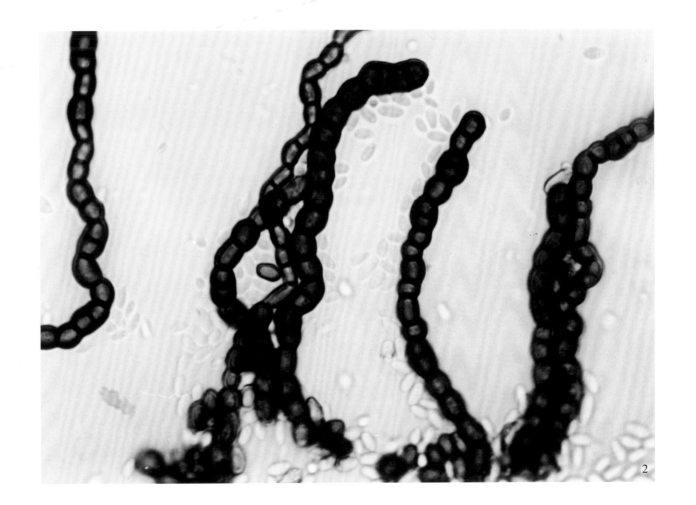

出芽短梗霉 *Aureobasidium pullulans* （de bary）Arn

扫描电镜下：

菌丝断片长方形或椭圆形，个大，断片边缘可见生孢子孔痕。分生孢子两端具乳头状突起；次生分生孢子无突起物（图 1 × 3000；图 2 × 5000）。

短梗霉 *Auricularia* sp.

外观：

菌落局限，质黏，表面细绒状，深褐色，边缘不齐；背面与表面同色，空气中偶见（图1）。

光学显微镜下：

菌丝粗壮，多分隔，衰老后由分隔处断裂。浅褐色。分生孢子无色，椭圆形、楔形或呈柱状（图2×650）。

黑附球菌 *Epicoccum nigrum* Link

 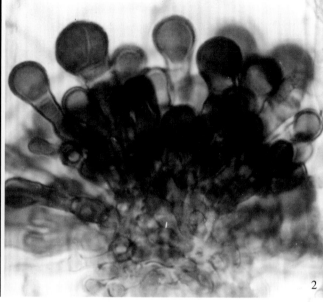

外观：

菌落局限，淡紫红色至褐红色，表面具简单的放射状沟纹，产孢后生出黑色颗粒，背面及培养基均呈褐红色，空气中多见（图1）。

光学显微镜下：

分生孢子座暗色，大小不等。分生孢子梗短，有横隔，暗色。分生孢子球形，具横隔和斜隔，大多分成 3~9 个孢室，暗色，单生于分生孢子梗上，直径为 20~25μm；成熟的孢子有无色透明或淡色的基细胞（图 2 × 1200；图 3 × 1200）。

黑附球菌 *Epicoccum nigrum* Link

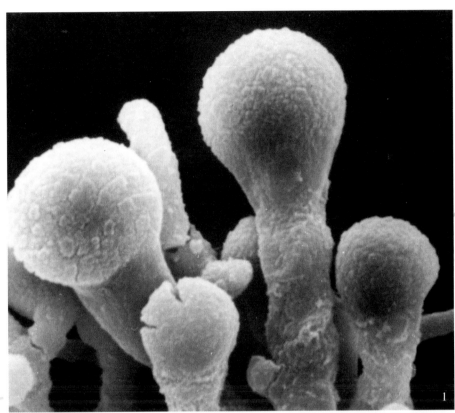

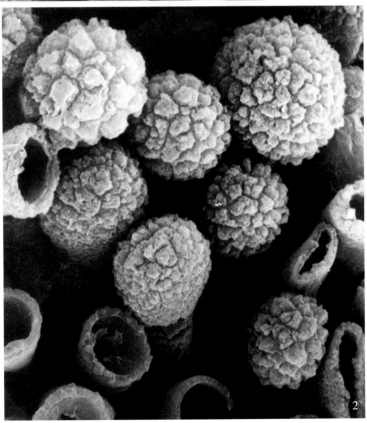

扫描电镜下：

分生孢子梗短，簇生于分生孢子座上，梗端具生孢子孔，分生孢子单生于孢梗上，表面具均匀的瘤状纹饰（图 1 × 4000；图 2 × 4000）。

紫附球菌 *Epicoccum purpurascens* Ehrenb. ex Schlent

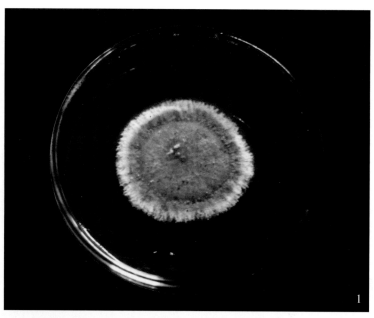

1

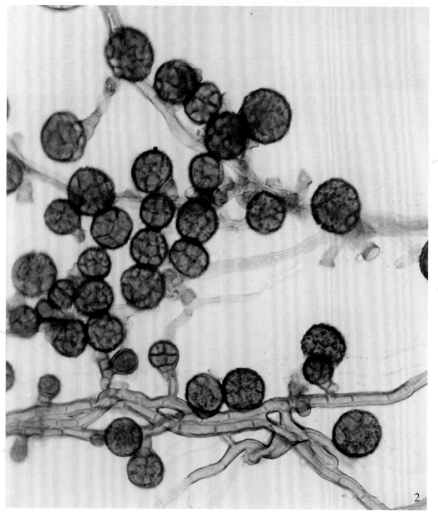

2

外观：

菌落厚粉粒状，凸起，深褐色，培养基呈紫红色；背面与表面同色，空气中偶见（图1）。

光学显微镜下：

分生孢子座暗褐色，分生孢子梗短，与孢梗同色。分生孢子球形，分隔较多，多数孢子具10个以上孢室，暗褐色，单生于孢梗上；成熟的孢子具一淡色的基细胞，大小近似黑附球菌（图2×650）。

紫附球菌 *Epicoccum purpurascens* Ehrenb. ex Schlent

扫描电镜下：

分生孢子梗顶端具生孢子孔；分生孢子单生，成熟后脱落，露出基细胞。孢子表面具密集均匀小瘤状纹饰（图 1 × 1200；图 2 × 3000）。

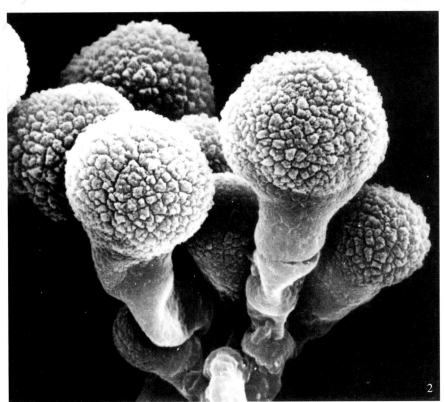

附球菌属 *Epicoccum* sp.

外观：

菌落扩展，褐色，边缘不齐；背褐色（图1）。

光学显微镜下：

分生孢子座垫状，暗色；分生孢子梗短，密集；分生孢子单生，壁砖状分隔，褐色，近球形、梨形，衰老后粗糙；基细胞短，淡色（图2、图3×1200）。

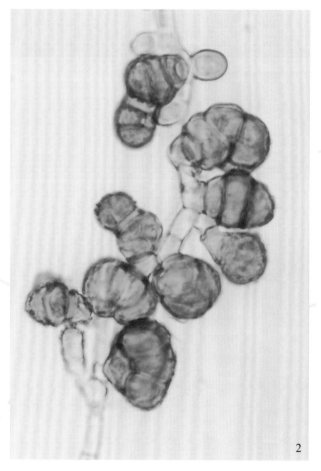

茎点霉 *Phoma* sp.

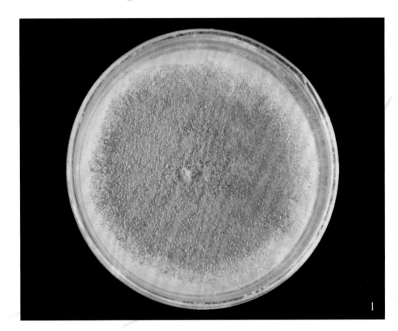

外观：

菌落致密，褐红色；背面与表面同色（图1）。

光学显微镜下：

分生孢子器埋生，球形或近球形，具孔，黑褐色；分生孢子长椭圆形，无色，孢子两端各有一油点，大小为 $5\sim8\mu m \times 2\mu m$（图 2×500；图 3×1200）。

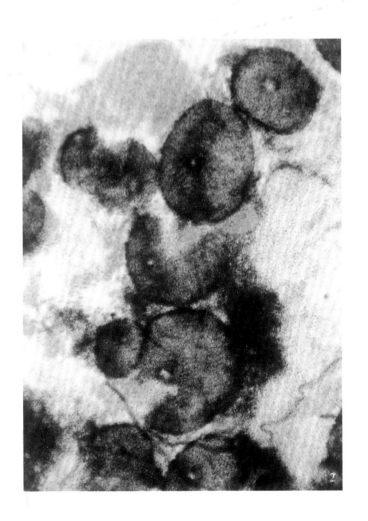

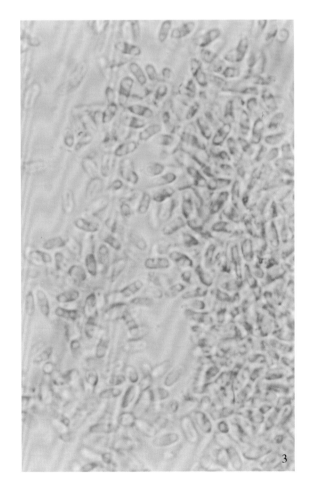

茎点霉 *Phoma* sp.

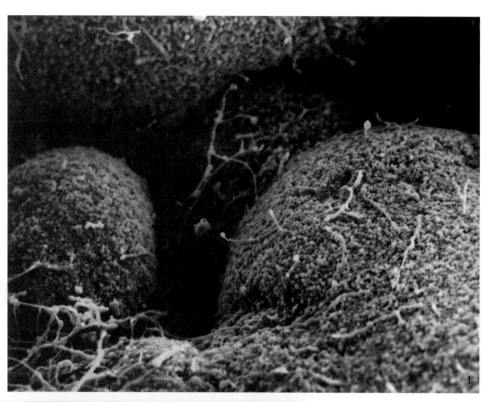

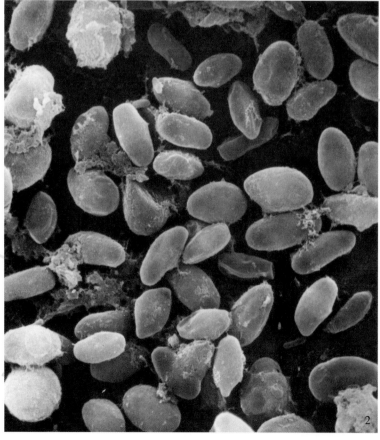

扫描电镜下：

分生孢子器近球形，具孔，埋生；分
生孢子长球形，表面光滑（图 1×130；图
2×2500）。

头状茎点霉　*Phoma glomereta*（Cda）Wollenw. & Hochapf

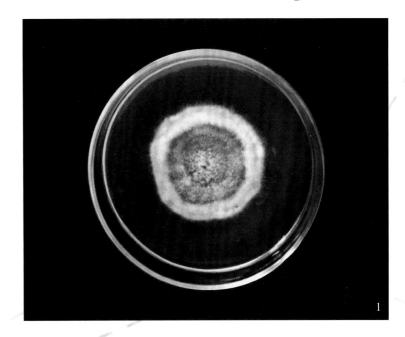

外观：

　　菌落扩展，灰褐色，埋生黑色颗粒；背面灰黑色，空气中偶见（图1）。

光学显微镜下：

　　分生孢子器球形或近球形，有孔口，单生到集生，褐黑色。分生孢子微弯或直，圆柱形，两端各具一油滴，大小约 5~9μm×2.5~3μm；厚膜孢子链格孢状，褐色，表面壁砖状（图2）。

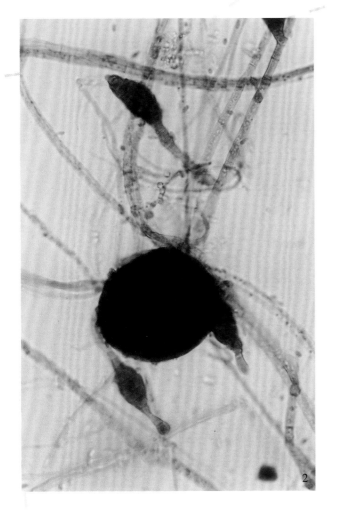

茎点霉　*Phoma*

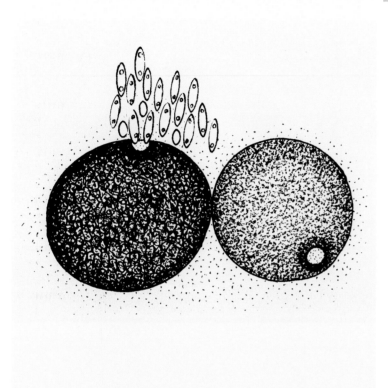

头状茎点霉
Phoma glomereta

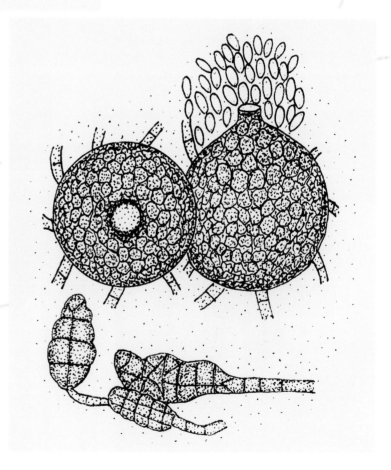

盾壳霉属 *Coniothyrium* sp.

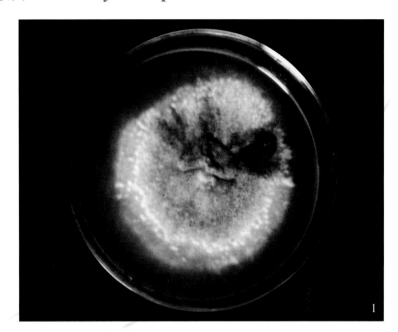

外观：

菌落中间稍隆起，暗色；背面暗褐色（图1）。

光学显微镜下：

分生孢子器埋生，球形，有孔，暗褐色；分生孢子球形或卵圆形，暗色，大小为3~5μm（图2×650）。

盾壳霉属 *Coniothyrium* sp.

扫描电镜下：

分生孢子器球形，聚集，具孔；分生孢子卵圆形，表面光滑（图 1×100；图 2×7000）。

球壳孢属 *Sphaeropsis* sp.

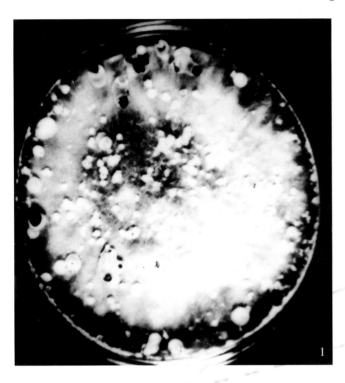

外观：

菌落絮状，灰黑色，表面密生大小不一的黑颗粒；背面暗色（图1）。

光学显微镜下：

分生孢子器埋生，球形，有孔口，制片后压碎。分生孢子光滑、卵形、长形或不规则形，单孢，成熟后褐色。大小为20~34μm×9~15μm（图2×132；图3×528；图4×1200）。

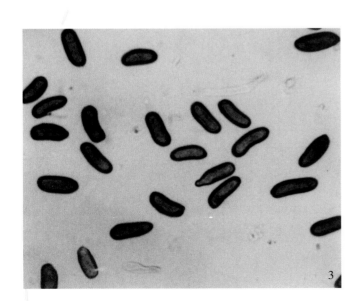

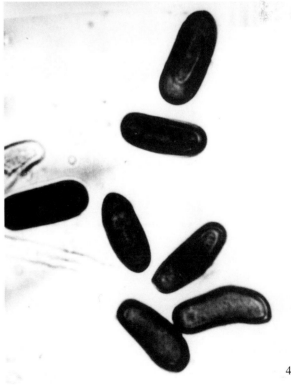

壳蠕孢属 *Hendersonia* sp.

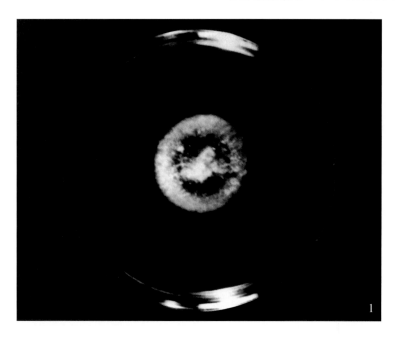

外观：

菌落局限，绒毛状，灰白色，埋生黑颗粒；背面褐黑色，空气中偶见（图1）。

光学显微镜下：

分生孢子器球形，有孔口，黑色，散生。分生孢子腊肠形、纺锤形，直或弯，表面多数具 3~4 个横隔，暗褐色，大小 14~30μm × 6~9μm（图 2 × 650）。

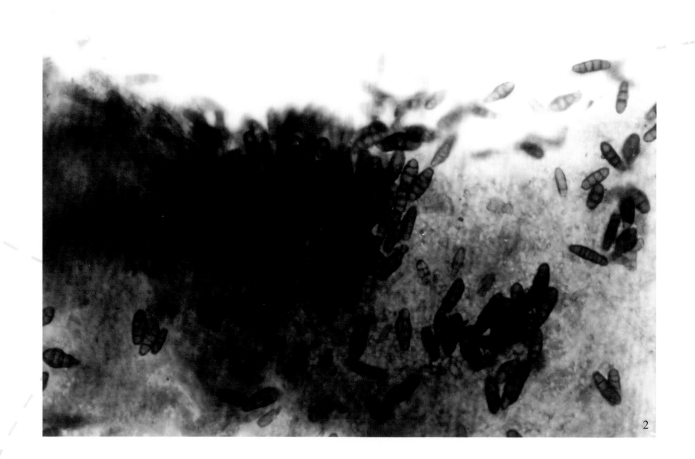

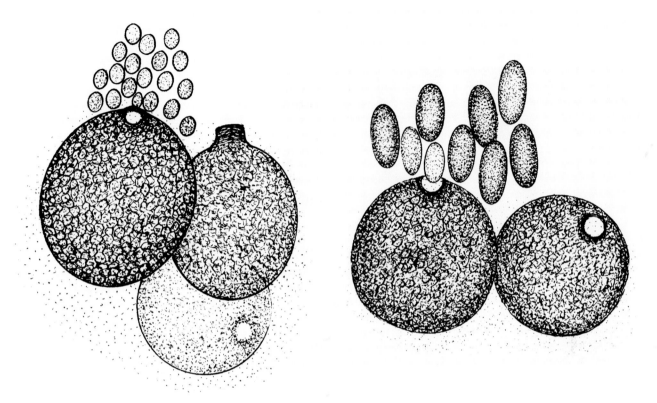

盾壳霉属　*Coniothyrium* sp.　　　　球壳孢属　*Sphaeropsis* sp.

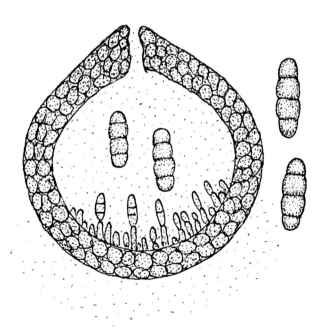

壳蠕孢属　*Hendersonia* sp.

炭疽盘孢属 *Colletotrichum* sp.

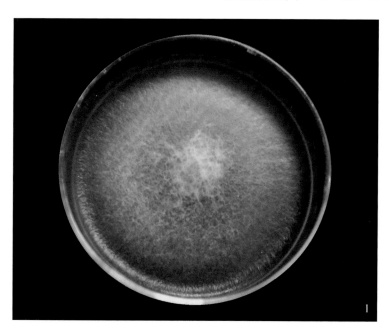

外观：

　　菌落平伏，绒毛状，灰褐色；背面暗色（图1）。

光学显微镜下：

　　分生孢子梗不分枝，密集；分生孢子新月形，无色，多具 1~2（~3）个分隔（图2×650）。

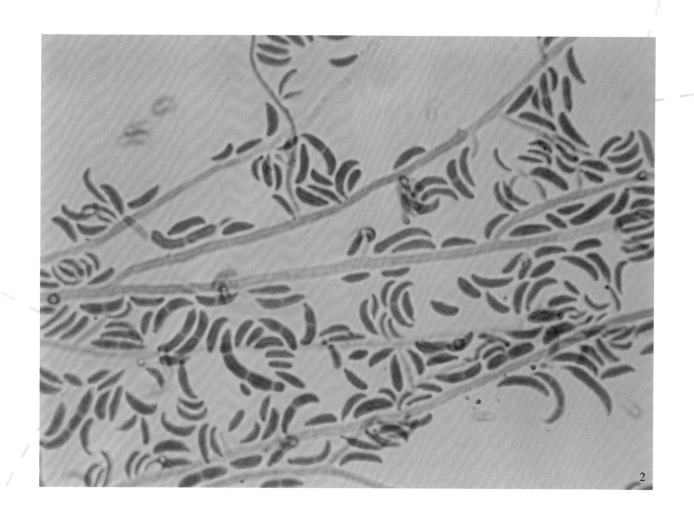

白色假丝酵母 *Candida albicans*（Robin）Berkhout

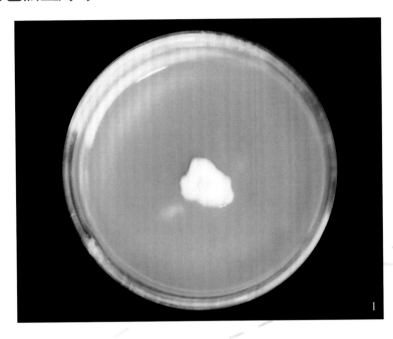

外观：

菌落局限，蜡质，软而平滑，奶油色；背面无色（图1）。

光学显微镜下：

芽孢子球状，成团，无色，在玉米培养基上产生大而厚壁的厚垣孢子。此为鉴定本菌的主要依据（图2×480；图3×650）。

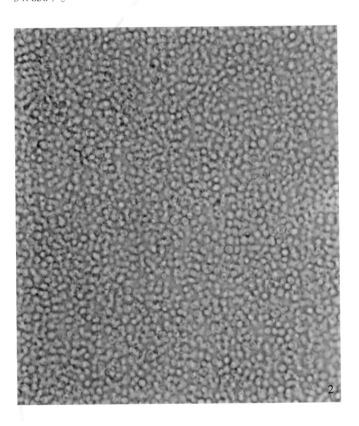

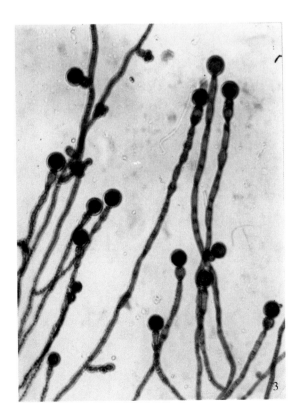

啤酒酵母 *Saccharomyces cerevisiae* Hansen

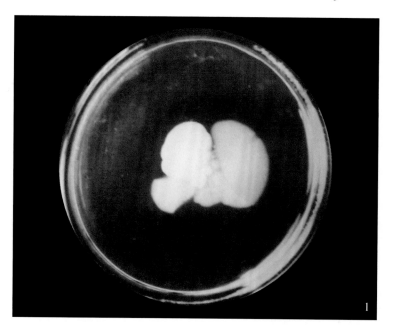

外观：

菌落黏稠蜡质，白色，边缘不规则。背面无色，为空气中常见真菌（图1）。

光学显微镜下：

无假菌丝。细胞圆形、卵形、椭圆形、腊肠形等。大小可分大、中、小三型；大型 10.5μm×7~12μm，中型 3.5~8μm×5~17μm，小型 2.5~7μm×4.5~11μm。子囊孢子由营养菌丝直接形成子囊，每个子囊有 1~4 个圆形子囊孢子（图2×1620）。

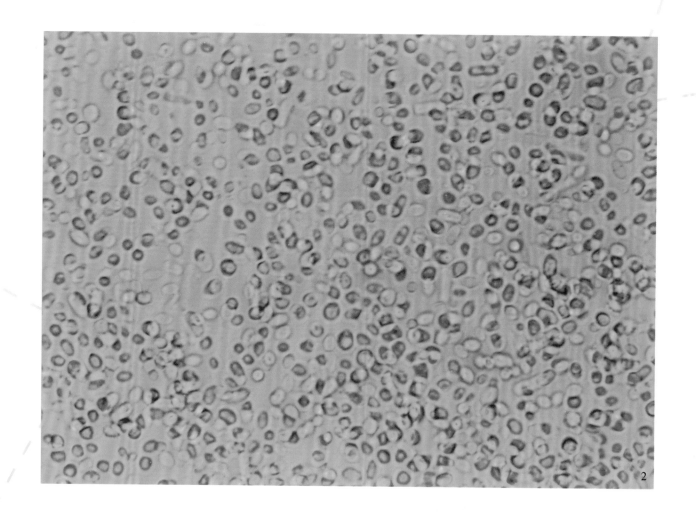

啤酒酵母 *Saccharomyces cerevisiae* Hansen

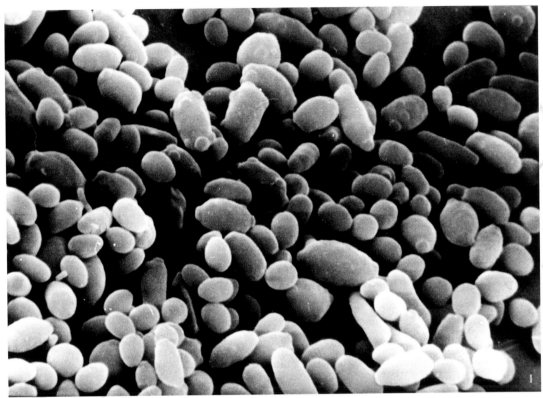

扫描电镜下：

细胞圆形、椭圆形、柱状等形态、大小不一。表面光滑（图 1 × 3500；图 2 × 7000）。

粟酒裂殖酵母 *Schizosaccharomyces pombe* **Lindn**

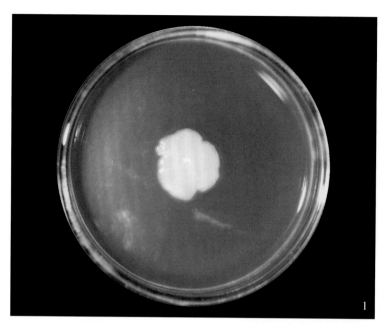

外观：

菌落局限，黏稠蜡质，乳白色；背面无色，空气中常见（图1）。

光学显微镜下：

无菌丝。细胞圆柱形或椭圆形，裂殖，大小为 3.55~4.02μm × 7.11~24.9μm。子囊孢子由两个营养细胞接合后形成子囊，每囊 1~4 个圆形光滑的子囊孢子，大小为 3~4μm（图 2 × 1650）。

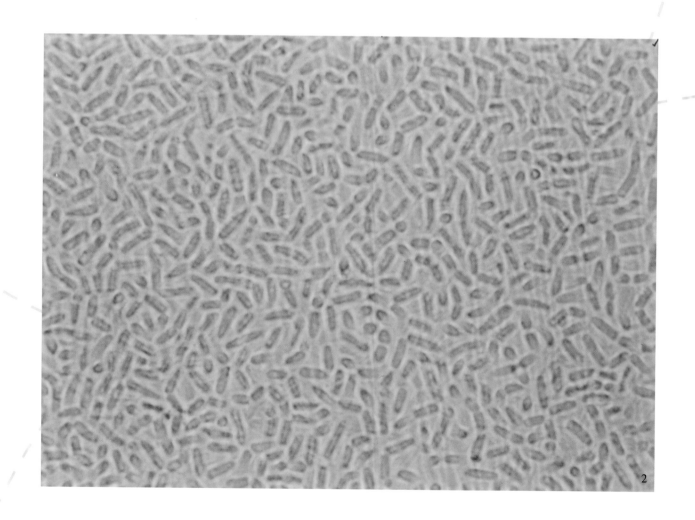

深红酵母 *Rhodotorule rubra*（Demme）Lodd

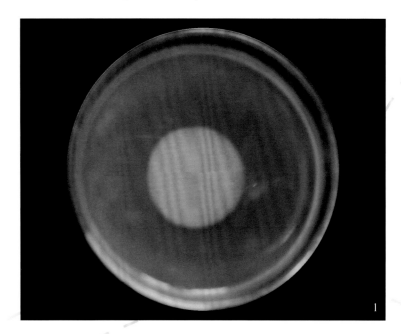

外观：

菌落局限，黏稠蜡质，橘红色。背面浅橘红色，空气中常见（图1）。

光学显微镜下：

无假菌丝，细胞短卵形至长形，单个或成对，大小为 4~10μm×2~5μm（图2×650）。

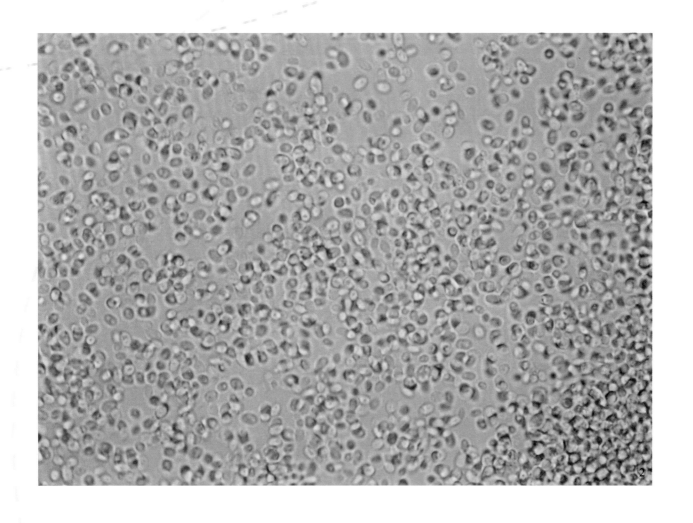

深红酵母 *Rhodotorule rubra*（Demme）Lodd

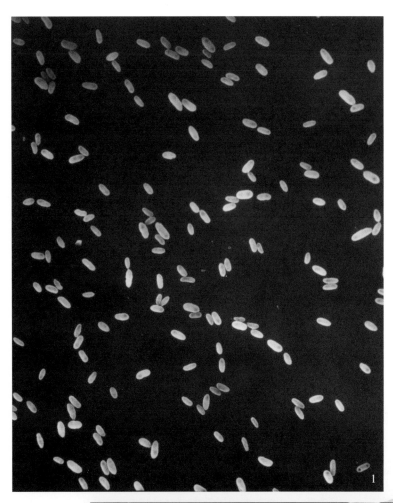

扫描电镜下：

　　细胞短卵形或长形，表面光滑（图1×800；图2×300）。

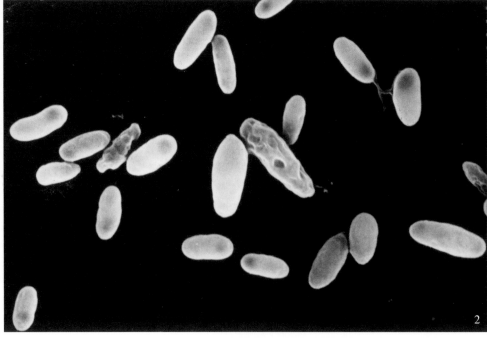

黏红酵母变种 *Rhodotorula glutinis*（Fr）Harrison Var. Glutinis

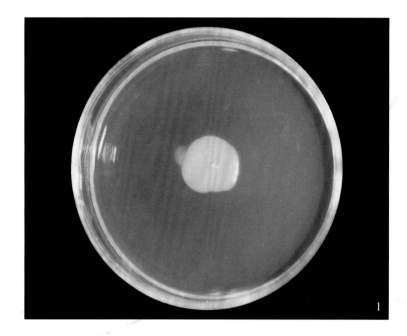

外观：

菌落黏稠蜡质，橘红色，边缘不规则；背面浅橘红色，为空气中常见真菌（图1）。

光学显微镜下：

无菌丝。细胞卵形到球形，大小2.3~5μm×4~10μm（图2×1620）。

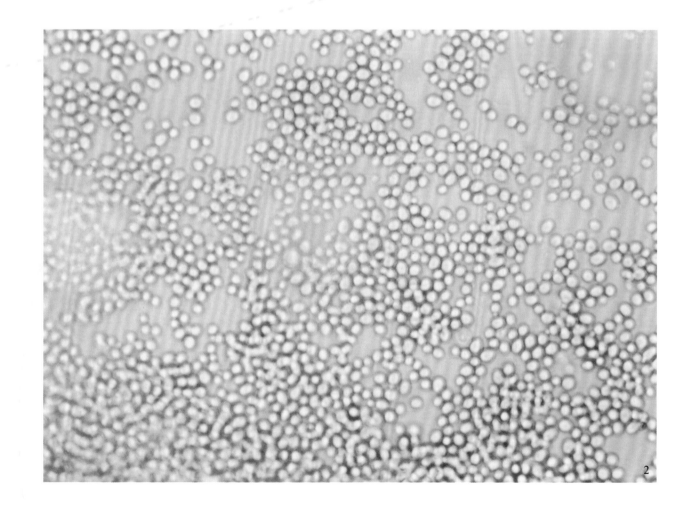

中国气传真菌彩色图谱

COLOR ATLAS OF AIR-BORNE FUNGIS IN CHINA

（下　卷）

空气中的真菌孢子
Airbone Fungal Spores

中国气传真菌彩色图谱

下卷　空气中的真菌孢子

Airbone Fungal Spores

COLOR ATLAS OF AIR-BORNE FUNGIS IN CHINA

空气中的真菌孢子 Airbone Fungal Spores

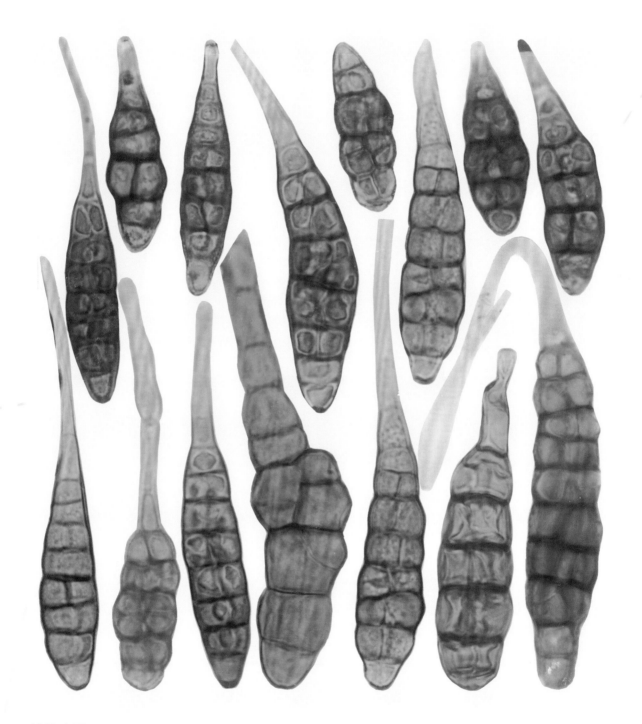

链格孢属 *Alternaria* sp.

分生孢子。倒棍棒形、卵形、倒梨形、椭圆形或近圆柱状。孢子基部钝圆，脐明显，孢身具深浅不同的褐色或青、黄色，具若干横隔、纵隔或斜的真隔膜，分隔处缢缩，表面光滑或具疣刺。孢身至顶端渐细，具喙（×1200）。

全国空气中均有分布，是数量最多的优势真菌。

空气中的真菌孢子 **Airbone Fungal Spores**

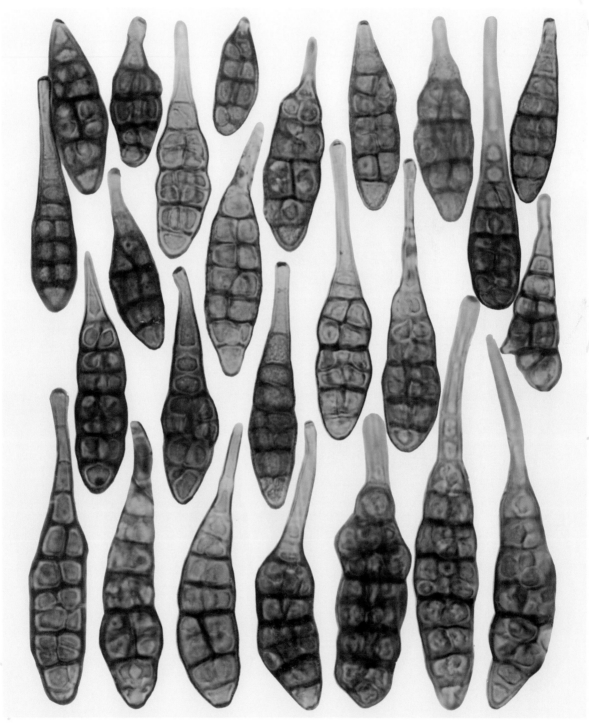

链格孢属 *Alternaria* sp.

空气中的真菌孢子　Airbone Fungal Spores

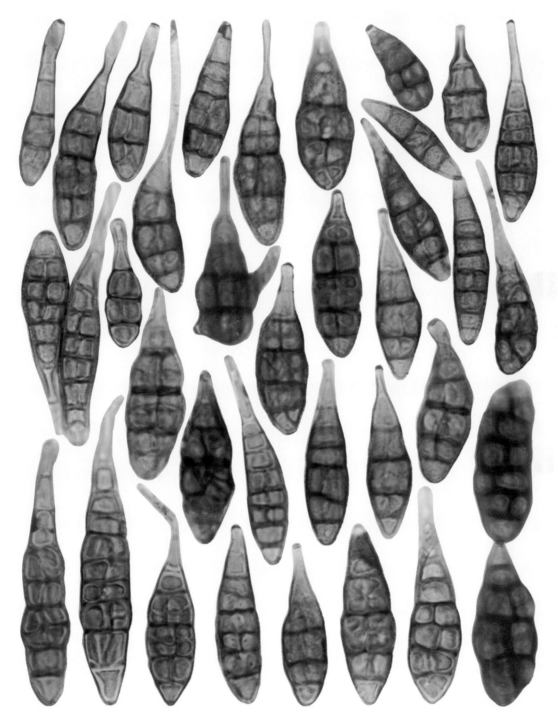

链格孢属　*Alternaria* sp.

空气中的真菌孢子   Airbone Fungal Spores

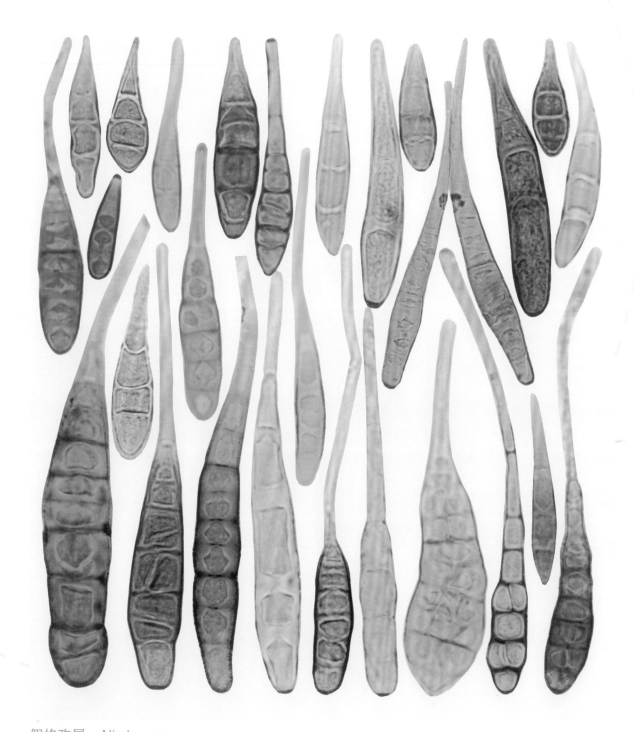

假格孢属   *Nimbya* sp.

分生孢子。倒棒状，浅黄褐色等，具多个假隔膜，多数具长喙，个别喙具真横隔膜，大小差别极大（×1200）。
从广东、浙江、湖北、海南等地空气曝片中检出。

空气中的真菌孢子　Airbone Fungal Spores

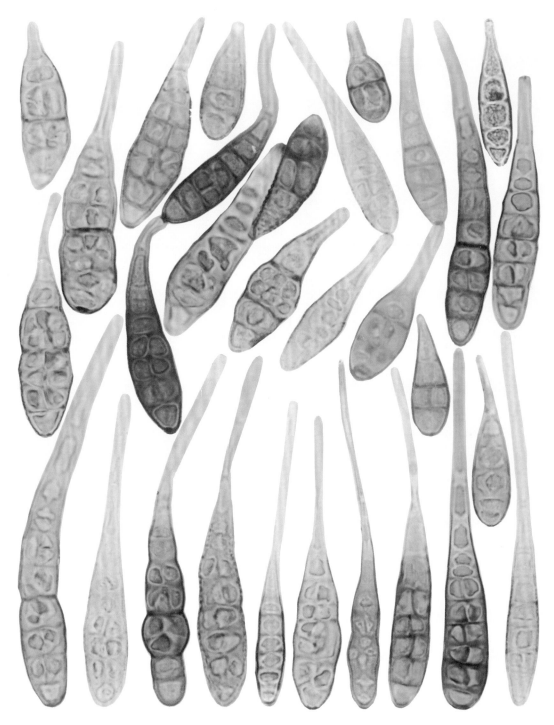

假格孢属　*Nimbya* sp.

空气中的真菌孢子　Airbone Fungal Spores

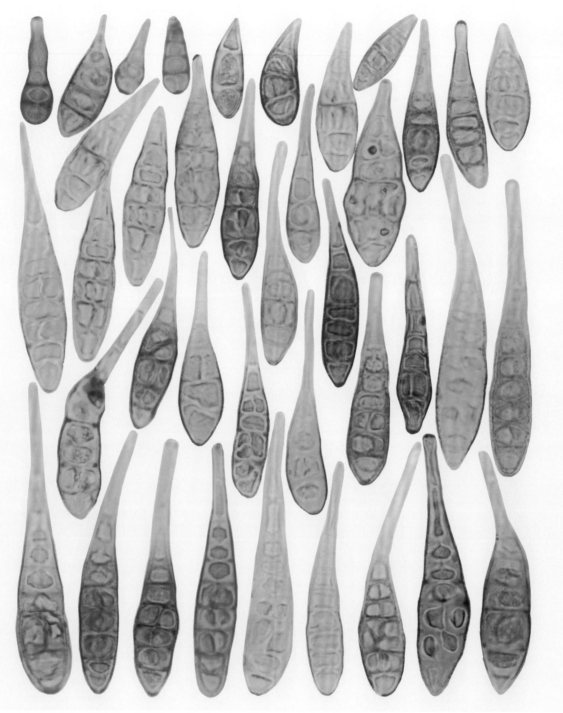

假格孢属　*Nimbya* sp.

空气中的真菌孢子 Airbone Fungal Spores

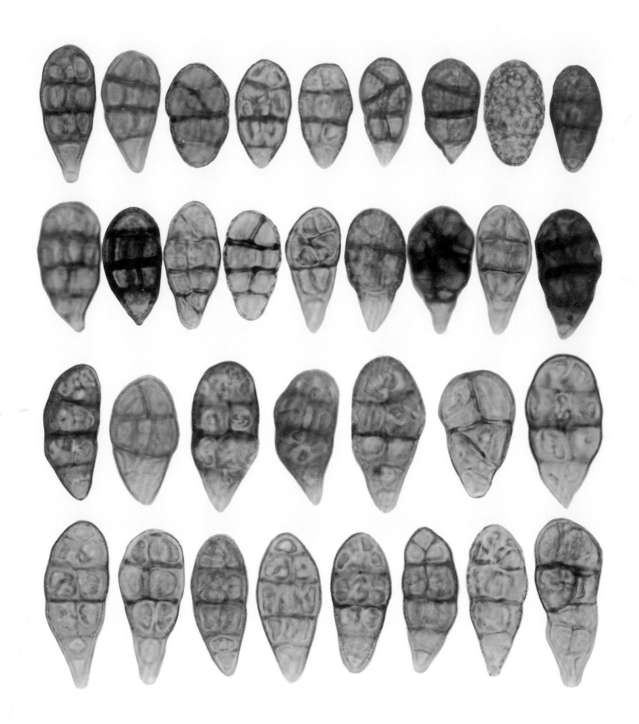

细基格孢属　*Ulocladium* sp.

　　分生孢子。多数单生，倒卵形、宽椭圆形、长方形、梨形或近球形，黄褐色、青褐色、深褐色等，表面光滑、具横隔和纵、斜隔，基细胞尖细或钝圆；顶端细胞平齐或钝圆；次生分生孢子产生于短壮的次生孢子梗上，有时呈链状（×1200）。

　　全国各地均有分布，多见。

空气中的真菌孢子　Airbone Fungal Spores

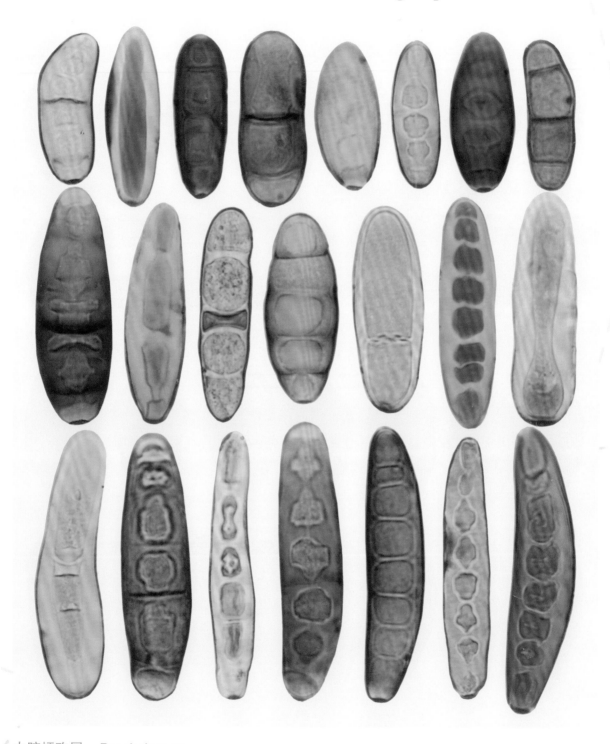

内脐蠕孢属　*Drechslera* sp.

分生孢子。椭圆形、棒形、圆柱形，褐色、浅褐色、褐黄色、暗绿色等，直或弯，两端钝圆，基部有黑色脐点，单生，表面具 0~ 多个假隔（×1200）。

全国均有分布，多见。

空气中的真菌孢子　Airbone Fungal Spores

内脐蠕孢属　*Drechslera* sp.

　　分生孢子。圆柱形、棒形、船形等，褐色、褐黄色、黄绿色、暗绿色等，直或弯，两端钝圆，基部有黑色脐点，单生，表面具 0~ 多个假隔（×1200）。

　　全国均有分布，多见。

空气中的真菌孢子　Airbone Fungal Spores

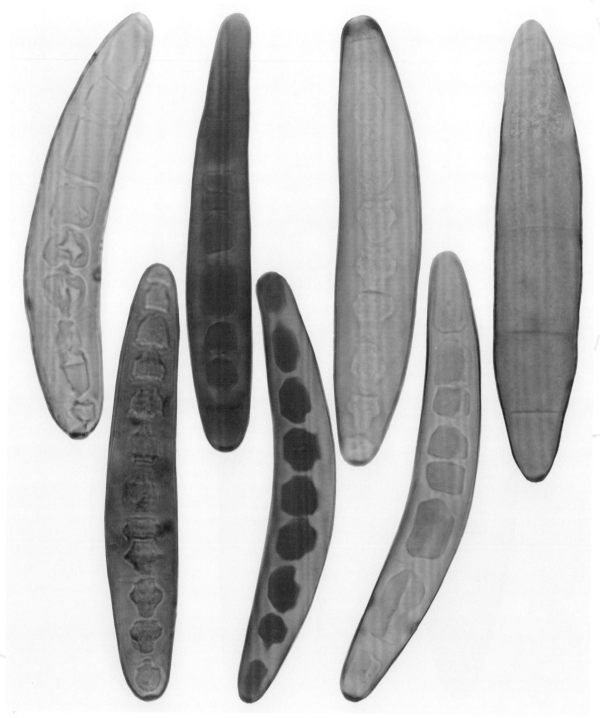

内脐蠕孢属　*Drechslera* sp.

　　分生孢子。圆柱形、倒棒形，褐色、青黄色、绿色、暗绿色，直或弯，两端钝圆，基部有黑色脐点，单生，表面具多个假隔（×1200）。

　　全国均有分布，多见。

空气中的真菌孢子　Airbone Fungal Spores

凸脐蠕孢属　*Excerohilum* sp.

分生孢子。圆筒形、纺锤形；褐色、橄榄褐色，表面具多个假隔膜；基细胞狭窄，脐点明显，突出于基细胞外（此起点可与德氏霉 Drechslera 区别）；大小约 80~190μm×25~36μm（×1200）。

全国均有公布，空气中多见。

空气中的真菌孢子　Airbone Fungal Spores

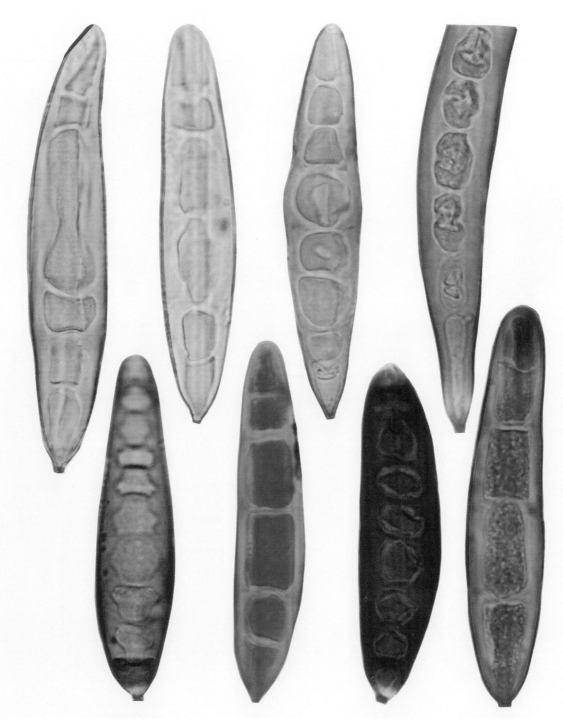

凸脐蠕孢属　*Excerohilum* sp.

空气中的真菌孢子　Airbone Fungal Spores

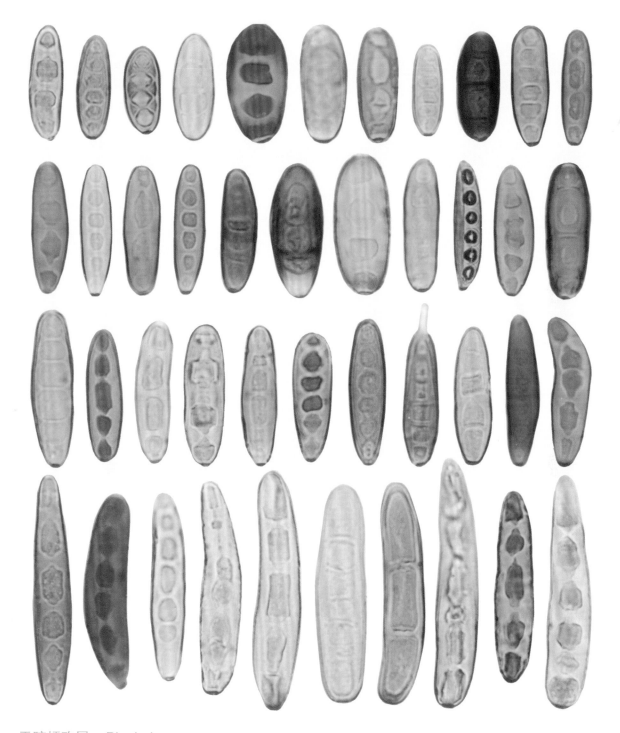

平脐蠕孢属　*Bipolaris* sp.

分生孢子。椭圆形、圆柱形、棒形，褐色、褐灰色、淡黄色、黄绿色等，直或弯，两端钝圆，基部有黑色脐点，单生，表面具多个假隔（×1200）。

全国均有分布，为空气中优势真菌。

空气中的真菌孢子　Airbone Fungal Spores

平脐蠕孢属　*Bipolaris* sp.

空气中的真菌孢子　Airbone Fungal Spores

平脐蠕孢属　*Bipolaris* sp.

分生孢子。圆柱状、长椭圆形、倒棒状，弯曲或直，光滑，淡褐色、红褐色或暗褐色等，具多个假隔膜，脐部稍突出，平截状（×1200）。

全国均有分布。

空气中的真菌孢子　Airbone Fungal Spores

长蠕孢属　*Helminthosporium* sp.

　　分生孢子。倒棒状，褐色、暗黄色等，具多数假隔，基部有黑色截形脐，顶端渐窄，单生，大小约 90~200μm×40~60μm（×1200）。

　　从海南、昆明、湖北、浙江、广东等地空气曝片中检出，北方未见。

空气中的真菌孢子　Airbone Fungal Spores

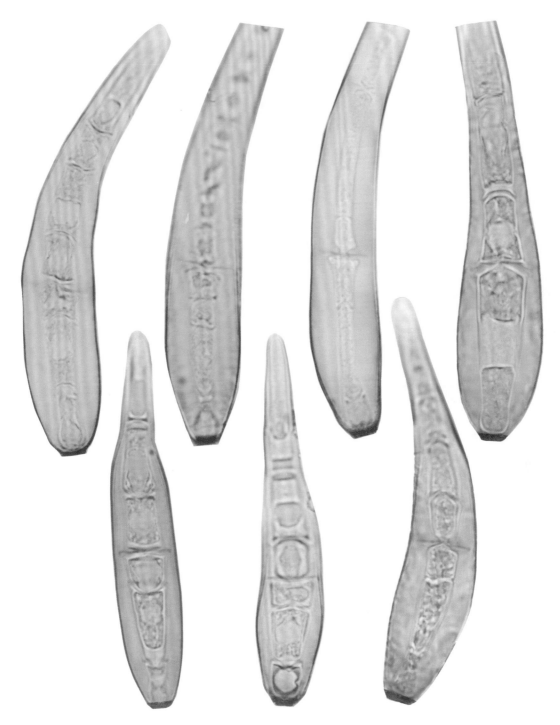

长蠕孢属　*Helminthosporium* sp.

空气中的真菌孢子　Airbone Fungal Spores

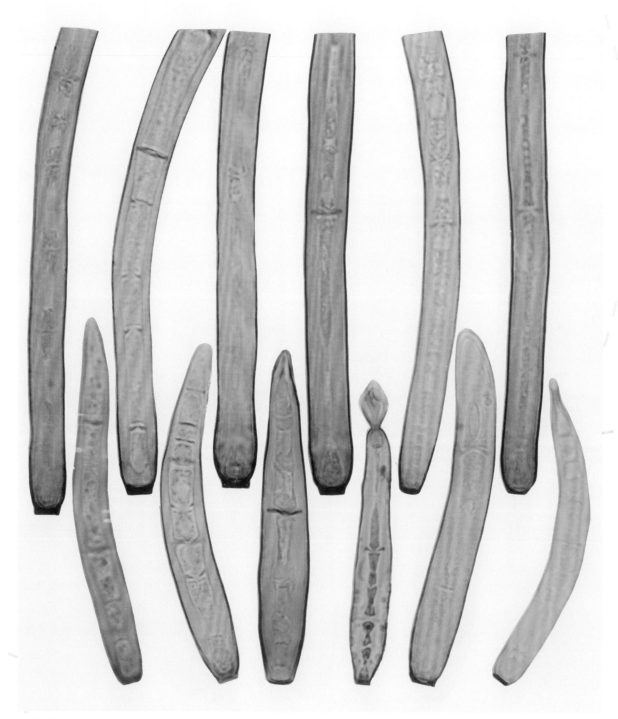

棒孢属　*Corynespora* sp.

分生孢子。单生，偶具短链；倒棍棒形或圆柱形，直或微弯，顶端渐细，淡褐色、黄绿色等，具多数假隔膜，脐截形，大小约 25~22.5μm × 7.5~30μm（×1200）。

全国均有分布。

空气中的真菌孢子　Airbone Fungal Spores

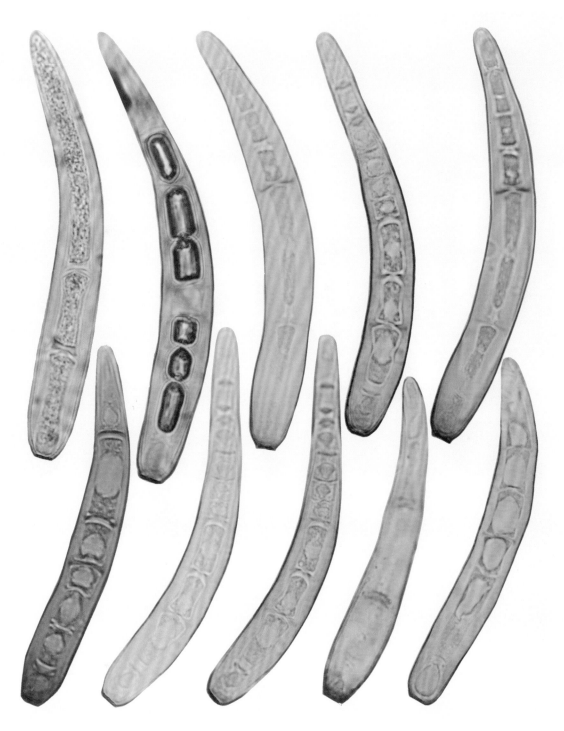

棒孢属　*Corynespora* sp.

空气中的真菌孢子　Airbone Fungal Spores

匍柄霉属　*Stemphylium* sp.

分生孢子。椭圆形、近矩圆形、长圆形或倒棒形、淡褐色、暗褐色，表面光滑或小刺，具纵横隔，分隔处缢缩或不缢缩，有的基部具脐点（×1200）。

全国均有分布。

空气中的真菌孢子　Airbone Fungal Spores

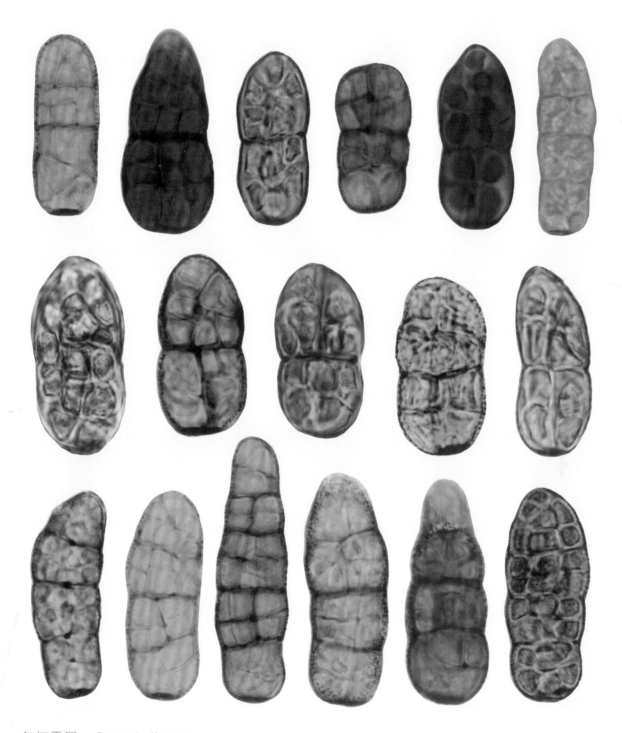

匍柄霉属　*Stemphylium* sp.

分生孢子。圆柱形、宽椭圆形等，具横隔或纵隔，褐色、青褐色，有的表面具微刺，单生，无喙（×1200）。
全国均有分布。

空气中的真菌孢子　Airbone Fungal Spores

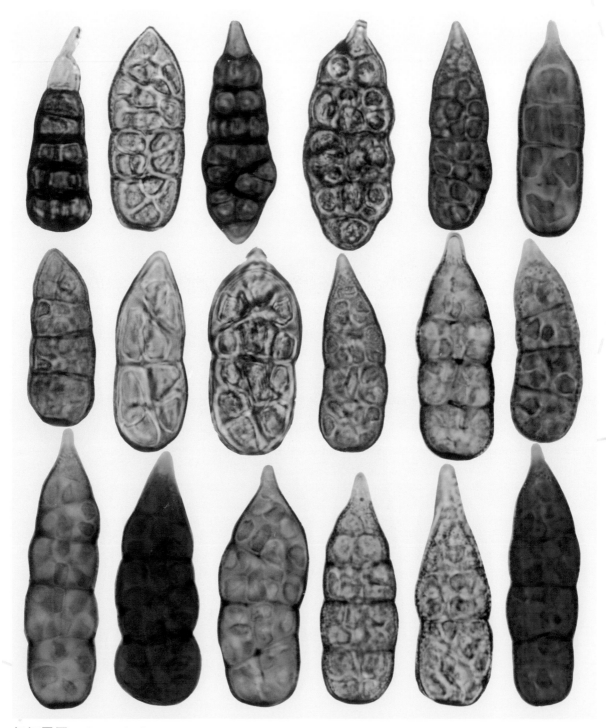

葡柄霉属　*Stemphylium* sp.

　　分生孢子。倒棒状，阔椭圆形，褐色、褐绿色或褐灰色等；具横隔、纵隔或斜隔，有短喙，有的表面具微刺，多单生，少数链生（×1200）。

　　全国均有分布。

空气中的真菌孢子　Airbone Fungal Spores

小戴顿属　*Deightoniella* sp.

分生孢子。倒棒状，褐色、灰黄色、淡绿色，具多个假隔，基部膨大，有黑色脐点，顶部渐窄（×1200）。

全国均有分布，从河北、北京、陕西、山西、山东、河南、湖北等地空气曝片中检出，常见。

空气中的真菌孢子　Airbone Fungal Spores

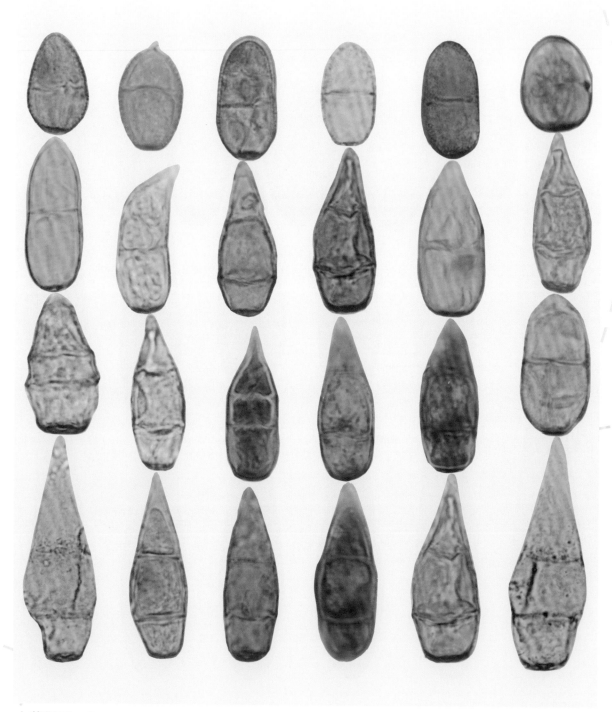

小戴顿属　*Deightoniella* sp.

　　分生孢子。圆柱形、倒棒形、褐色、浅绿色等，具 0~2 个横隔，基部宽，有黑色脐，顶部渐细或钝圆，表面光滑或粗糙（×1200）。

　　多分布在湖北、海南、浙江等地，北方少见。

空气中的真菌孢子 Airbone Fungal Spores

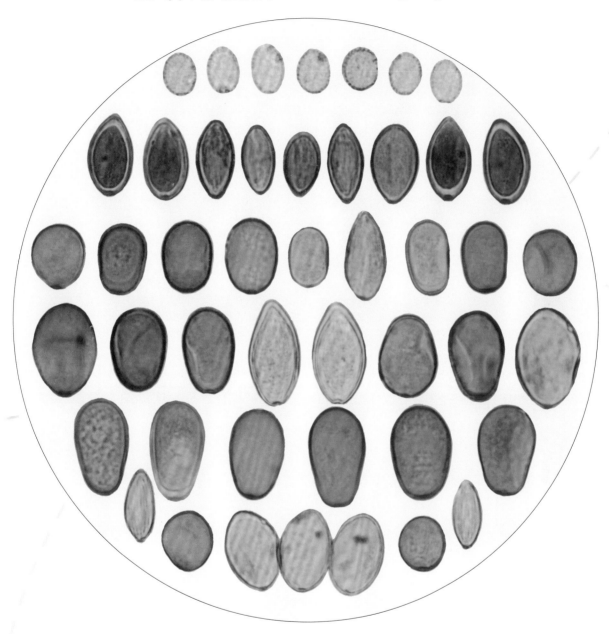

小戴顿属　*Deightoniella* sp.

　　分生孢子。近圆形、椭圆形、纺锤形等，褐色、青褐色、灰黄色、灰绿色等，基部具黑色脐点，顶部钝圆或渐窄，部分近球形孢子表面具小刺（×1200）。

　　分布在长江以南。

空气中的真菌孢子　Airbone Fungal Spores

毛锥孢属　*Trichoconis* sp.

　　分生孢子。单生，长纺锤形，第 2~3 细胞特大；无色、淡黄褐色、黄绿色；具 3~5 横隔，横隔处缢缩；基部细胞窄，有黑色脐点；顶部具长尾或缺如：大小约 100~173μm × 11~19 余 μm（×1200）。

　　多见于长江以南，北方未见，从湖北、海南等地空气曝片中检出，较多见。

空气中的真菌孢子　Airbone Fungal Spores

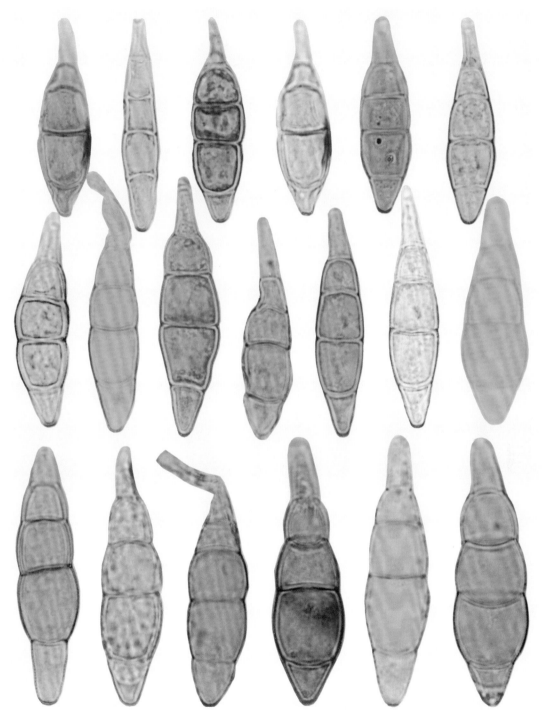

毛锥孢属　*Trichoconis* sp.

空气中的真菌孢子　Airbone Fungal Spores

中国新葚孢　*Neosporidesmium* Sinense

　　分生孢子。倒棒状、纺锤形，直或稍弯曲，具喙，顶部圆，基部平截，褐色、褐绿色，个别无色，具多个假隔（×1200）。

　　从海南、湖北等地空气曝片中检出，海南最多见。

空气中的真菌孢子　Airbone Fungal Spores

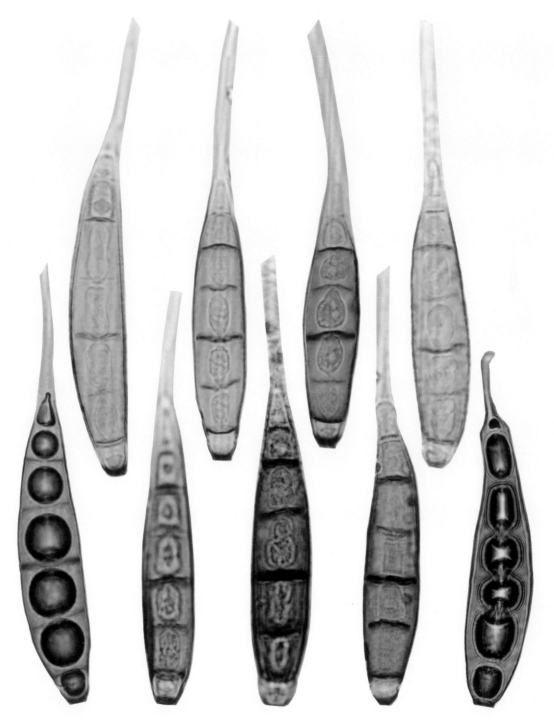

中国新葚孢　*Neosporidesmium* Sinense

空气中的真菌孢子　Airbone Fungal Spores

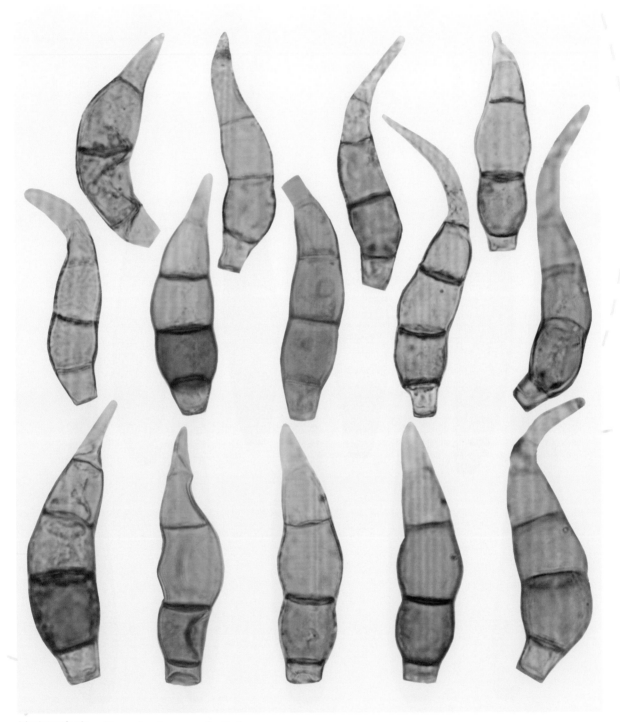

镰孢层出孢　*Repetophragma* in flatum

分生孢子。倒棒状，呈"S"形，顶部钝尖或圆，基部平截，壁光滑，具4 (~5) 个真隔膜，分隔处缢缩，淡褐色（有的孢子第二细胞为褐色）、褐绿色（×1200）。

从海南、湖北、西双版纳、山东空气曝片中检出。

空气中的真菌孢子　Airbone Fungal Spores

热带葚孢　*Sporidesmium tropicale*

分生孢子。倒棍棒，具喙，基部平截，下部细胞壁有的常粗糙，上部平滑，具7~19个真隔膜，分隔处不隘缩或隘缩，深褐色，向上颜色变淡（×1200）。

从西双版纳、海南空气曝片中检出。

空气中的真菌孢子　**Airbone Fungal Spores**

印度束葚孢　*Morrisiella indica*

　　分生孢子。倒棍棒状，直或稍弯曲，具喙状，顶部圆滑，基部平截，淡褐色至褐色，壁平滑，具9~22个假隔膜（×1200）。

　　从浙江、海南、广东空气曝片中检出。

空气中的真菌孢子　Airbone Fungal Spores

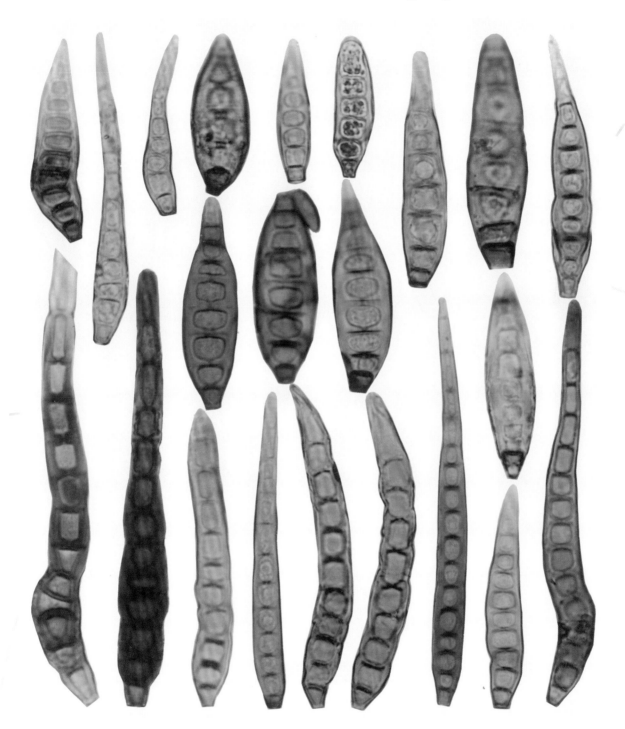

爱氏霉属　*Ellisembia* sp.

　　分生孢子。圆柱形、倒棍棒状、纺锤形，顶部圆，基部平截，淡褐色至褐色，壁平滑，具多个假隔（×1200）。

从海南、广东、浙江、西双版纳空气曝片中检出。

空气中的真菌孢子　**Airbone Fungal Spores**

爱氏霉属　*Eliisembia* sp.

　　分生孢子。倒棍棒状，顶圆滑，基部平截，褐色至黑褐色，向顶颜色逐渐变淡至淡褐色，基部颜色亦较淡，壁平滑，具多个假隔膜（×1200）。

　　从湖北、海南、西双版纳空气曝片中检出。

空气中的真菌孢子　Airbone Fungal Spores

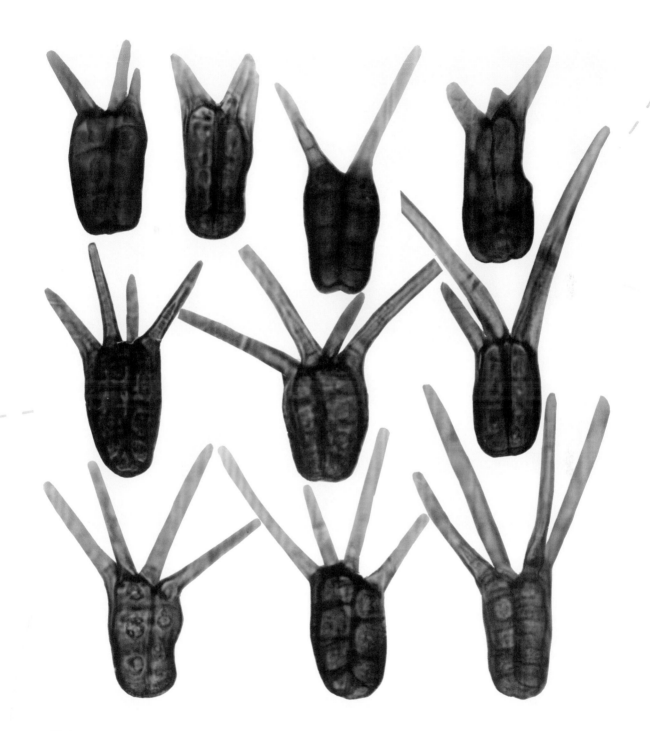

四绺孢属　*Tetraploa* sp.

　　分生孢子。暗褐色、灰绿色，倒桶形，具横隔和纵隔，基部近平截，顶部生出长臂，多为 4 个，体和臂最长可达 200 多 μm（×1200）。

　　主要分布在长江以南，北方偶见。从湖北、海南、广东、昆明等地空气曝片中检出。

空气中的真菌孢子　Airbone Fungal Spores

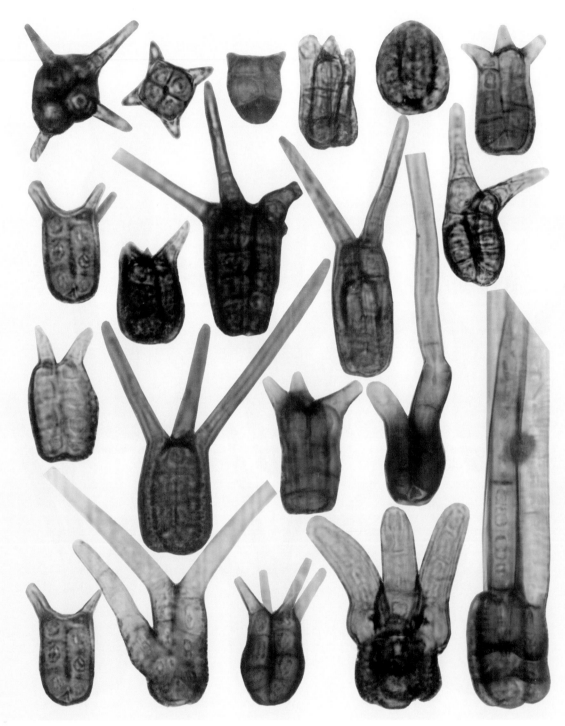

四绺孢属　*Tetraploa* sp.

空气中的真菌孢子　Airbone Fungal Spores

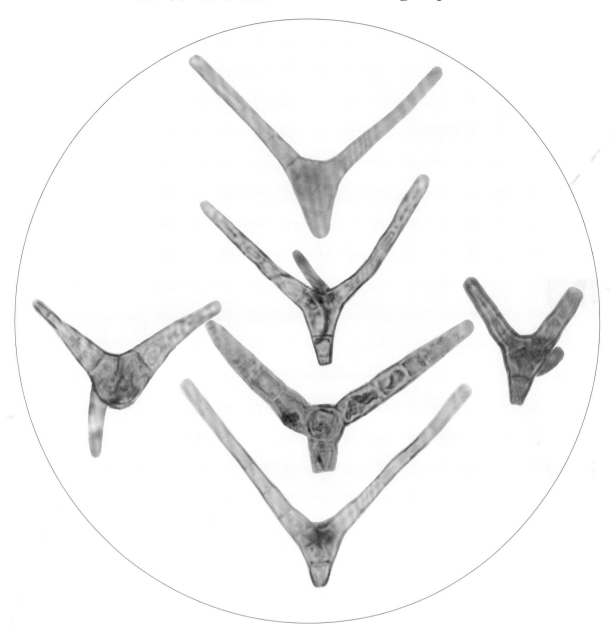

射棒孢属　*Actinocladium* sp.

分生孢子。顶生，浅褐色、褐绿色，从柄细胞伸出 2~4 个放射臂，具横隔膜，光滑（×1200）。

从海南、湖北、浙江空气曝片中检出。

空气中的真菌孢子　Airbone Fungal Spores

三叉星孢属　*Tripospermum* sp.

分生孢子。三叉星形，多胞，黄褐色。通常由一个梨形或椭圆形的柄细胞和 4 个钻形、多隔向两侧分开的臂所组成（×1200）。

从海南、湖北、昆明、西双版纳等地空气曝片中检出。

空气中的真菌孢子　Airbone Fungal Spores

暗三角孢属　*Triposporium* sp.

　　分生孢子。三角形,多胞,暗色,由中心伸出三个有隔膜角状枝,每分叉具几个隔膜,褐黄色、暗褐色(×1200)。
从西双版纳、浙江、海南、昆明空气曝片中检出。

空气中的真菌孢子　Airbone Fungal Spores

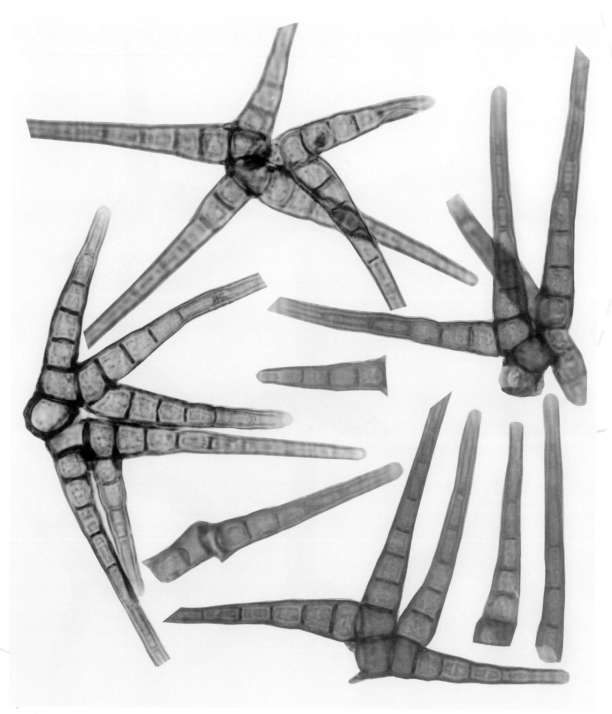

小角孢属　*Ceratosporella* sp.

　　分生孢子。由一个基细胞和自其产生的 6 个分枝臂构成，褐色、褐黄色；分枝倒棍棒状，具 6~8 个隔膜，所有分枝全部轮生于基细胞顶部（球形、近球形、卵圆形）（×1200）。

　　从海南空气曝片中检出。

空气中的真菌孢子　Airbone Fungal Spores

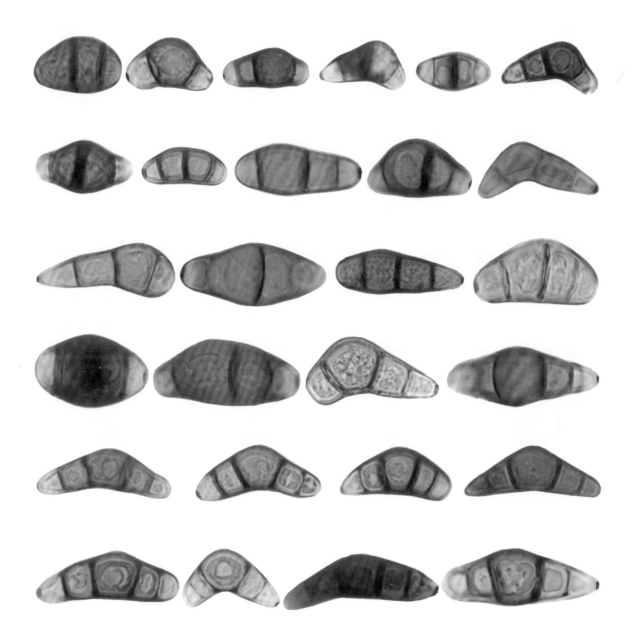

弯孢属　*Curvularia* sp.

　　分生孢子。棒状、广梭形、倒卵形或梨形，常向一侧弯曲；淡褐色或深褐色；具 2、3 或 4 横隔，中间细胞大，两端细胞色较淡。大小约 17~40μm（×1200）。

　　广布全国，高峰期 5~8 月。

空气中的真菌孢子　Airbone Fungal Spores

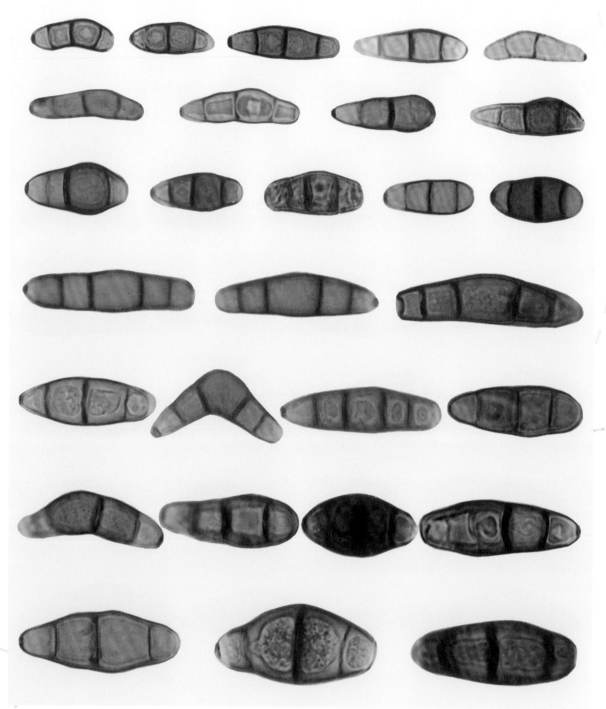

弯孢属　*Curvularia* sp.

空气中的真菌孢子 Airbone Fungal Spores

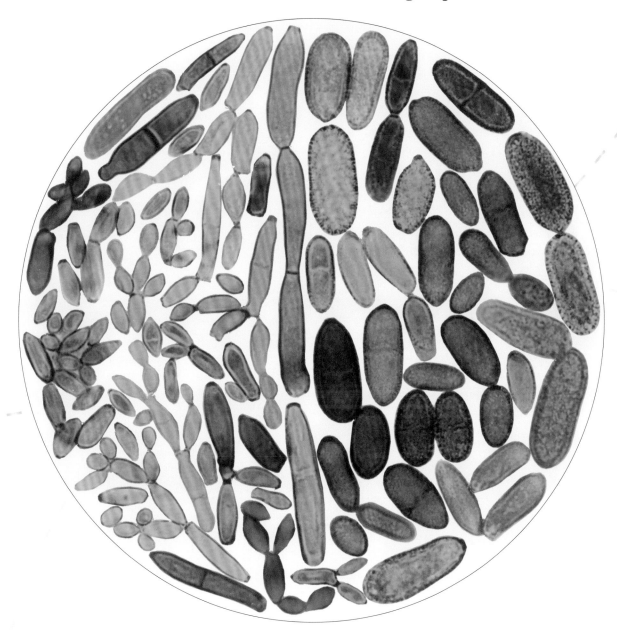

枝孢属 *Cladosporium* sp.

分生孢子。本属种类繁多，孢子卵形，借出芽而形成孢子链，孢子链下部的孢子多呈柱状或筒状，有脐点，表面光滑。另一类分生孢子为椭圆形，有0~2个横隔，表面密生小刺，黄褐色，常多个在一起（×1200）。

全国均有分布。为空气中优势真菌。

空气中的真菌孢子　Airbone Fungal Spores

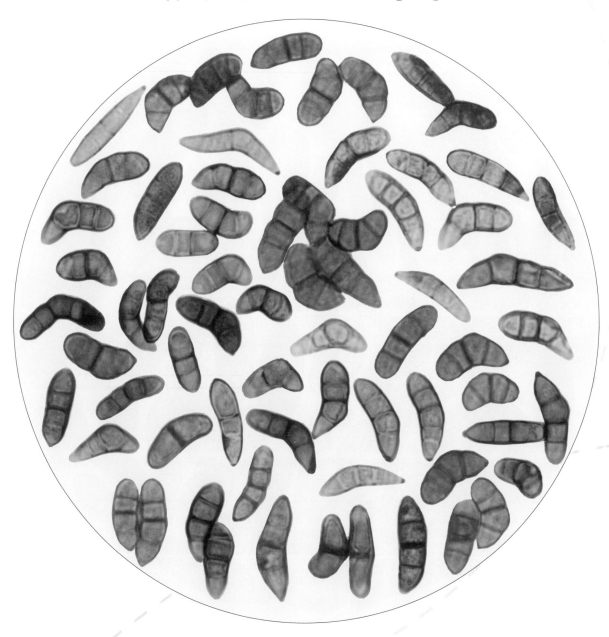

小链孢属　*Fusariella* sp.

　　分生孢子。大多 3 横隔，少数 1 或 4 横隔，暗色，圆柱状，多弯曲，链状着生，大小约 12~35μm（×1200）。
全国均有分布。长江以南多见（常数个在一起）。

空气中的真菌孢子 **Airbone Fungal Spores**

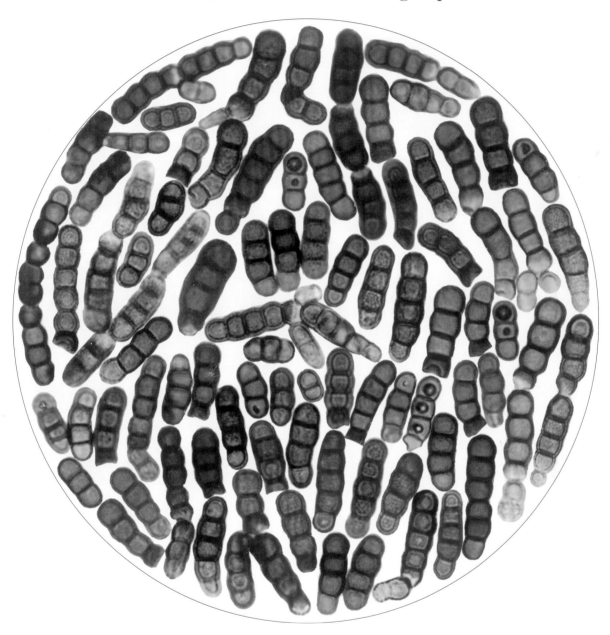

疣蠕孢属 *Heterosporium* sp.

　　分生孢子。多链生，常于老后断开。每个孢子链具 2~4 个横隔，表面多具小疣，褐色或褐绿色（×1200）。
空气中多见。我国南北均有分布，常数个在一起。

空气中的真菌孢子 Airbone Fungal Spores

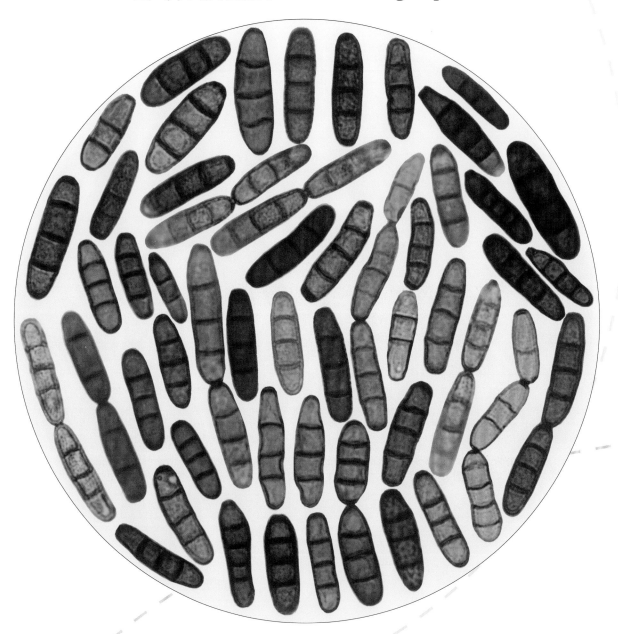

枝链孢属　*Dendryphion* sp.

　　分生孢子。圆柱形，褐色、土黄色、黄绿色等，具 1~3 横隔，链生，一端有脐点，表面光滑或粗糙，大小约 15~46μm（×1200）。

　　从湖北、昆明、西双版纳、海南、广东等地空气曝片中检出，多见，常几个在一起。

空气中的真菌孢子　Airbone Fungal Spores

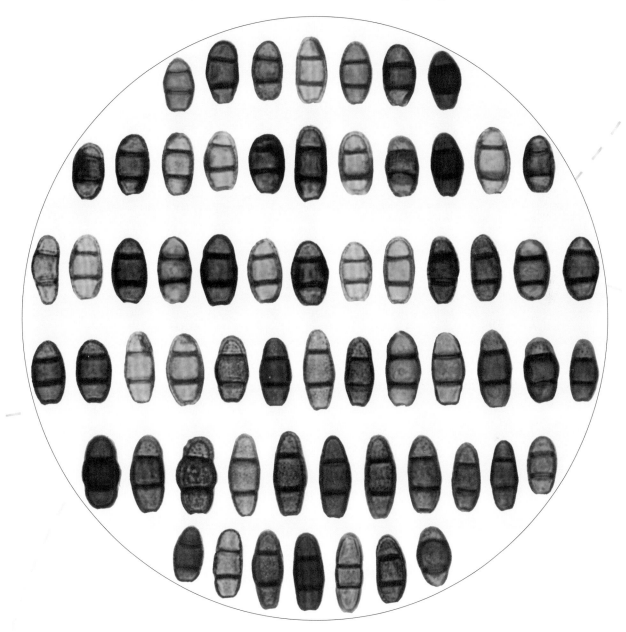

小锥枝孢霉　*Spondylocladiella* sp.

　　分生孢子。椭圆形、近梭形，基部平截；具 2 横隔，横隔处不内缩（个别有内缩）；褐色或褐绿色或近无色；大小约 15~30μm（×1200）。

　　空气中常见。南北均有分布，长江以南最多，常几个在一起。高峰期 6~8 月。

空气中的真菌孢子　Airbone Fungal Spores

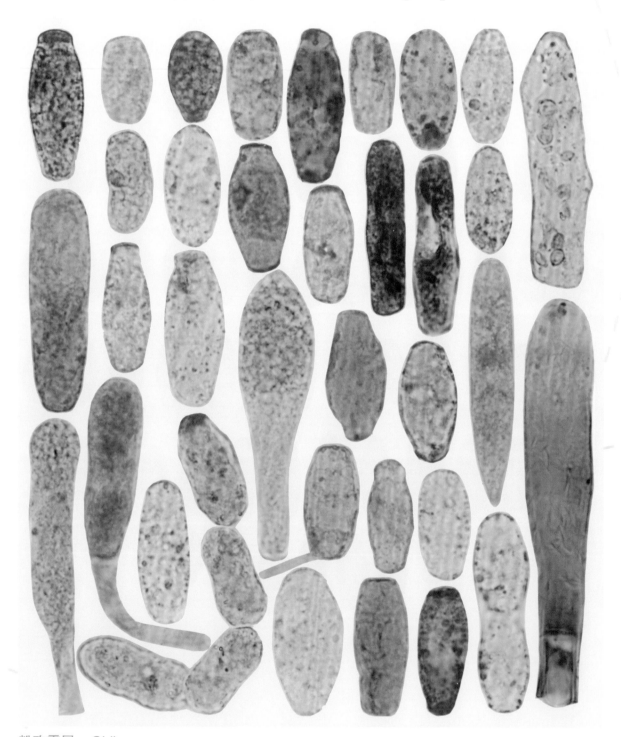

粉孢霉属　*Oidium* sp.

　　分生孢子（白粉菌属 Erysiphe 的无性阶段）。圆柱形、椭圆形、橄榄形，无色，开始常串生，衰老后断开，单胞（×1200）。

　　我国南北均有分布，长江以南多见，从海南、昆明、西双版纳空气曝片中检出。

空气中的真菌孢子　Airbone Fungal Spores

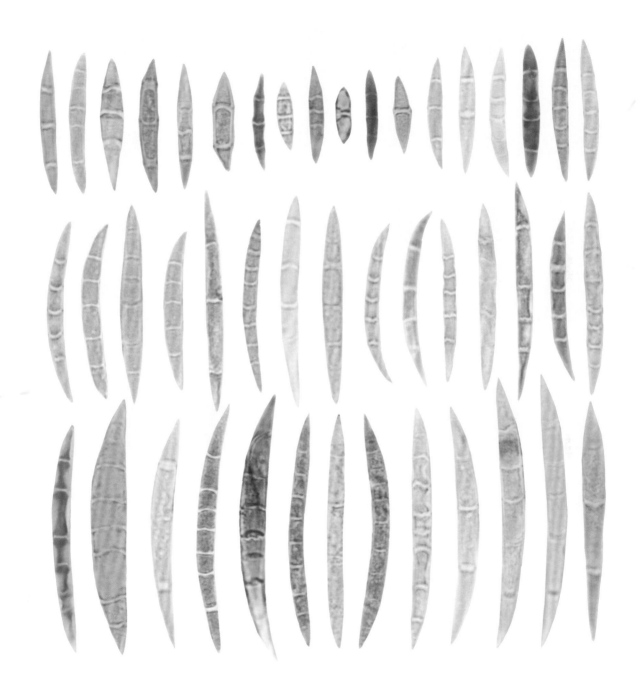

镰孢菌属　*Fusarium* sp.

分生孢子。镰刀形，直或向一方弯曲，具 1~9 个横隔，横隔处不内缩；无色（×1200）。

广布全国。高峰期为夏季。

空气中的真菌孢子　Airbone Fungal Spores

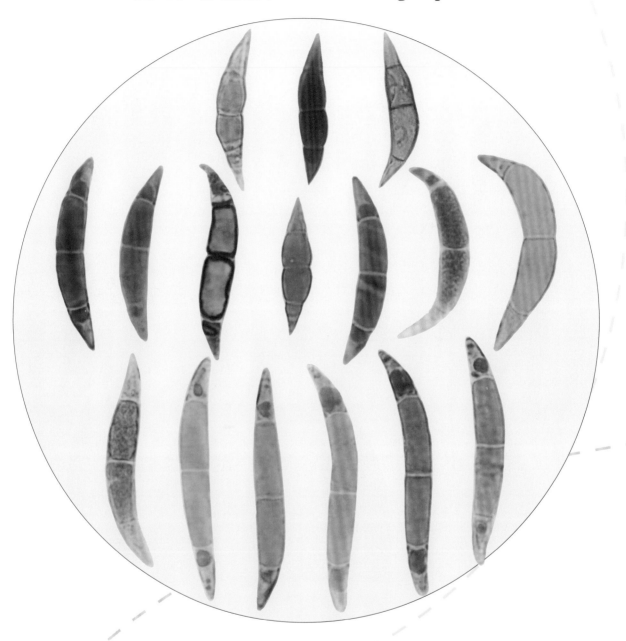

双曲孢属　*Nakaea* sp.

分生孢子。柱状，具三横隔，两端尖，并常向不同方向弯曲；无色、褐色、褐黄色及黄绿色（×1200）。

本菌主要分布在长江以南、北方未见。从西双版纳、广东、海南等地空气曝片中检出。高峰期6~8月。

空气中的真菌孢子　Airbone Fungal Spores

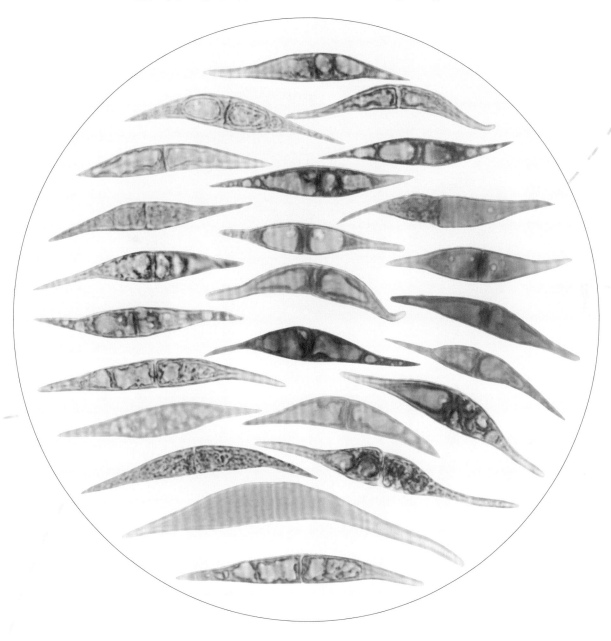

双针孢壳属　*Ceriosporella* sp.

分生孢子。梭形，两端尖细，呈针状，孢子中间具一横隔；无色、浅绿色等（×1200）。

本菌主要分布长江以南，北方未见。从西双版纳、广东空气曝片中检出。高峰期 6~8 月。

空气中的真菌孢子　Airbone Fungal Spores

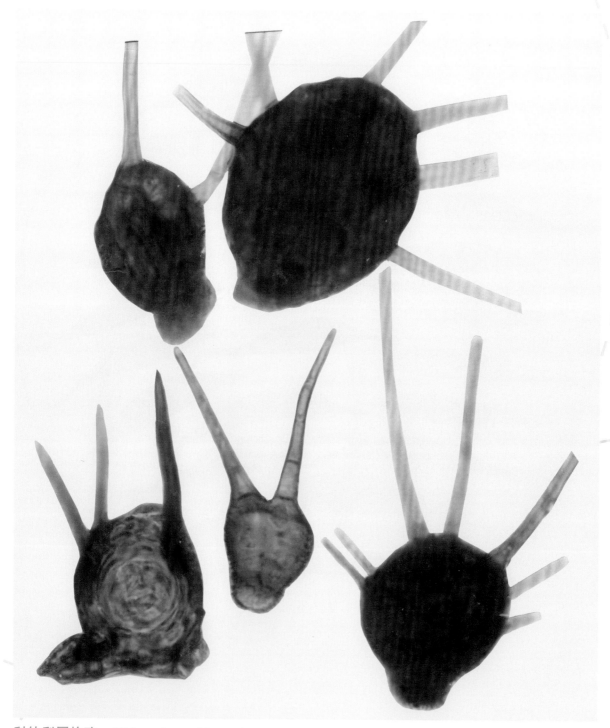

科钦梨尾格孢　*Piricauda cochinensis*

分生孢子。形状多变，倒圆锥形、倒梨形或不规则形，暗褐色，砖格状分隔，模糊、不规则，基部常有疣突；端部产生 3~8 个喙状附属丝，颜色浅（×1200）。

从浙江、昆明空气曝片中检出。

空气中的真菌孢子　Airbone Fungal Spores

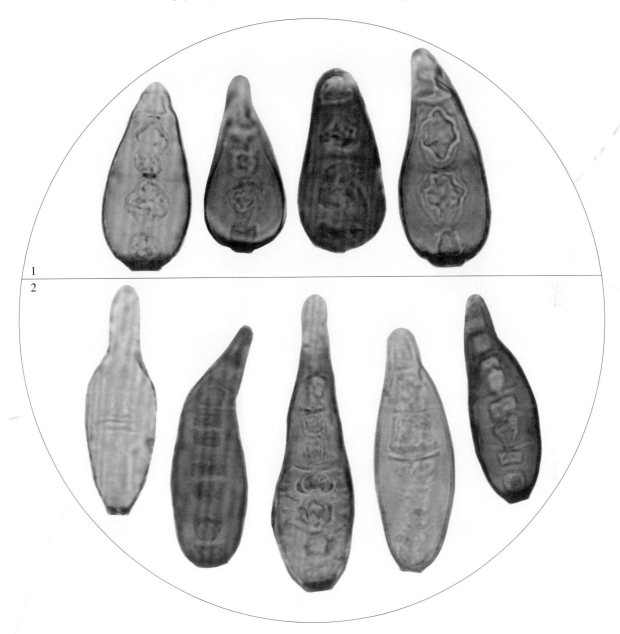

1. 倒梨形长蠕孢　*Helminthosporium obpyriforme*

分生孢子。单生，于孢子上部收缩，顶部渐光，呈倒梨形，直或略弯，黄褐色，具几个假隔膜，外壁光滑，基部具黑色平截脐痕（×1200）。

从湖北、浙江空气曝片中检出。

2. 倒卵形长蠕孢　*Helminthosporium ovoideum*

分生孢子。卵形，偶尔椭圆形，褐色，褐黄色等，具3~8个假隔膜，外壁光滑，基部具黑色平截脐痕（×1200）。

从海南、浙江、陕西空气曝片中检出。

空气中的真菌孢子　Airbone Fungal Spores

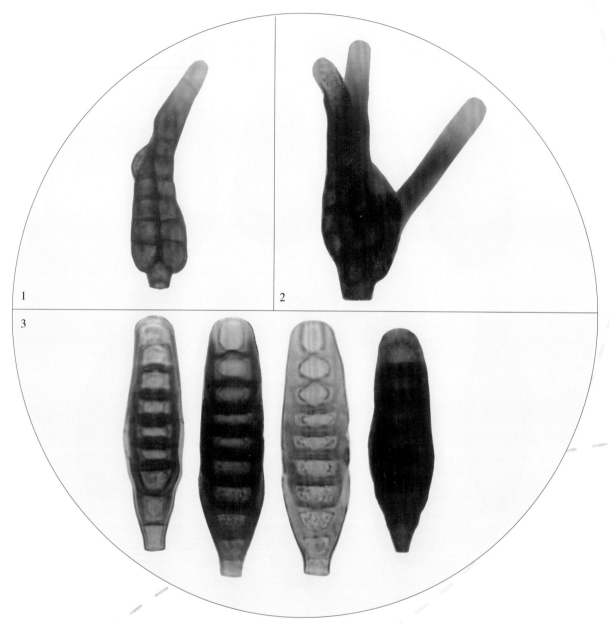

1. 具柄小角孢　*Ceratosporella stipitata*

　　分生孢子。孢子形状多样，通常由 2~4 列（多 3 列）放射臂构成，生于基细胞上，向顶端分离或不分离，臂具多数横隔膜，深褐色，基部细胞突出，圆柱状（×1200）。

　　从浙江空气曝片中检出。

2. 致密小角孢　*Ceratosporella compacta*

　　分生孢子。具 5 个以上分枝臂，每臂多个隔膜，黑褐色，70~90μm × 19.5~25μm（×1200）。

　　从浙江空气曝片中检出。

3. 叶生爱氏霉　*Ellisembia folliculate*

　　分生孢子。直，圆柱形，基部平截，淡褐色至暗褐色，壁平滑，具 7~9 个假隔膜（×1200）。

　　从海南、西双版纳空气曝片中检出。

空气中的真菌孢子　Airbone Fungal Spores

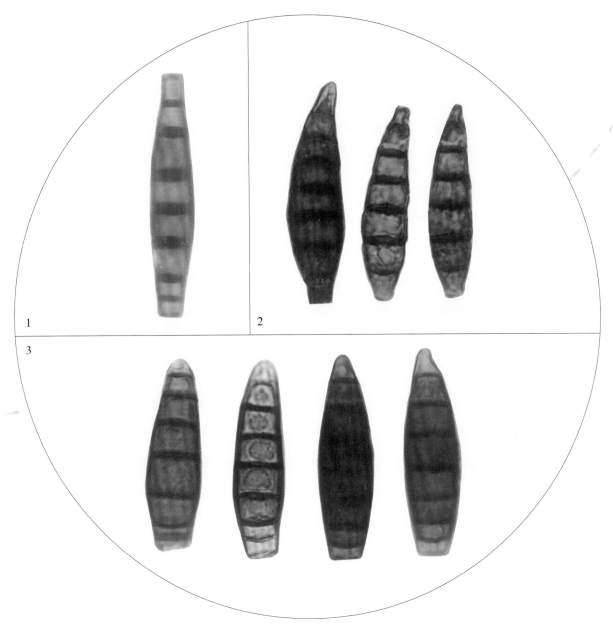

1. 梭孢内隔孢　*Endophragmiella fusiformis*

　　分生孢子。纺锤形，具 6~7 个隔膜，浅褐色至深褐色，壁较厚，平滑（×1200）。

　　从昆明空气曝片中检出。

2. 大孢内隔孢　*Endophragmiella valdivina*

　　分生孢子。近纺锤形、长椭圆形，具 6~7 个隔膜，褐色，孢子基部比广布内格孢略窄（×1200）。

　　从西双版纳空气曝片中检出。

3. 广布内隔孢　*Endophragmiella socia*

　　分生孢子。近纺锤形、椭圆形、长圆形，具 7 个隔膜，中间细胞褐色或淡褐色，两端细胞色淡（×1200）。

　　从浙江、海南、西双版纳空气曝片中检出。

空气中的真菌孢子 Airbone Fungal Spores

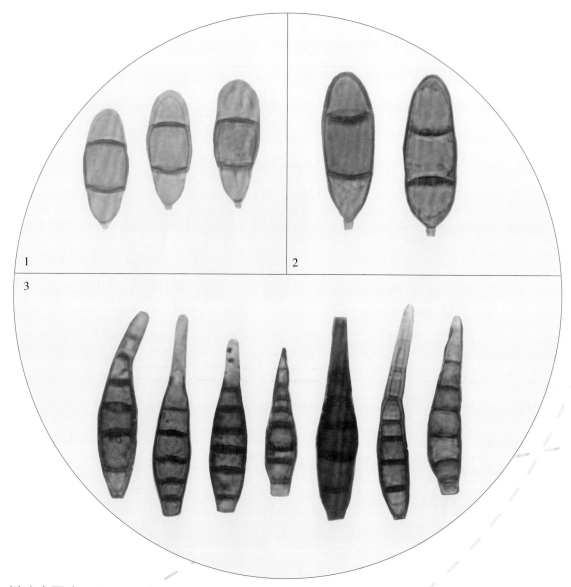

1. 椭孢内隔孢 *Endophragmiella suboblonga*

分生孢子。椭圆形、长圆形，具 1~2 个隔膜，中间细胞比其他细胞大，基部围领明显（×1200）。

从广东、浙江空气曝片中检出。

2. 长圆内隔孢 *Endophragmiella oblonga*

分生孢子。长圆形，多数 2 隔膜。中间细胞褐色，壁平滑，17~25μm×8~12μm，基部围领明显（×1200）。

从广东、武汉空气曝片中检出。

3. 中国层出孢 *Repetophragma Sinense*

分生孢子。单生于分生孢子梗顶端，直或稍弯，倒棍棒状，顶部钝圆，基部平截，壁平滑，具 6~9 真隔膜，分隔处不收缩，褐色，向顶部逐渐变淡（×1200）。

从海南、昆明、西双版纳空气曝片中检出。

空气中的真菌孢子 Airbone Fungal Spores

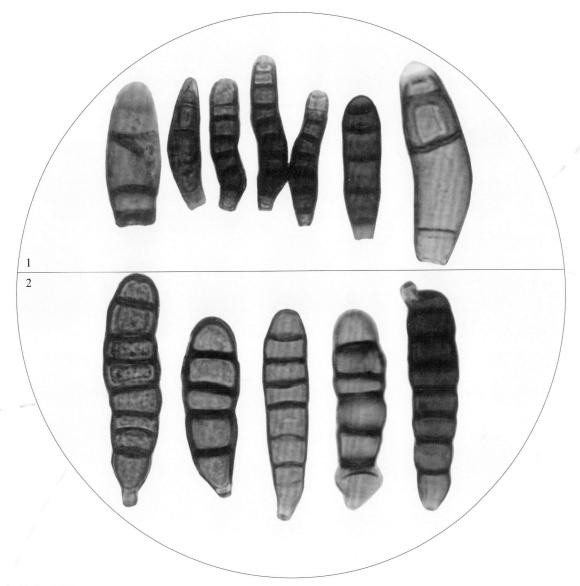

1. 棒盘孢属 *Coryneum* sp.

　　分生孢子。孢子形态多样，圆柱形、倒棒形、纺锤形等；直或弯，具隔膜；褐色或褐黄绿色，有的顶部色稍淡；表面光滑，基部平截（×1200）。

　　本菌分布极广，南北均有，长江以南较多见，高峰期为 4~8 月。

2. 刀孢属 *Clasterosporium* sp.

　　分生孢子。棒状，上端纯圆，下端渐窄，具着生痕，2~7 横隔，横隔处稍内缩或内缩不明显，褐色、褐绿色（×1200）。

　　南北均有分布，空气中偶见。从武汉、秦皇岛空气曝片中检出。

空气中的真菌孢子　Airbone Fungal Spores

斯氏格孢属　*Spegazzinia* sp.

　　分生孢子。孢子形态多样：其一为龟背样孢子，长方形，三横隔，中间一纵隔，孢子边缘钝锯齿状，褐色至深褐色；其二为"斜十字"形孢子，每个孢子被"斜十字"分割为4个细胞，细胞边缘光滑或呈缺刻状，孢子褐黑色，下方具一短而无色着生痕；其三为带长刺孢子，常几个聚集在孢梗顶端，衰老后分开，深褐色（×1200）。

　　分布在南方，以亚热带地区最为多见。从海南、广东、西双版纳空气曝片中检出。

空气中的真菌孢子　Airbone Fungal Spores

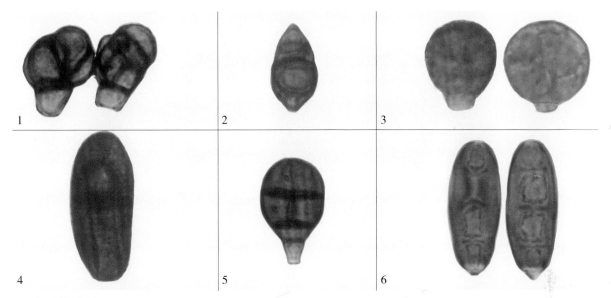

1. 脑形单格孢　*Monodictys formis*

　　分生孢子。黄褐色至深褐色，细胞因从纵横隔处缢缩，使孢子表面呈不规则隆起，脑状，12.5~20.5μm×18~31.5μm（×1200）。

　　从浙江空气曝片中检出。

2. 地中海四孢霉　*Quadracaea mediterranea*

　　分生孢子。阔椭圆形，黑褐色，具3个横隔，基部以上第二个细胞壁厚、膨大（×1200）。

　　从山东空气曝片中检出。

3. 小球密格孢　*Acrodictys globulosa*

　　分生孢子。球形、近球形，浅褐色，壁薄，表面光滑，有横隔膜和纵斜隔膜，直径18~22μm，基部突出，圆柱状（×1200）。

　　从海南、山东空气曝片中检出。

4. 类葶孢属　*Sporidesmiella* sp.

　　分生孢子。棍棒形，顶部圆滑，基部较平截，具一假隔膜，深褐色（×1200）。

　　从浙江空气曝片中检出。

5. 南丫密格孢　*Acrodictys lamma*

　　分生孢子。椭圆形，褐色，具2个横隔膜和1纵隔，基部细胞突出，淡褐色，柱状（×1200）。

　　从广东空气曝片中检出。

6. 二叉柄霉属　*Dichotomophthora* sp.

　　分生孢子。柱状，褐色，具3个假隔膜，表面光滑（×1200）。

　　从浙江空气曝片中检出。

空气中的真菌孢子　Airbone Fungal Spores

匍柄隔头孢　*Phragmocephala stemphylioides*

分生孢子。长圆形、阔椭圆形至倒卵形，壁平滑，基部平截，具 4 个隔膜（×1200）。

从西双版纳、湖北、浙江空气曝片中检出。

空气中的真菌孢子　Airbone Fungal Spores

休氏隔头孢　*Phragmocephala hughesii*

　　分生孢子。长圆形、阔椭圆形，具5隔膜，基部平截；褐色至深褐色，30~37μm×16~21μm（×1200）。
从西双版纳浙江空气曝片中检出。

空气中的真菌孢子　Airbone Fungal Spores

1. 单网孢霉　*Monodictys* sp.

　　分生孢子。近球形、卵圆形；褐色；具几个横隔和一纵隔，基部细胞色淡；大小约 25~45μm（×1200）。从海口、黄石空气曝片中检出。

2. 光滑单格孢　*Monodictys glauca*

　　分生孢子。梨形至不规则形，14~17μm×12~15μm，褐色至黑褐色，透明，主要由 4 个细胞组成，基细胞突出，平截（×1200）。

　　从广东空气曝片中检出。

3. 黑细基格孢　*Ulocladium atrum*

　　分生孢子。球形、近球形，青褐色至深褐色，表面具小疣，并有两个交叉成"Y"字形斜隔膜（×1200）。

　　从湖北空气曝片中检出。

4. 小黑球单格孢　*Monodictys nigraglobulosa*

　　分生孢子。卵圆形、球形、椭圆形至不规则形，黑褐色，具多个不规则分布的纵横斜隔；孢子基部突出，色淡 11.5~37.5μm×10.5~19μm（×1200）。

　　从广东空气曝片中检出。

空气中的真菌孢子　**Airbone Fungal Spores**

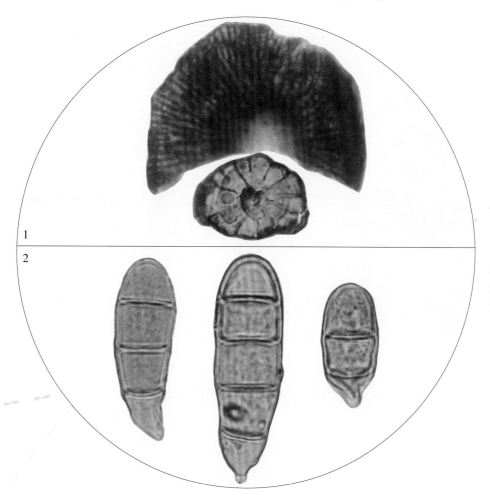

1. 扇格孢属　*Mycoenterolobium* sp.
分生孢子大型，60~150μm×55~100μm，扇形、半圆形。扇贝形等，暗褐色至黑色，光滑（×1200）。
从浙江空气曝片中检出。

2. 头梗霉属　*Cephaliophora* sp.
分生孢子。长倒卵形，基部窄；无色；表面具 2~4 个分隔；大小约 30~70μm×15~20μm（×1200）。
从秦皇岛空气曝片中检出。

空气中的真菌孢子　Airbone Fungal Spores

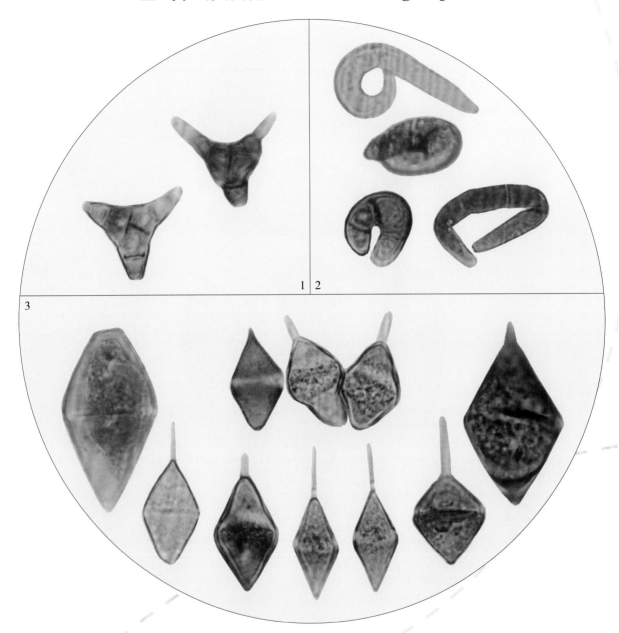

1. 小枝双孢属　*Diplocladiella* sp.

　　分生孢子。具 2 个细长渐狭的臂从基细胞放射出，顶部细胞无色，中心细胞色稍暗（×1200）。

　　从湖北、海南空气曝片中检出，偶见。

2. 聚梗蜗孢属　*Helicomina* sp.

　　分生孢子。褐色或近无色，弯曲或卷曲，分隔（×1200）。

　　从西双版纳空气曝片中检出，偶见。

3. 比川里孢属　*Beltramia* sp.

　　分生孢子。菱形，褐色，孢子中间有一浅色带，顶端具一细长喙状物（×1200）。

　　从西双版纳、昆明、黄石等地空气曝片中检出。

空气中的真菌孢子　Airbone Fungal Spores

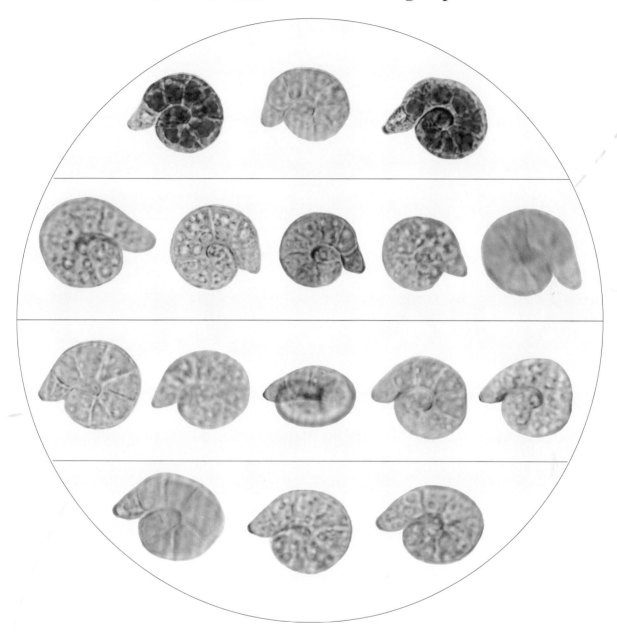

蜗孢属　*Helicoma* sp.

分生孢子。卷曲成蜗牛状，几个横隔，伸出的一端具着生痕（×1200）。

空气中偶见，常几个在一起。从昆明、西双版纳空气曝片中检出。

空气中的真菌孢子　Airbone Fungal Spores

旋卷孢霉属　*Helicosporium* sp.

分生孢子。卷曲成圈状，褐色或无色，具多个横隔（×1200）。

从西双版纳空气曝片中检出，偶见。

空气中的真菌孢子　Airbone Fungal Spores

1. 角孢壳属　*Cornularia* sp.
　　分生孢子。伸长的纺锤形，淡褐色，多为 7 个横隔，基部尖细，多稍弯曲，尾细尖（×1200）。
　　从浙江空气曝片中检出。

2. 蛹孢菌属　*Helicoon* sp.
　　分生孢子。无色或褐色，卷曲形成卵圆形或椭圆形类似佗螺状孢子，成熟后经风散开（×1200）。
　　从西双版纳空气曝片中检出。

空气中的真菌孢子　Airbone Fungal Spores

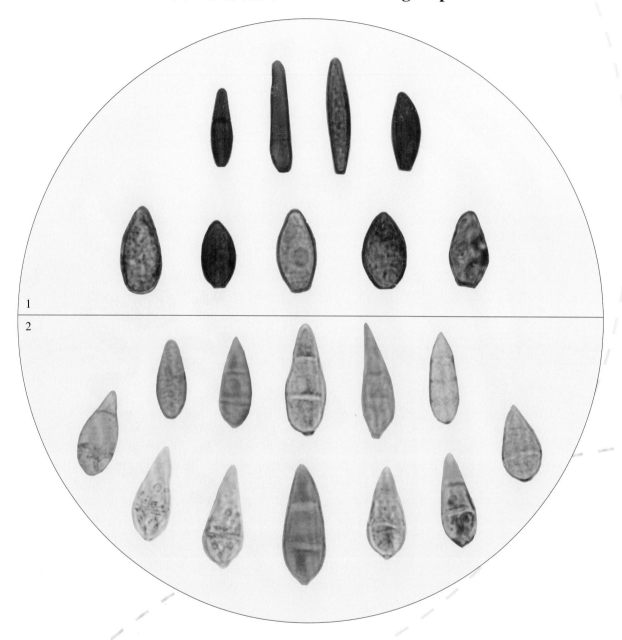

1. 黑星菌属　*Fusicladium* sp.

　　分生孢子。多单生，纺锤形或圆柱形，基部平截，顶部尖，0~1横隔，橄榄褐色或褐色，大小约25~29μm × 8~20μm（×1200）。

　　全国均有分布，空气中偶见。从河南、河北、湖北等地空气曝片中检出。

2. 梨孢霉属　*Pyricularia* sp.

　　分生孢子。倒梨形，单生、合生或侧生，无色或淡橄榄褐色，平滑，具1~3个分隔，基部脐稍突出，大小约18~40μm × 10~25μm（×1200）。

　　全国均有分布，由于孢子色淡，阅片时易遗漏。从湖北、北京等地空气曝片中检出，偶见。

空气中的真菌孢子　Airbone Fungal Spores

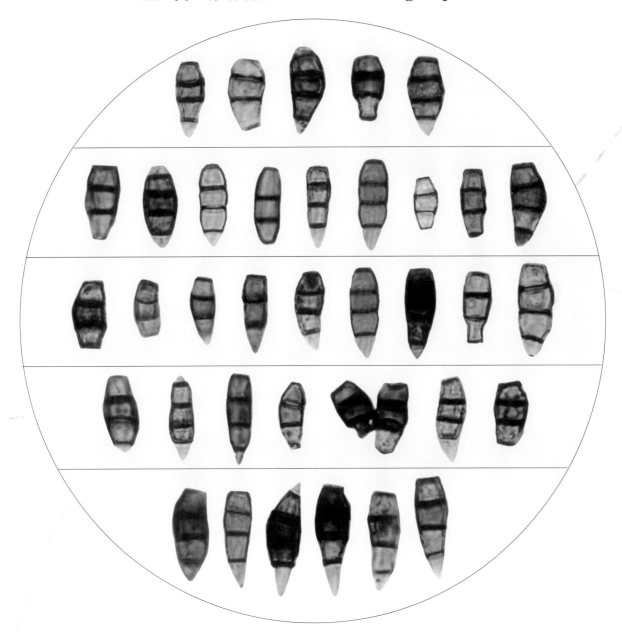

盘单毛孢属　*Monochaetia* sp.
拟盘多毛孢属　*Pestalotiopsis* sp.

　　分生孢子。纺锤形，4个隔膜，顶端和基部细胞无色，平截，中间细胞厚壁，褐色，光滑，基部细胞具一内生简单、少分枝的附属物；顶部细胞圆锥形，具2个或多个顶生分枝附属物。空气中的孢子附属物均已脱落（×1200）。

　　从全国多个省市空气曝片中检出。

空气中的真菌孢子　Airbone Fungal Spores

隔指孢属　*Dactylella* sp.

　　分生孢子。长纺锤形或棒状，无色。长纺锤形孢子的基部多数近足形，具 5~10 几个横隔，大小约 100~150μm × 8~26μm。棒形孢子顶端圆，基部稍平截，具 3~7 个横隔，大小约 40~130μm × 8~15μm（×1200）。

　　从西双版纳、海南等地空气曝片中检出。

空气中的真菌孢子 **Airbone Fungal Spores**

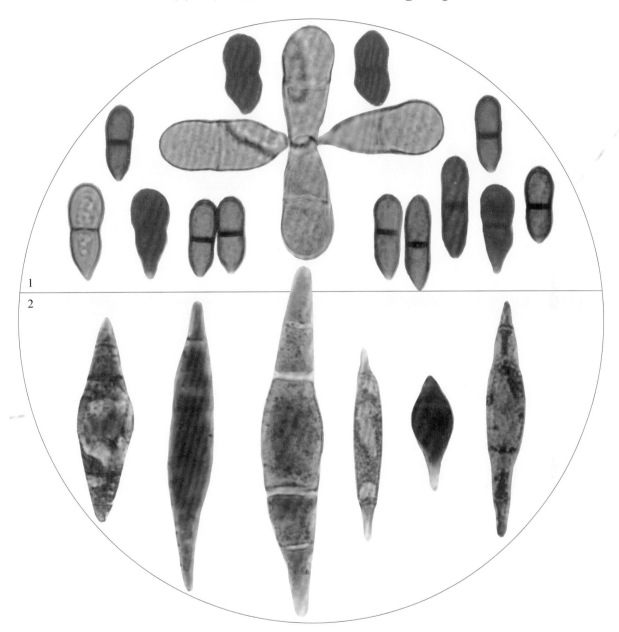

1. 节丛孢属 *Arthrobotrys* sp.

 分生孢子。倒圆锥形或倒卵形，近中央有一横隔，横隔处稍内缩，大小约 15~40μm×8~20μm（×1200）。

 从西双版纳、海南、广东等地空气曝片中检出。

2. 单顶孢属 *Monocrosporium* sp.

 分生孢子。纺锤形，2~ 几个分隔，无色，孢子中央细胞膨大，大小约 40~110μm×20~45μm（×1200）。

 从西双版纳、昆明、海南等地空气曝片中检出。

空气中的真菌孢子　Airbone Fungal Spores

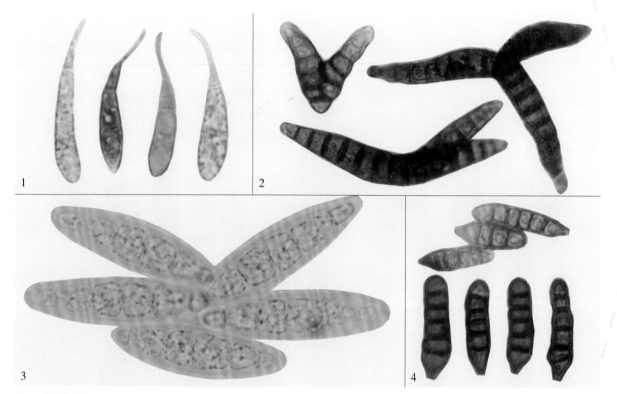

1. 壳镰孢属　*Kabatia* sp.

分生孢子。棒形、梭形或镰孢形，无色，壁蒲，光滑，少数有油滴，于孢子偏顶部具一横隔，27~46μm×6~8μm（×1200）。

从西双版纳、陕西、北京空气曝片中检出。

2. 角孢霉属　*Ceratosporium* sp.

分生孢子。由 2~3 个直立或弯曲的臂组成：暗褐色；每个臂均具多个横隔（×1200, 500）。

从海口、浙江、黄石空气曝片中检出。

3. 小孢霉属　*Microsporum* sp.

分生孢子。纺锤形，外壁厚，光滑，具 6~7 个细胞；大小约 65~75μm×25μm（×1200）。

从西双版纳空气曝片中检出。

4. 束柄霉属　*Podosporium* sp.

分生孢子。圆柱形，基部变窄，平截，具 3~5 个横隔，褐黄色至褐色（×1200）。

从海南、西双版纳空气曝片中检出。

空气中的真菌孢子　Airbone Fungal Spores

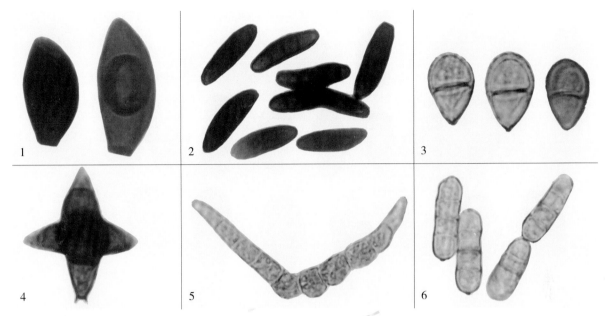

1. **裂口壳孢属　*Harknessia* sp.**

   分生孢子。透镜状或卵圆形；褐色；单胞；内含一大油滴；基部截形，大小约 25~31μm × 9.5~13.5μm（×1200）。
   从西双版纳空气曝片中检出。

2. **枝梗茎点孢属　*Dendrographium* sp.**

   分生孢子。圆柱形至卵圆形，3 横隔，暗褐色，成短链（×1200）。
   从湖北空气曝片中检出。

3. **浪梗霉属　*Polythrincium* sp.**

   分生孢子。单生，楔形、梨形；无色、灰褐色，光滑，有一个横隔，基部具一脐点；大小约 17~24μm × 13~24μm（×1200）。
   从北京、陕西空气曝片中检出。

4. ***Uberispora* sp.**

   分生孢子。十字形，褐色，中央细胞暗褐色，侧面细胞三角形，顶端尖，基部着生处具短分权（×1200）。
   从西双版纳空气曝片中检出。

5. **双臂孢属　*Hirudinaria* sp.**

   分生孢子。由两个直或弯曲的臂组成，向上渐尖，每个臂具四横隔；近无色（×1200）。
   从西双版纳空气曝片中检出。

6. **隔线孢属　*Septonema* sp.**

   分生孢子。圆柱状，两端钝圆，一端有黑色脐点。色淡，多具 3 横隔，链状着生，老后断开，大小约 24~29μm × 10~12μm（×1200）。
   从武汉空气曝片中检出。

空气中的真菌孢子　Airbone Fungal Spores

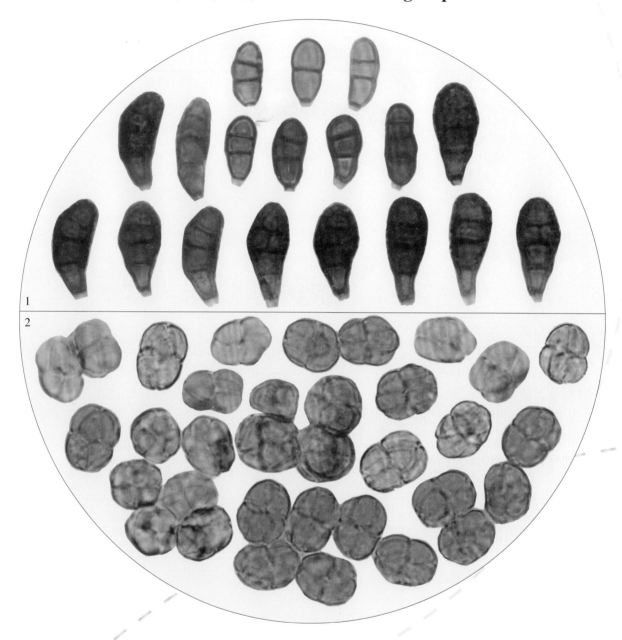

1. 甘蔗皮思霉　*Pithomyces sacchari*

　　分生孢子。单生，卵圆形、棍棒状或梨形，顶部钝圆，基部平截，具 1~3 横隔，1~2 纵隔，隔膜处稍缢缩，幼小孢子淡褐色，成熟后变深，壁光滑或粗糙，大小 16~27μm×6.5~12.5μm（×1200）。

　　从浙江、广东、湖北空气曝片中检出。

2. 轮枝孢　*Verticillium chlamydosporium*

　　厚垣孢子。砖隔状，宽卵圆形，褐色，具纵横隔，中间横隔处缢缩，大小约 24×26μm，常成堆存在（×1200）。

　　从广东、浙江等地空气曝片中检出。

空气中的真菌孢子　Airbone Fungal Spores

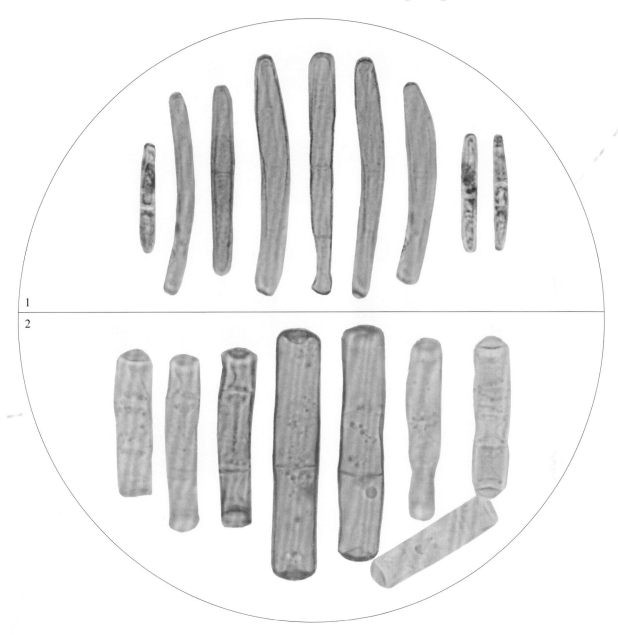

1. 柱隔孢属　*Ramularia* sp.

　　分生孢子。圆柱状，单生，近无色，具 0~2 横隔，横隔处无内缩，一端或两端有黑色脐点（×1200）。

　　从广东、西双版纳和陕西空气曝片中检出。

2. 柱孢属　*Cylindrocarpon* sp.

　　分生孢子。圆柱状，近无色，2 横隔，横隔处无内缩（×1200）。

　　从广东空气曝片中检出。

空气中的真菌孢子 Airbone Fungal Spores

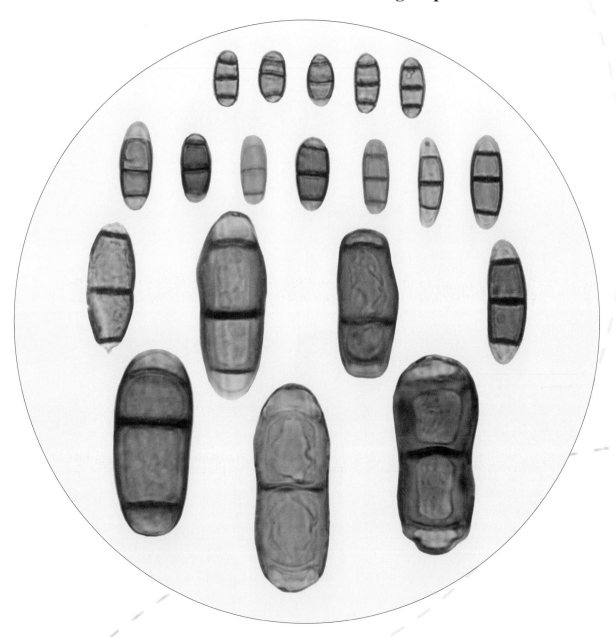

小刺球壳属 *Chaetosphaerella* sp.

分生孢子。椭圆形～长方形，具 3 横隔，中间横隔多稍缢缩，褐色、淡褐色，两端细胞无色，大小从 16~30 多 μm（×1200）。

从湖北、昆明、西双版纳空气曝片中检出。

空气中的真菌孢子　Airbone Fungal Spores

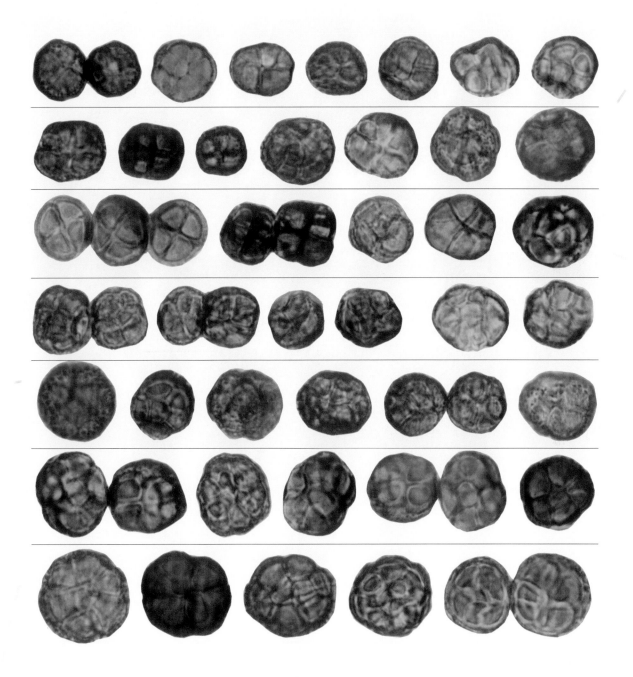

附球菌属　*Epicoccum* sp.

分生孢子。近球形，暗色，表面具砖格状分隔。大小约 19~40μm（×1200）。

全国均有分布，空气曝片中极多见。高峰期夏秋季。

空气中的真菌孢子 Airbone Fungal Spores

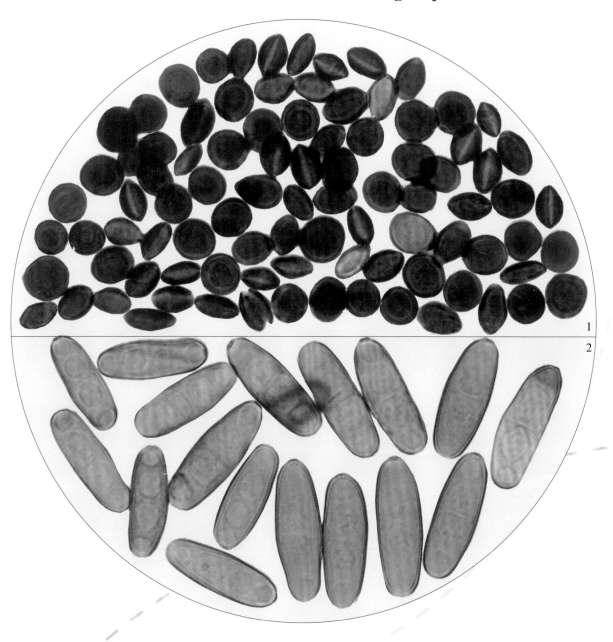

1. 阜孢霉属 *Papularia* sp.

分生孢子。单胞，暗色，卵圆形，常在边上有一细条带（×1200）。

空气中较常见，常多个在一起，全国南北均有分布。

2. 顶套菌属 *Acrothecium* sp.

分生孢子。柱状或长椭圆形，两端钝圆，多数具 3 个假隔（较少 1~2 个假隔），壁较厚，褐色（×1200）。

从北京空气曝片中检出，常数个在一起。

空气中的真菌孢子　Airbone Fungal Spores

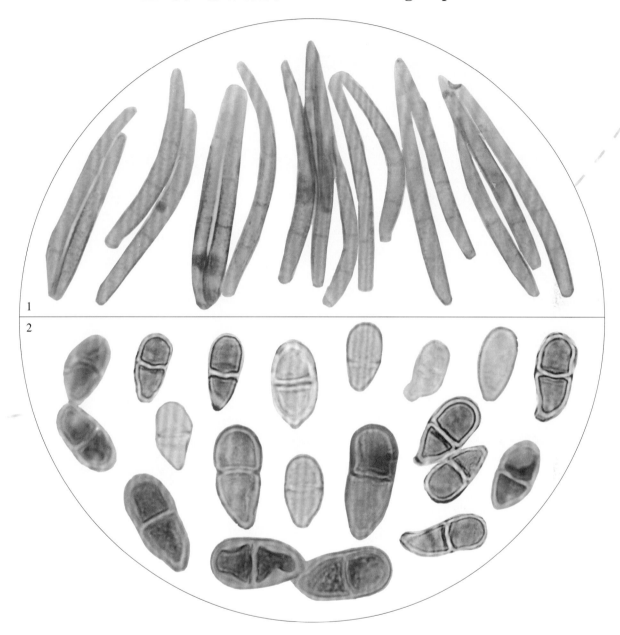

1. 角壳孢属　*Cornularia* sp.

　　分生孢子。成簇表生，尾鞭形，几个细胞，褐色（×1200）。

　　从江苏空气曝片中检出。

2. 单端孢霉属　*Trichothecium* sp.

　　分生孢子。梨形或倒卵形，两个孢室，下孢室较上孢室小，基部收缩变细，无色或淡粉红色，大小约 12~18×8~10μm（×1200）。

　　全国均有分布。从浙江、山东、河北空气曝片中检出。高峰期夏季。

空气中的真菌孢子　Airbone Fungal Spores

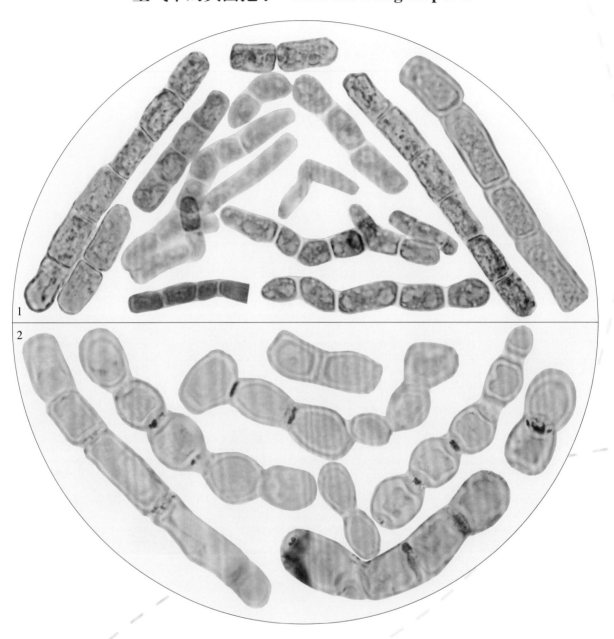

1. **地霉属**　*Geotrichum* sp.

　　分生孢子。无分生孢子梗，孢子系由菌丝老后断裂而成，称为节孢子，无色（×1200）。

　　从海口、广东空气曝片中检出。

2. **好食丛梗孢**　*Monilia sitophila*

　　分生孢子。卵圆形，单胞，链状着生，无色；菌丝体在横隔处断裂，形成节孢子，大小 23~26μm × 10~15μm（×1200）。

　　从北京空气曝片中检出。

空气中的真菌孢子 Airbone Fungal Spores

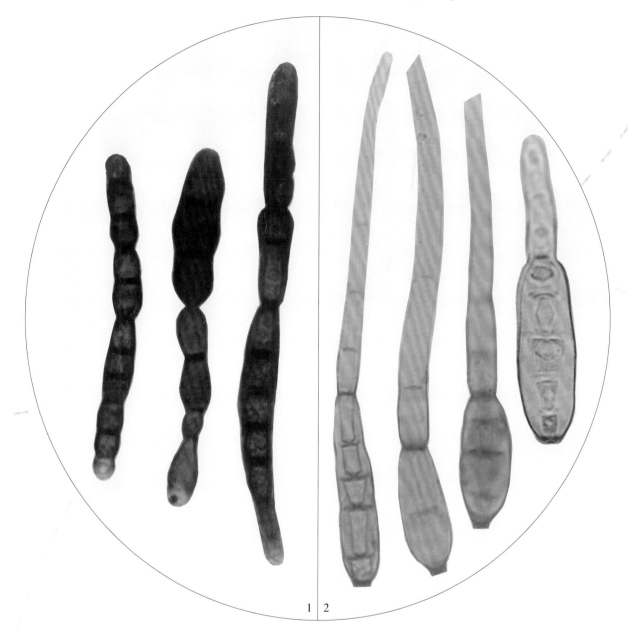

1. **多孢埃里格孢** *Embellisia phragmospora*
  分生孢子。呈链状，偶单生，圆筒形至倒棍棒形，暗褐色，表面光滑，具横膜（×1200）。
  从江苏、浙江空气曝片中检出。

2. **缢缩长蠕孢** *Helminthosporium constrictum*
  分生孢子。倒棍棒形，直或略弯曲，褐色、淡褐色，具假隔膜，孢身个别隔膜处有明显缢缩，至缢缩后顶端明显变细，外壁光滑（×1200）。
  从浙江、广东、海南等地空气曝片中检出。

空气中的真菌孢子　Airbone Fungal Spores

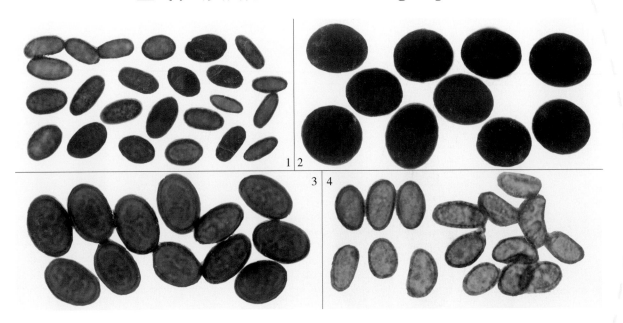

1. 葡萄穗霉属　*Stachybotrys* sp.

　　分生孢子。椭圆、圆柱形或长卵形，大小约8~14μm×4~7μm，初期烟灰色，老后褐黑色，壁光滑或略粗糙（×1200）。

　　全国各地空气中均有飘散，常几个孢子在一起。

2. 黑孢子菌属　*Nigrospora* sp.

　　分生孢子。球形或压扁的球形，黑色，外表光滑，直径约16~8μm（×1200）。

　　从河北空气曝片中检出，全国均有分布。

3. 瓜孢霉属　*Coccospora* sp.

　　分生孢子。近球形至倒卵形，光滑，壁厚，褐色，具颗粒状内含物，大小约14~30μm×11~20μm（×1200）。

　　从河北、湖北、海南空气曝片中检出，常多个在一起。

4. 黑盘孢属　*Melanconium* sp.

　　分生孢子。近球形、椭圆形，单孢，褐色，表面光滑（×1200）。

　　从海南、湖北空气曝片中检出。

空气中的真菌孢子　Airbone Fungal Spores

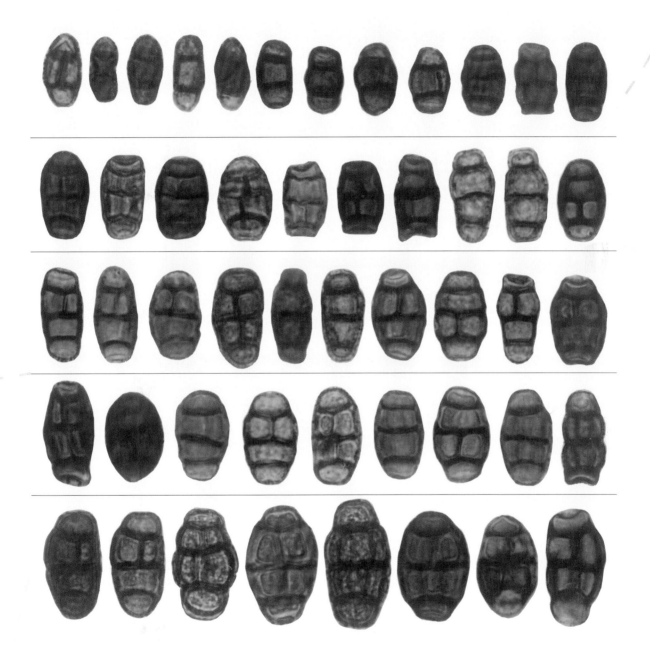

皮思孢属　*Pithomyces* sp.

　　分生孢子。单生于分生孢子梗顶端，宽椭圆形、长圆形到梨形，具 2~3 个横隔和 1 纵隔，横隔处内缩或不内缩，褐色或褐绿色。大小约 20~30μm × 15~26μm（×1200）。

　　空气中多见，主要分布在长江以南各省，多见。从海南、昆明、武汉、浙江等地空气曝片中检出。

空气中的真菌孢子　**Airbone Fungal Spores**

外孢属　*Exosporium* sp.

分生孢子。单生或链生；棍棒形、圆柱形；褐色、褐黄色、暗褐色；表面光滑，个别有小疣，具多个假隔膜；大小约 25~200μm × 8~30μm（×1200）。

分布长江以南各省，常见。

空气中的真菌孢子 **Airbone Fungal Spores**

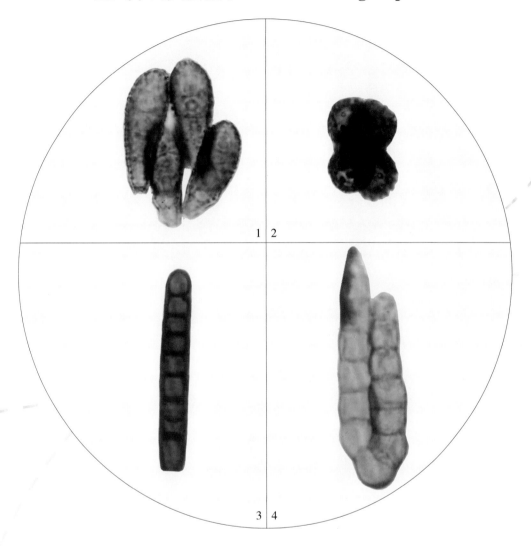

1. **疣孢盘孢属** *Lecanosticta* sp.

分生孢子。纺锤形，多胞，淡褐色，直或稍弯曲，基部平截，顶端渐细，孢壁上有小疣（×1200）。

2. **爱斯摩孢属** *Isthmospora* sp.

分子孢子。束状浅裂，单孢，暗褐色，外壁具锯齿（×1200）。

从浙江空气曝片中检出。

3. **柱孢层出孢** *Repetophragma goidanichii*

分生孢子。圆柱形，顶部钝圆，基部平截，壁光滑，具8个真隔膜，分隔处不内缩，暗褐色，42~45μm×5~6μm（×1200）。

从浙江空气曝片中检出。

4. **三列砖隔孢** *Dictyosporium triseriale*

分生孢子。矩圆形或倒卵形，中度褐色，通常由3列（偶2列、罕1列）细胞组成，每列3~7个细胞（×1200）。

从浙江空气曝片中检出。

空气中的真菌孢子　Airbone Fungal Spores

双毛壳孢属　*Discosia* sp.

分生孢子。腊肠形至纺锤形，多数 4 个细胞，两端各有一单生附属丝（×1200）。

长江以南空气中多见。

空气中的真菌孢子　Airbone Fungal Spores

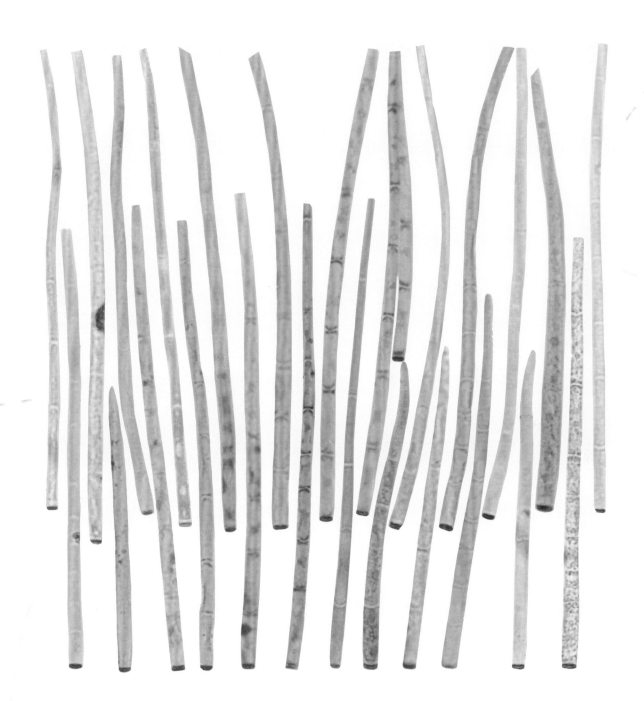

尾孢属　*Cercospora* sp.

　　分生孢子。倒棒形、窄圆柱形，无色至浅褐色、青黄色等，具多个横隔，基部平截或圆锥形，着生痕明显；顶部变细。大小多数均在 100μm 以上，最长可达 200μm（×1200）。

　　全国广为分布，为空气中优势真菌。

空气中的真菌孢子　Airbone Fungal Spores

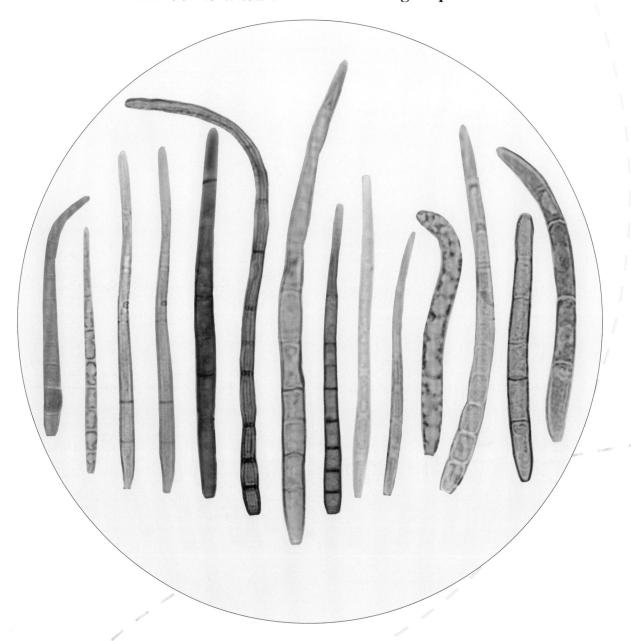

假尾孢属　*Pseudocercospora* sp.

　　分生孢子。线形、圆柱形、倒棍棒形，直立至弯曲；无色、浅青黄色、褐色；基部圆形、平截；孢子具多个隔膜，缢缩或不缢缩；基部脐不明显（×1200）。

　　全国均有分布。

空气中的真菌孢子　Airbone Fungal Spores

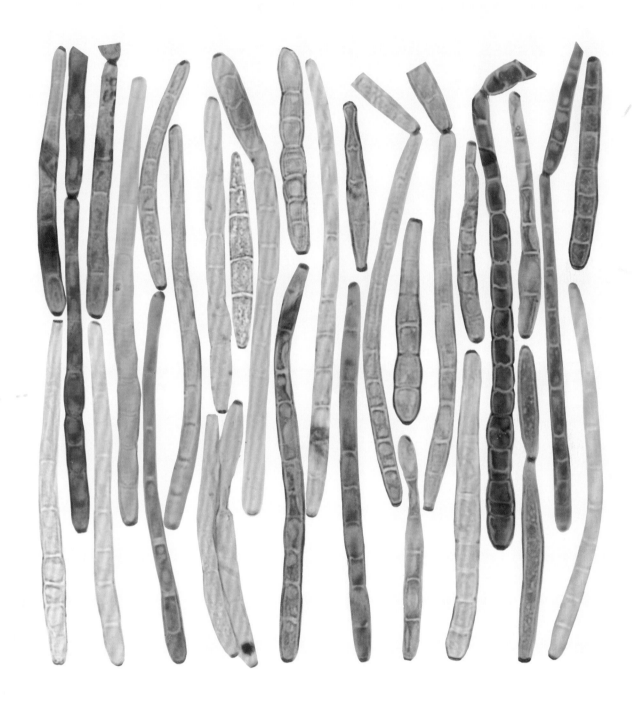

菌绒孢属　*Mycovellosiella* sp.

色链隔孢属　*Phaeoramularia* sp.

　　分生孢子。直链、分枝链或单生，圆柱状、倒棒形等，直或弯曲；无色、灰褐色、红褐色；具几个至多个横隔，横隔处无缢缩或缢缩；基部或两端均具脐点（×1200）。

　　全国均有分布，长江以南多见。

空气中的真菌孢子　Airbone Fungal Spores

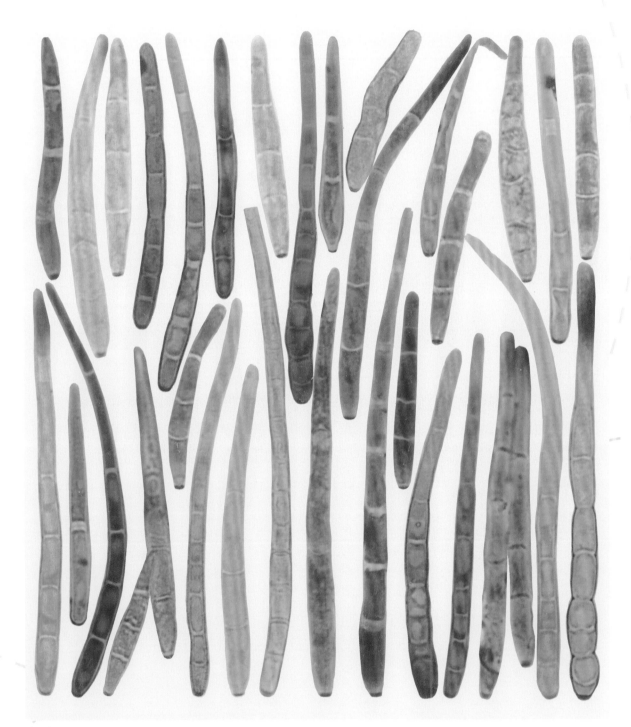

钉孢属　*Passalora* sp.

　　分生孢子。圆柱形、倒棍棒形、纺锤形等，直立或弯曲；无色、近无色、青黄色、浅褐色；1至几个横隔，横隔不缢缩或缢缩；基部倒圆锥形，有黑色脐点（×1200）。

　　全国均有分布，从哈尔滨、河北、北京、河南空气曝片中检出，多见。

空气中的真菌孢子　Airbone Fungal Spores

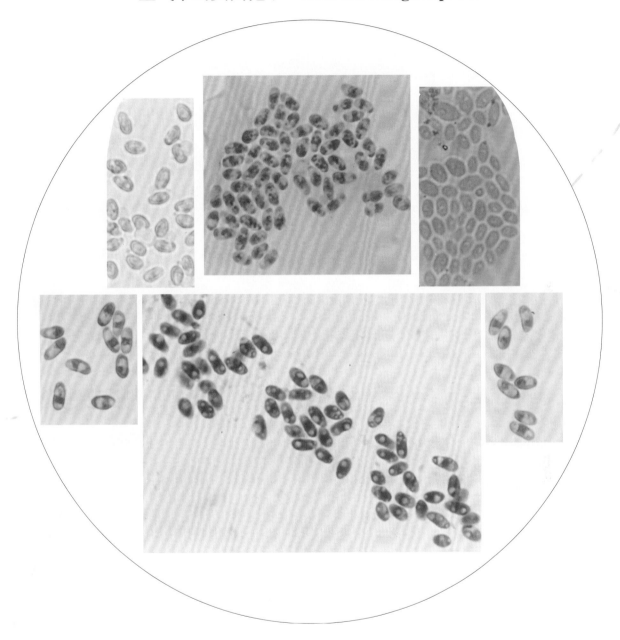

炭疽菌属　*Colletotrichum* sp.

　　分生孢子。单孢，无色，卵形或长圆形，具油球，大小约 1.9~2.5μm × 4~9μm（×1200）。

　　从昆明、西双版纳空气曝片中检出。

空气中的真菌孢子　Airbone Fungal Spores

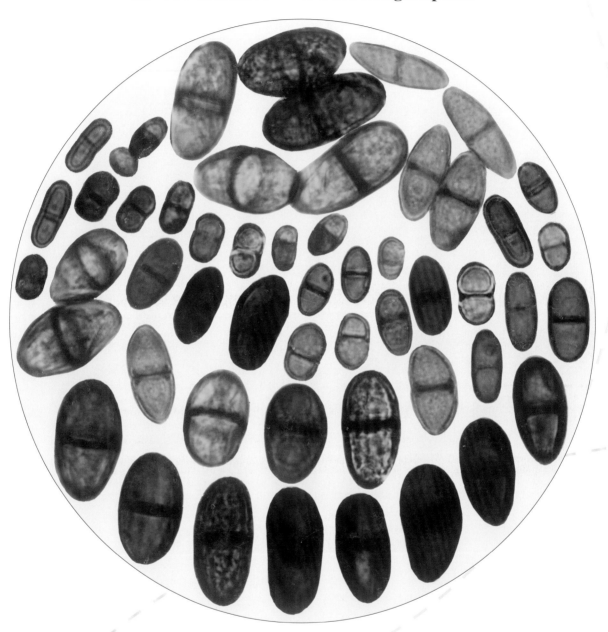

色二孢属　*Diplodia* sp.

　　分生孢子(由分生孢子器产生)。褐色,壁厚,椭圆形或圆柱状,中部具一横隔,表面光滑,基部稍平截(×1200)。
全国均有分布。常成堆检出,高峰期夏秋季。

空气中的真菌孢子　Airbone Fungal Spores

球壳孢属　*Sphaeropsis* sp.

分生孢子。长圆形、纺锤形、近圆柱形，单孢，褐色，壁厚，大小约 13~40μm×3~18μm（×1200）。

从北京、山东、河北、广东空气曝片中检出。

空气中的真菌孢子　Airbone Fungal Spores

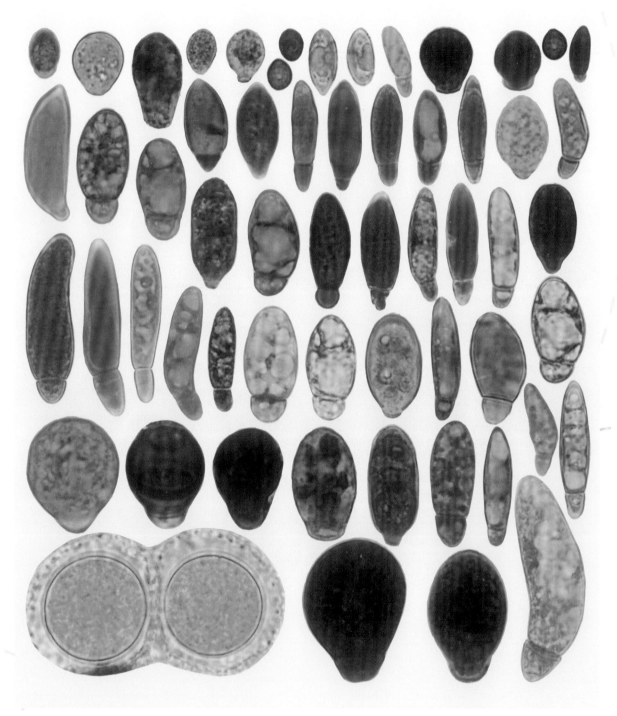

虫霉目　Entomophthorales

　　分生孢子和休眠孢子。孢子形态、大小多样；近球形、卵圆形、椭圆形、棒形、圆柱形等，直或弯，多数孢子基部具乳突状；左下角为休眠孢子（×1200）。

　　从西双版纳、湖北、海南、广东、浙江空气曝片中检出。

空气中的真菌孢子　Airbone Fungal Spores

霜霉属　*Peronosporales* sp.

　　无性繁殖产生的孢子囊，近球形、梨形、柠檬形、宽卵形、褐黄色、褐色等；个大，约 40~60μm（×1200）。
南北均有分布，多见。

　　注：孢子囊上部形态不规则的两排细胞为释放出游动孢子后的孢囊壳，常数个在一起（×1200）。

空气中的真菌孢子　Airbone Fungal Spores

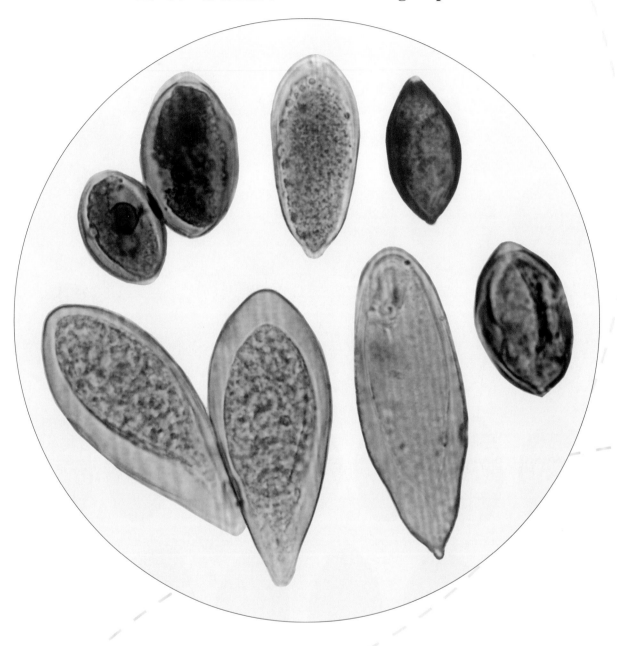

霜霉属　*Peronosporales* sp.

无性繁殖产生的孢子囊，椭圆形、梭形、棒形等，灰褐色、黄绿色等，个大，大小约 40~80μm（×1200）。
从哈尔滨、山东、河北空气曝片中检出。

空气中的真菌孢子　Airbone Fungal Spores

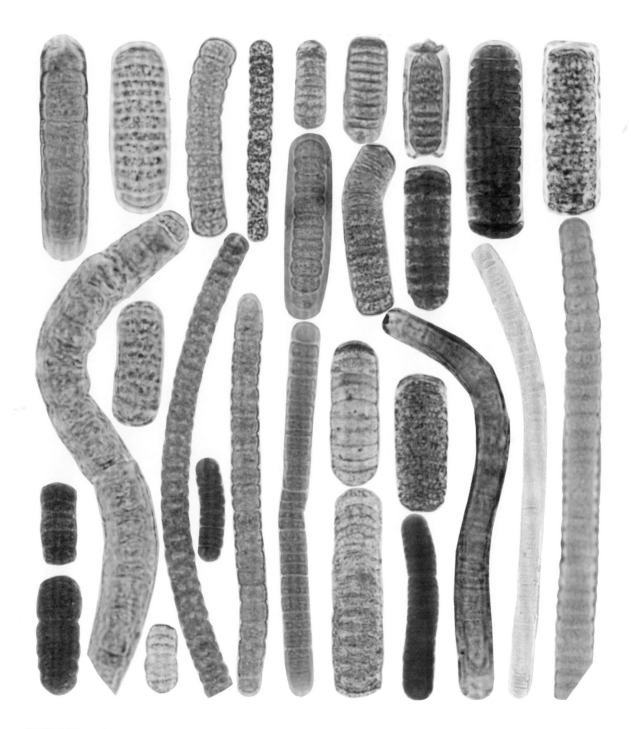

颤藻菌属　*Oscillatoria* sp.

　　圆柱状、褐黄色、褐色，多横隔，内缩或不内缩，大小差别极大，从 10μm 至 100μm（×1200）。

　　从西双版纳、海南空气曝片中检出。

空气中的真菌孢子　Airbone Fungal Spores

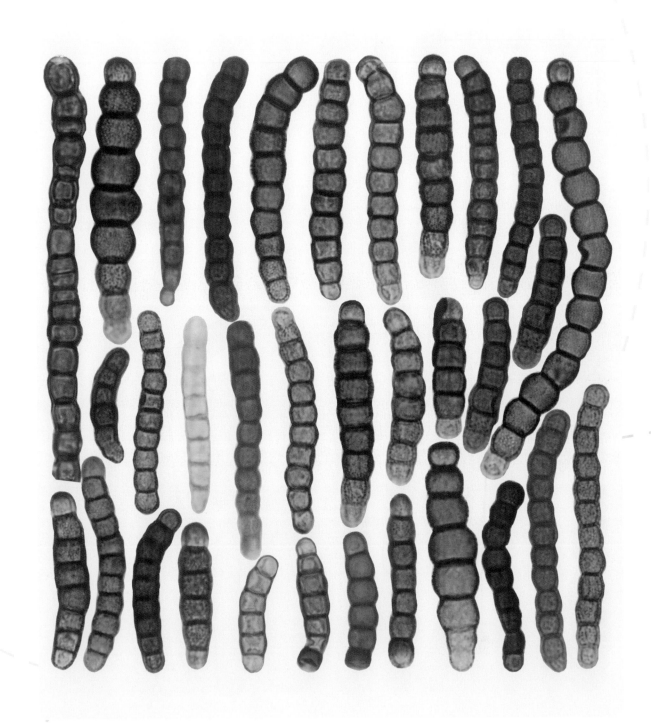

地舌菌　*Geolossaceae*

子囊孢子。圆柱形，棒形或梭形，直或弯曲，具多个分隔，多数褐色，大小约 70~200μm × 5~10μm（×1200）。
全国均有分布，多见。从南北几省空气曝片中检出。

空气中的真菌孢子　Airbone Fungal Spores

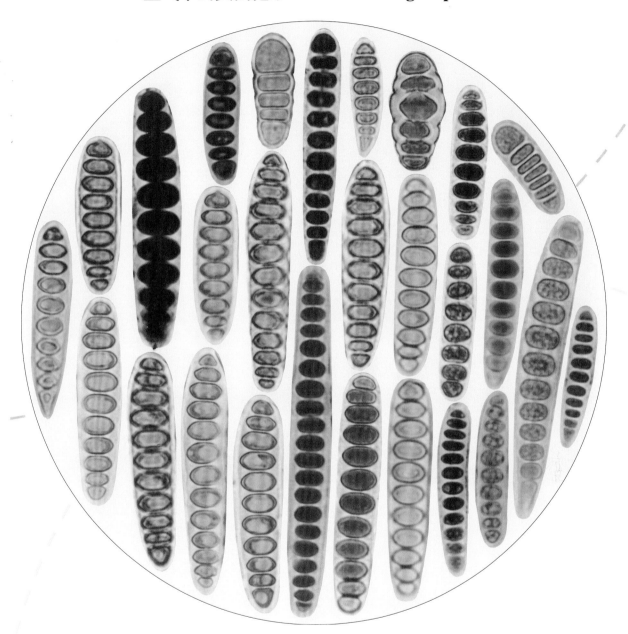

胶皿菌属　*Patellaria* sp.

　　子囊孢子。梭形，直或弯；无色或灰色；具多个假横隔膜，有的在横隔处稍内缩或中部细胞膨大。大小约 60~75μm×10~12μm（×1200）。

　　从昆明、海口、武汉、黄石、北京空气曝片中检出。

空气中的真菌孢子　Airbone Fungal Spores

竹黄　*Shiraia bambusicola*

　　子囊孢子。蚕蛹状，无色，褐色，壁砖状分隔，个大（×1200）。

　　从海南、西双版纳等地空气曝片中检出，多见。

空气中的真菌孢子 Airbone Fungal Spores

格胶孢腔菌属 *Pleomassaria* sp.

子囊孢子。每子囊有 2 个孢子，孢子圆柱形至梭形，黄色至褐色，9~15 个横隔及多数纵隔，呈窗隔状，中部横隔处多有内缩，大小约 80~140μm × 22~34μm（×1200）。

从昆明、西双版纳、海南、广东空气曝片中检出。

空气中的真菌孢子　Airbone Fungal Spores

旋孢腔菌属　*Cochliobolus* sp.

　　子囊孢子。线形、无色、淡褐色等，弯曲，两端钝圆，具多个横隔，有的近中间一横隔内缩，少数表面有油滴，大小约 80~100μm（×1200）。

　　从昆明、西双版纳、海南、广东空气曝片中检出。

空气中的真菌孢子　Airbone Fungal Spores

旋孢腔菌属　*Cochliobolus* sp.

　　子囊孢子。线形，多弯曲，褐色、暗黄色等，两端钝圆，具多个横隔，近中间一横隔处内缩，大小约100~200μm（×1200）。

　　全国均有分布。从陕西空气曝片中检出，4~5月大量存在。

空气中的真菌孢子　Airbone Fungal Spores

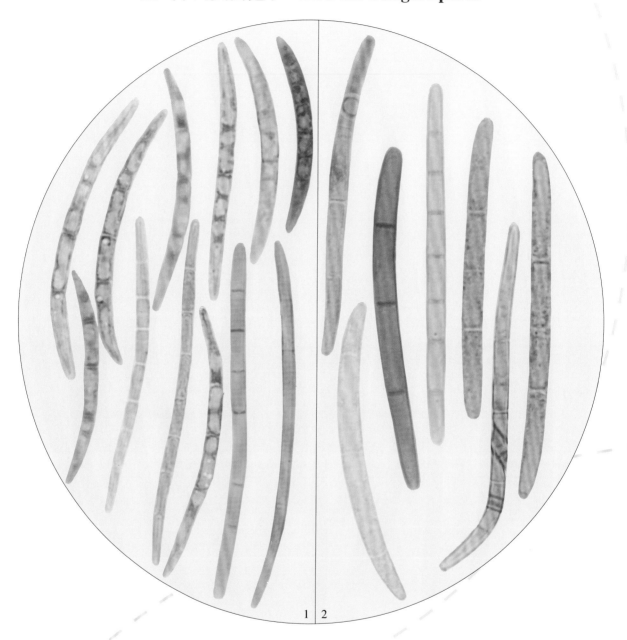

1 | 2

1. 蛇孢腔菌属　*Ophiobolus* sp.

    子囊孢子。线形，褐黄色，3~7 横隔，有的具油滴（×1200）。

    从西双版纳、广东空气曝片中检出。

2. 顶囊壳属　*Gaeumannomyces* sp.

    子囊孢子。线形，淡色或暗灰色，两端钝圆，3~7 横隔（×1200）。

    从海南、西双版纳空气曝片中检出。

空气中的真菌孢子 Airbone Fungal Spores

近蛛盘菌属 *Parachnopeziza* sp.

子囊孢子。线形，两端窄，褐色、黄绿色等，具多个横隔及油滴，大小约 140μm（×1200）。

从西双版纳、昆明、空气曝片中检出。

空气中的真菌孢子　**Airbone Fungal Spores**

散斑菌属　*Lophodermium* sp.
　　子囊孢子。丝状，单孢，无色，两端略尖，80~140μm（×1200）。
　　从海南、西双版纳空气曝片中检出。

空气中的真菌孢子 Airbone Fungal Spores

茶褐枯隐孢壳菌 *Cryptospora theae*

子囊孢子。长棍棒形，有 3 横隔，黄褐色，120~140μm × 7~9μm（×1200）。

从西双版纳空气曝片中检出。

空气中的真菌孢子　Airbone Fungal Spores

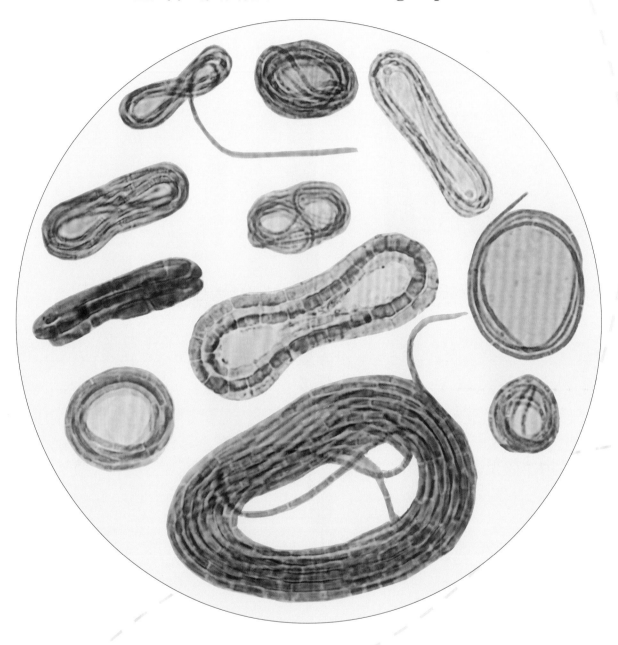

子囊孢子　*ascospora*

　　线形子囊孢子。从子囊中脱出后仍保持原貌，尚未伸展开，有的一个子囊仅一个线形孢子，有的为两个以上或多个线形孢子（×1200）。

　　从西双版纳空气曝片中检出。

空气中的真菌孢子　Airbone Fungal Spores

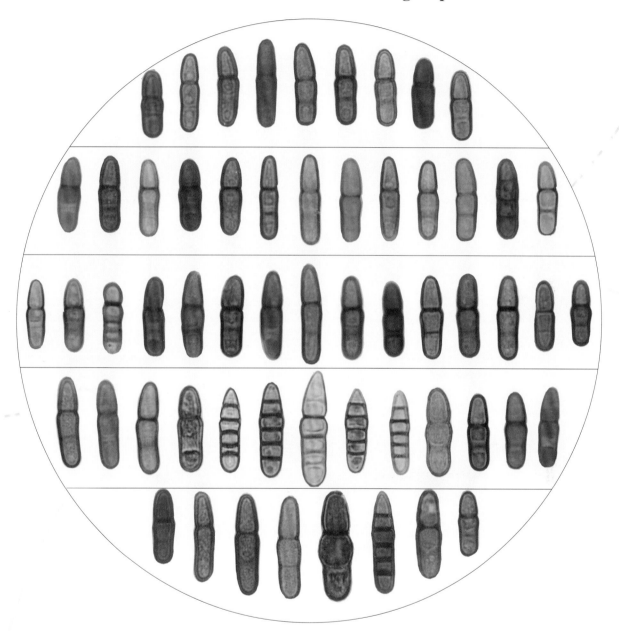

褐球壳属　*Paraphaeosphaeria* sp.

　　子囊孢子。柱状，两端钝圆，少数一端稍尖，褐色、褐灰色或青黄色，具1、2至5横隔，横隔处内缩或不内缩；大小约 15~45μm × 7~15μm（×1200）。

　　分布在长江以南，从湖北及海南、浙江等省空气曝片中检出。

空气中的真菌孢子　Airbone Fungal Spores

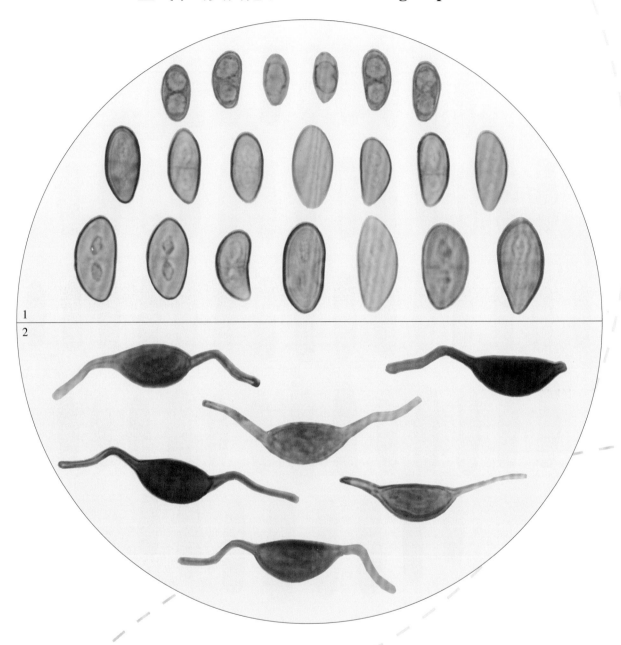

1. 核盘菌科　SCLEROTINIACEAE

　　子囊孢子。每个子囊具 8 个孢子，有的属种子囊孢子，椭圆形，一端较窄，单细胞，具 1~2 个油滴，淡褐色；亦有的属种子囊孢子无色，具 2 个油滴（×1200）。

　　从昆明、西双版纳、广东等地空气曝片中检出。

2. 柄孢壳属　*Podospora* sp.

　　子囊孢子。卵形，褐色、暗褐色，孢子两端各有一鞭状、易消失的附属物（×1200）。

　　从西双版纳、昆明空气曝片中检出。

空气中的真菌孢子 Airbone Fungal Spores

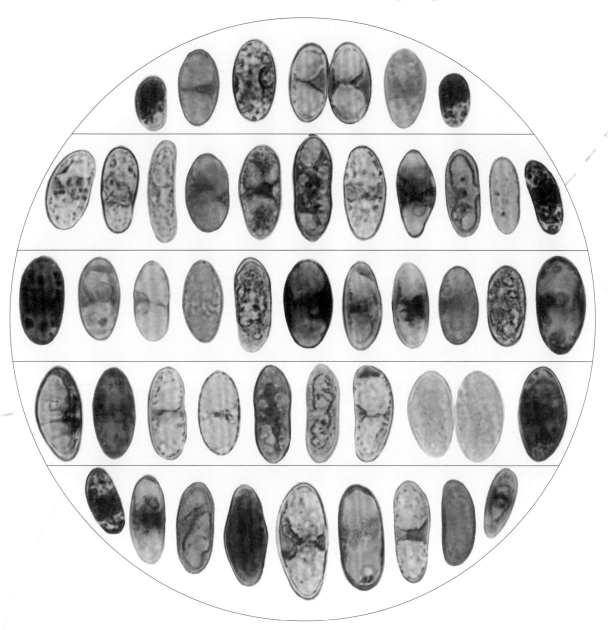

白粉菌属 *Erysiphe* sp.

　　子囊孢子。（粉孢属 Oidium 的有性阶段）卵形、长卵形或椭圆形，无色，大小约 20~50μm×15~20μm（×1200）。

　　本菌长江以南多见，尤以西双版纳和海南最多，高峰期为 5~8 月。

空气中的真菌孢子   Airbone Fungal Spores

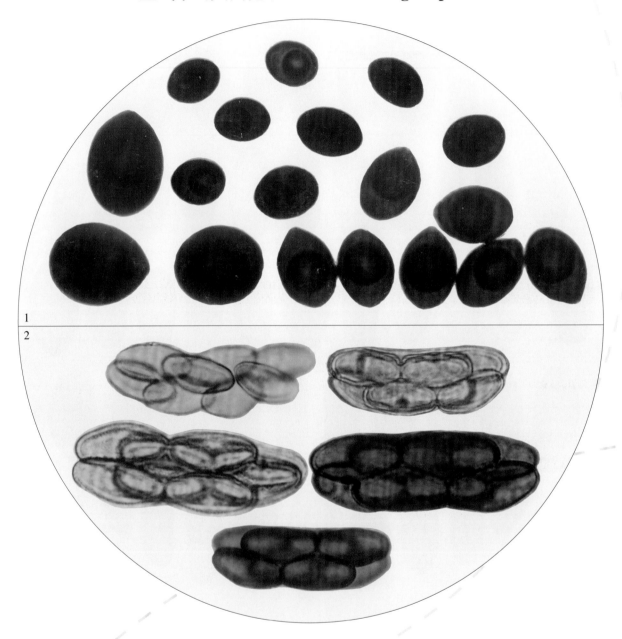

1. 粪壳菌属   *Sordaria* sp.

　　子囊孢子。本属约有 11 个种，子囊内孢子 4~8 个，各种大小不一，暗褐色，单胞，多数孢子表面均有一大的油球（×1200）。

　　从广东、海南、山东、北京空气曝片中检出。

2. 集粪盘菌属   *Saccobolu* sp.

　　子囊孢子。已从子囊袋中脱出，每个子囊内 8 个长椭圆形孢子，上边四个，下边四个，尚未分开；褐色、褐黑色或褐黄色（×1200）。

　　本菌生长在草食性动物粪便上。从山东、河南、武汉空气曝片中检出。

空气中的真菌孢子　Airbone Fungal Spores

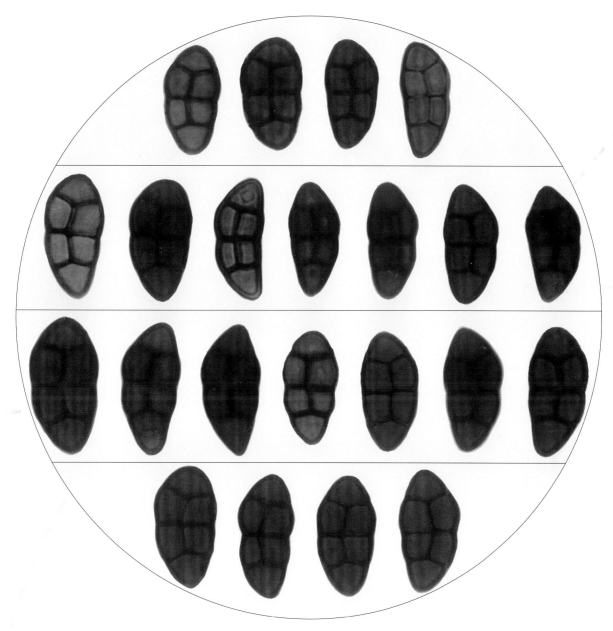

毛格孢属　*Comoclathris* sp.

　　子囊孢子。椭圆形，多数两端变窄，褐色、褐黄色，具3横隔和一纵隔，中间横隔处内缩。大小约26~40μm×18~23μm（×1200）。

　　在陕西空气曝片中检出，常见，高峰期夏秋季。

空气中的真菌孢子　Airbone Fungal Spores

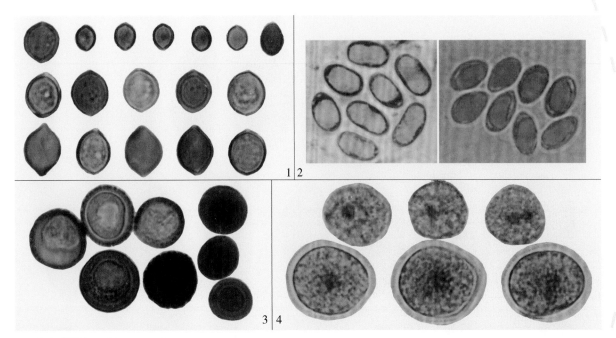

1. 毛壳菌属　*Chaetomium* sp.

　　子囊孢子。球形、椭圆形、柠檬形、纺锤形等，黄褐色、暗褐色或橄榄色，两端或一端稍尖，大小 8~14μm×8~9μm（×1200）。

　　从河北、山东、河南、武汉空气曝片中检出。

2. 马鞍菌属　*Helvella* sp.

　　子囊孢子。每子囊内8个孢子，孢子椭圆形，平滑，无色，大小约 18~21μm×9~12μm（×1200）。

　　从西双版纳空气曝片中检出。

3. 大团囊菌属　*Elaphomyces* sp.

　　子囊孢子。每子囊内含 2~4 或 7 个孢子，孢子球形，暗褐色，壁厚（×1200）。

　　从海南、西双版纳空气曝片中检出。

4. 棒囊菌属　*Corynelia* sp.

　　子囊孢子。近球形，褐色，单胞，厚壁，孢子中心色深（×1200）。

　　从西双版纳、海南空气曝片中检出。

空气中的真菌孢子 Airbone Fungal Spores

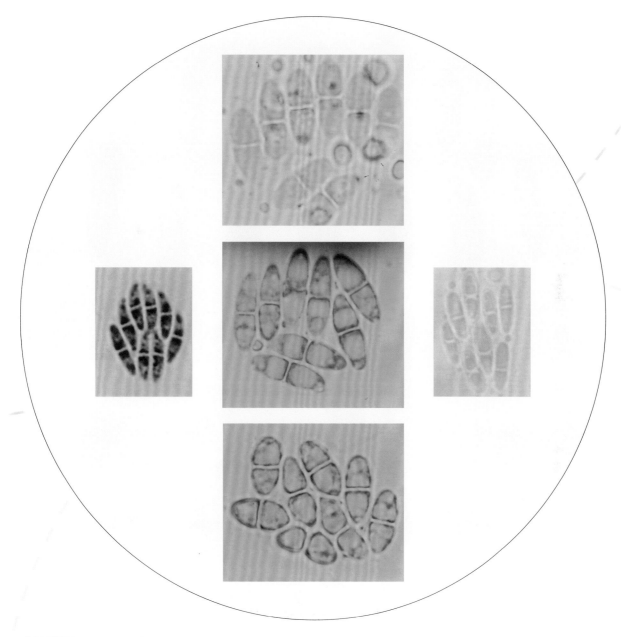

球腔菌属 *Mycosphaerella* sp.

子囊孢子。每个子囊含8个孢子，无色（少数褐色）中间有一横隔，分隔处稍缢缩，大小不一，多在11~20μm×2~6μm（×1200）。

从广东、海南、浙江空气曝片中检出。

空气中的真菌孢子   Airbone Fungal Spores

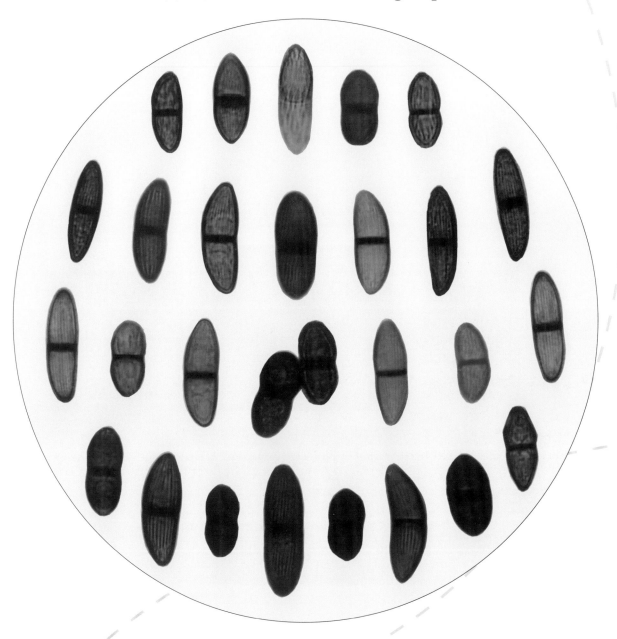

簇色二孢属   *Botryodiplodia* sp.

分生孢子。初期无色透明，成熟时呈深褐色，厚膜上具不透明纵纹，椭圆形，二端钝，双孢，中央一横隔。大小约 10~18μm × 20~33μm（×1200）。

从西双版纳、昆明、海南空气曝片中检出。

空气中的真菌孢子　Airbone Fungal Spores

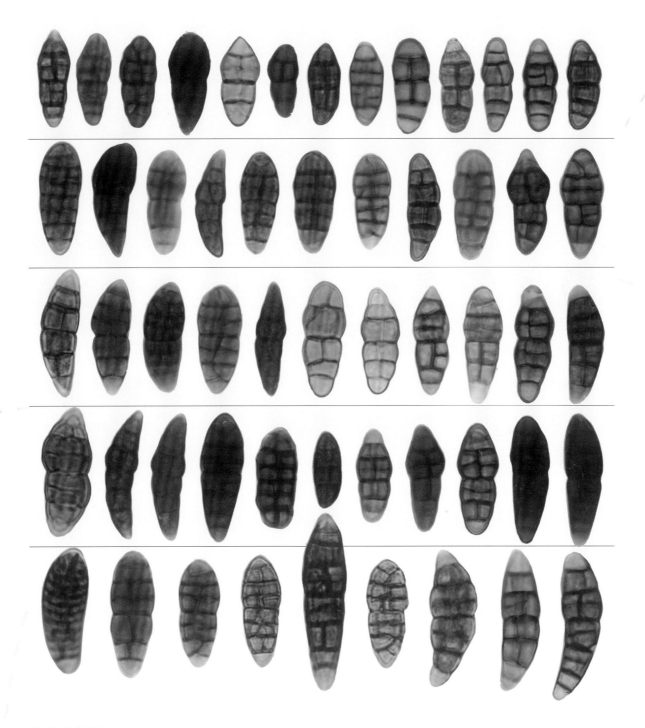

格孢腔菌属　*Pleospora* sp.

　　子囊孢子。梭形、椭圆形、柱形等，具 3 至多个横隔和 1 至几个纵隔，多在中央横隔处内缩；褐色、褐绿色等（×1200）。

　　南北均有分布。从海南、广东、昆明、武汉、陕西、北京等地空气曝片中检出。

空气中的真菌孢子　Airbone Fungal Spores

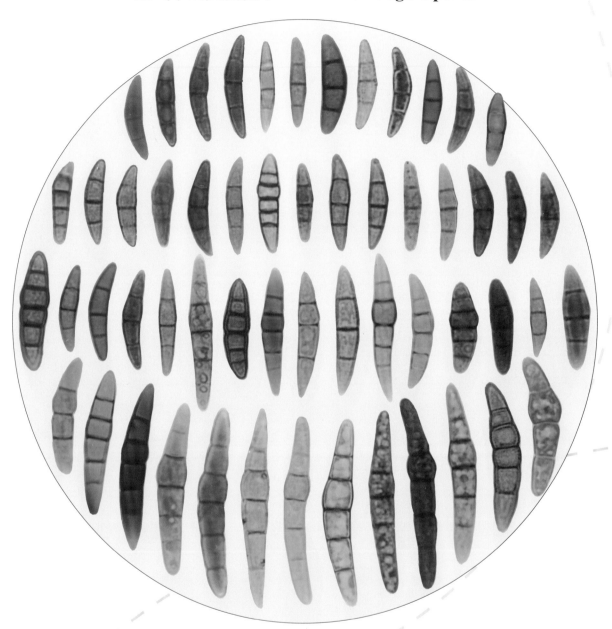

小球腔菌属　*Leptosphaeria* sp.

　　子囊孢子。梭形、弯月形、柱形等，具3~5横隔，5横隔的孢子常有一细胞膨大；3横隔孢子偶见一细胞稍膨大；褐色、褐红色、褐黄绿色等（×1200）。

　　全国各地空气中均有分布，极多见。

空气中的真菌孢子　Airbone Fungal Spores

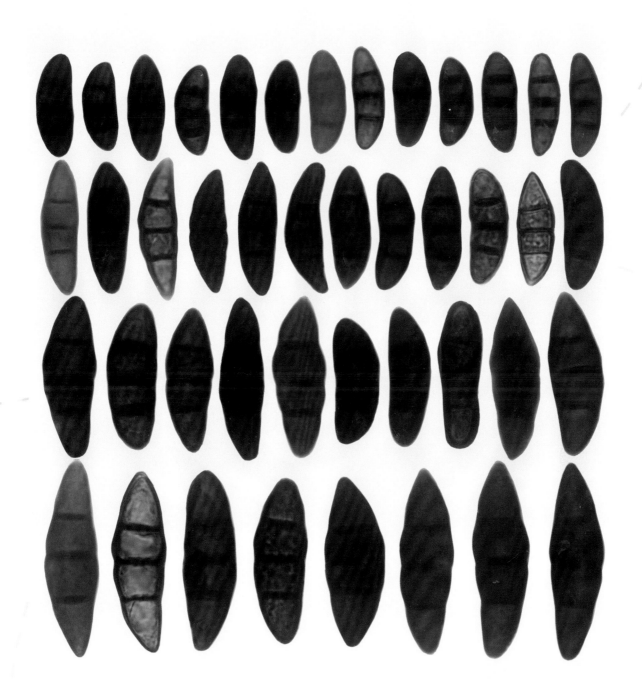

大孢缝裂壳　*Hysterium macrospurum*

　　子囊孢子。孢子长方梭形，直或弯曲，褐色、暗褐色，有的在分隔处（尤其在中央处）有内缩，40~64μm×15~30μm（×1200）。

　　从海南、西双版纳、昆明、浙江空气曝片中检出。

空气中的真菌孢子　Airbone Fungal Spores

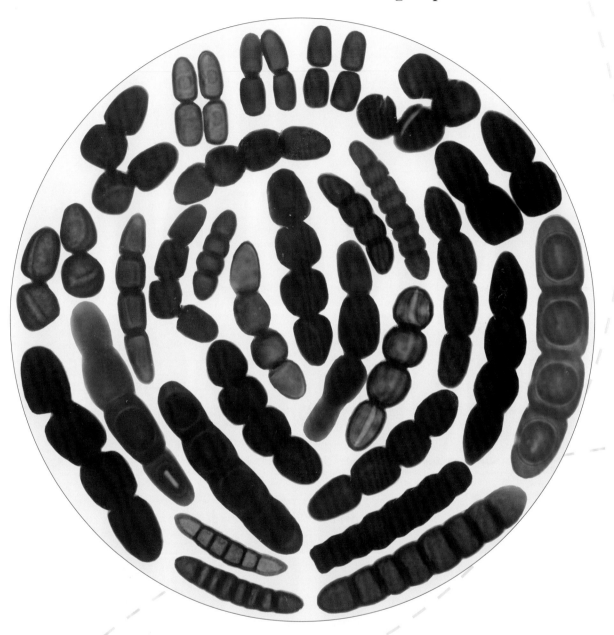

英孢腔菌属　*Sporomiella* sp.

　　子囊孢子。柱状，具 2、4、6 或 8 个细胞，6 个细胞者较少见，褐色、褐黑色或暗兰绿色，有的具油点。孢子大小不等（×1200）。

　　本菌主要生长在动物的粪便上，南北均有分布，南方较多见。从湖北、广东、海南、河北等地空气曝片中检出，高峰期为 6~9 月。

空气中的真菌孢子　Airbone Fungal Spores

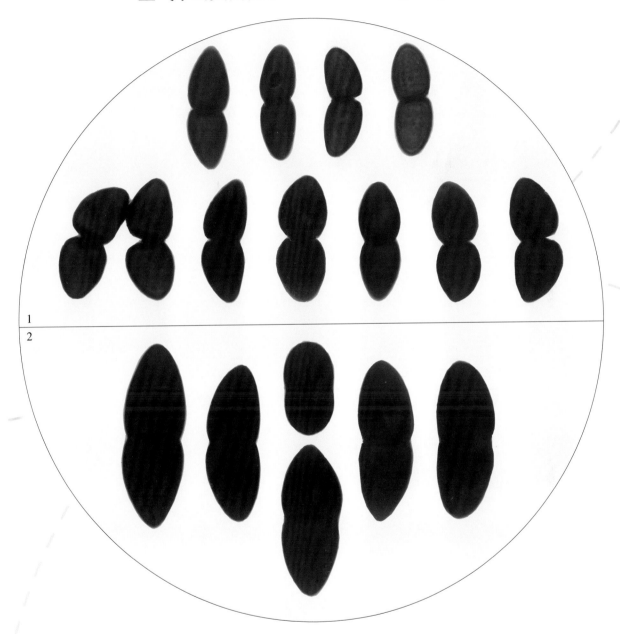

隐壳菌属　*Delitschia* sp.

　　子囊孢子。梭形，多弯曲，褐黑色，壁光滑，孢子中央深度内缩（×1200）。

　　全国大部分地区均有分布，从北京、河北、山东等地空气曝片中检出，较常见。

空气中的真菌孢子　Airbone Fungal Spores

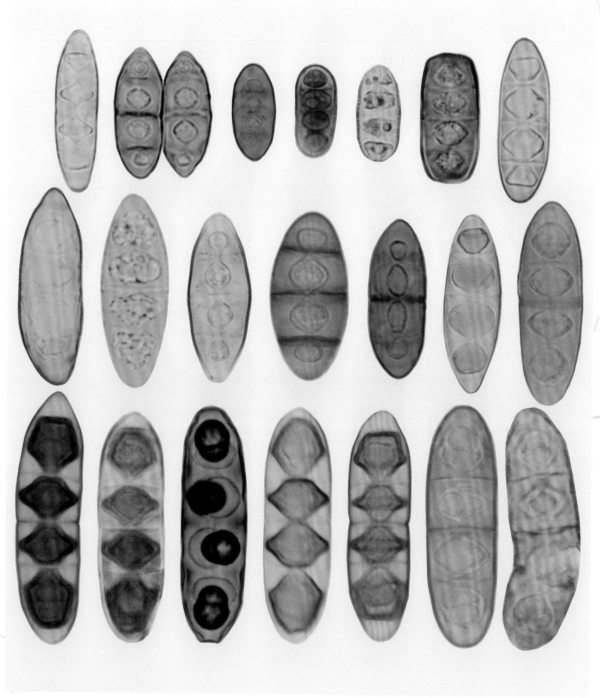

黑团壳菌　*Massaria* sp.

子囊孢子。长方梭形、椭圆形；淡褐色、褐色、暗黄色、黄绿色等；具3横隔，每个孢室有一大油滴；大小约24~80μm×18~40μm（×1200）。

从北京、河北、昆明、空气曝片中检出。

空气中的真菌孢子　Airbone Fungal Spores

小煤炱属　*Meliola* sp.

　　子囊孢子。柱状，两端钝圆，褐色、褐灰色、暗黄色，具 3~4 横隔，横隔内缩或不缩，有的孢子表面密布麻点，大小长约 16~80μm，宽约 18~45μm（×1200）。

　　从陕西、武汉、海南、昆明、西双版纳、河南空气曝片中检出，偶见。

空气中的真菌孢子　Airbone Fungal Spores

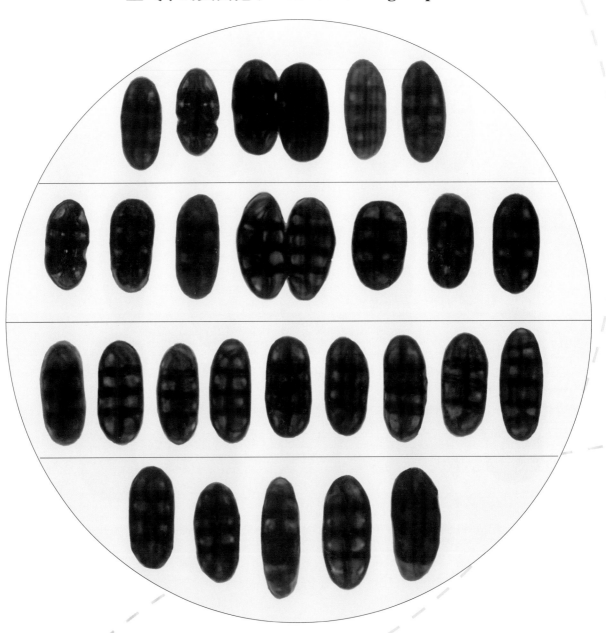

柳煤炱 *Capnodium salicinum*

　　子囊孢子。长椭圆形或长方形。褐色、褐黑色，3~5 个横隔和简单的纵隔，其中多以 3 横隔和 1 个纵隔为主，大小约 25~40μm × 15~20μm（×1200）。

　　从昆明、西双版纳、海南、广东、浙江空气曝片中检出。极多见，常数个在一起。

空气中的真菌孢子　Airbone Fungal Spores

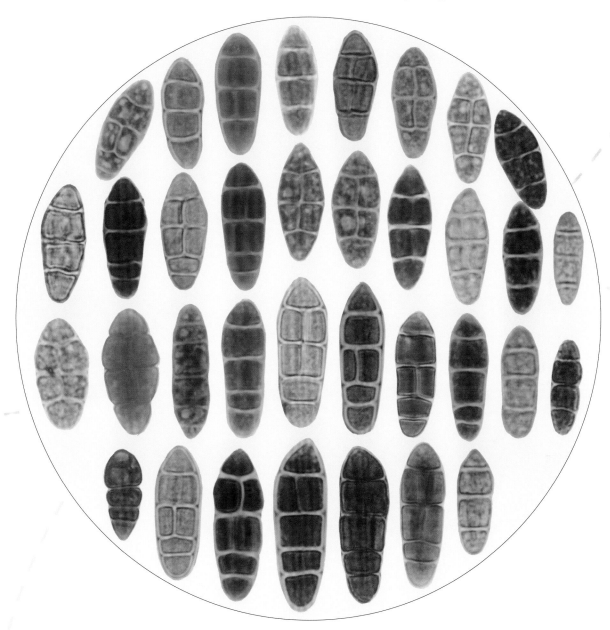

小光壳属　*Leptosphaerulina* sp.

　　子囊孢子。具 3~5 横隔，多数有一条纵隔；无色；褐色、褐黄色或绿色等（×1200）。

　　我国南北空气中均有分布，南方多见。从海南、广东、昆明、西双版纳等地空气曝片中检出，高峰期夏季。

空气中的真菌孢子　Airbone Fungal Spores

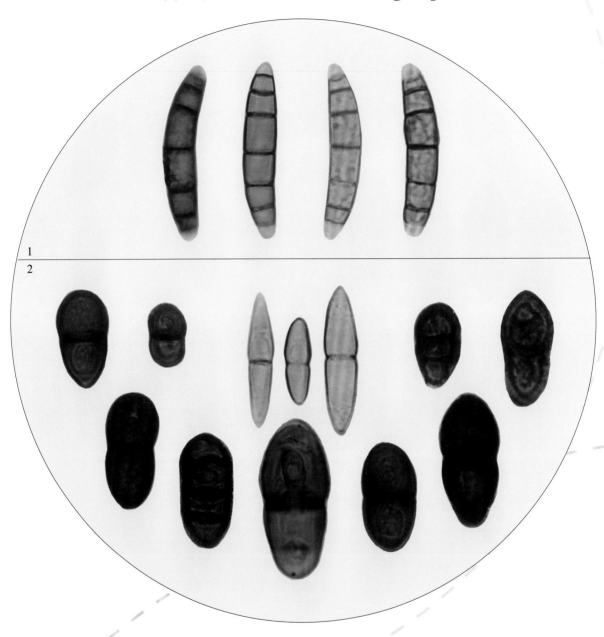

1. 扁孔腔菌属　*Lophiostoma* sp.

　　子囊孢子。长方梭形，褐色，具 7 横隔，孢子两端无色；大小约 76μm × 15μm（× 1200）。

　　从昆明、西双版纳、浙江空气曝片中检出。

2. 圆孔壳属　*Amphisphaeria* sp.

　　子囊孢子。椭圆形、梭形；椭圆形孢子暗褐色，多数中间有一横隔及内缩，个别孢子为 2~3 横隔及无内缩，有油滴；梭形孢子草黄色，中间有一横隔并内缩（× 1200）。

　　从昆明、西双版纳、海口、武汉空气曝片中检出。

空气中的真菌孢子　Airbone Fungal Spores

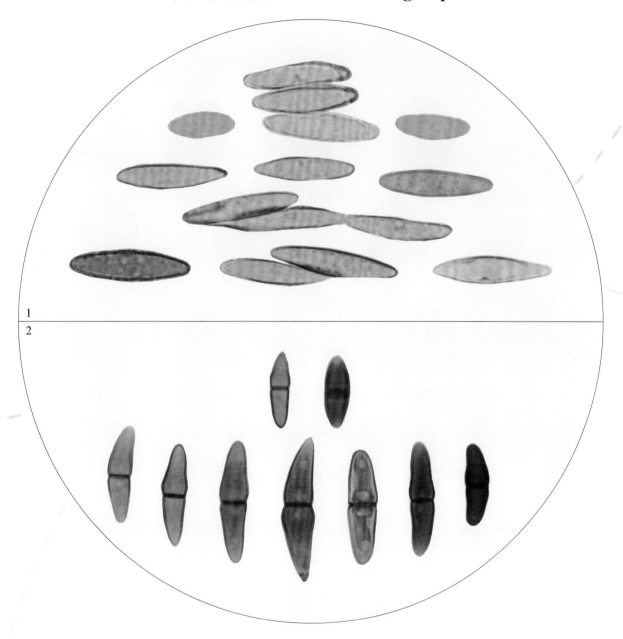

1. 囊孢壳属　*Physalospora* sp.

　　子囊孢子。梭形，椭圆形，单胞，无色，有的不等边，大小约 16~33μm × 6~8μm（×1200）。

　　从海南空气曝片中检出，成堆存在。

2. 裂咀壳属　*Schizostoma* sp.

　　子囊孢子。梭形，直或稍弯，中间有一横隔，分隔处缢缩，褐色、淡褐色，有的孢子具油滴，大小约 20~47μm × 9~11μm（×1200）。

　　从海南、广东、陕西空气曝片中检出。

空气中的真菌孢子 **Airbone Fungal Spores**

梭孢壳属 *Thielavia* sp.

　　子囊孢子。椭圆形至纺锤形，褐色、暗褐色，表面光滑，个别孢子具一油滴（×1200）。
从海南、昆明、浙江等地空气曝片中检出。

空气中的真菌孢子　Airbone Fungal Spores

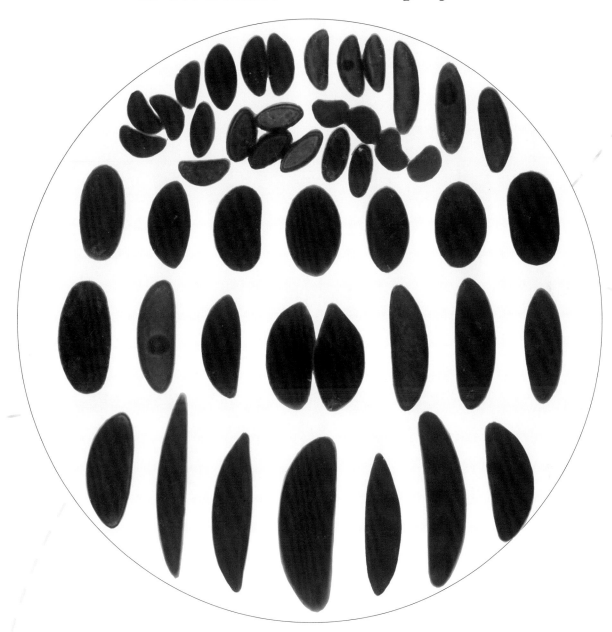

炭角菌科　*Xylariaceae*

　　子囊孢子。单胞，暗褐色，多数呈不等边椭圆形、长方形、卵形或棱形，大小不一（×1200）。

　　从海南、昆明、西双版纳、浙江、湖北等地空气曝片中检出，较多见。

空气中的真菌孢子 Airbone Fungal Spores

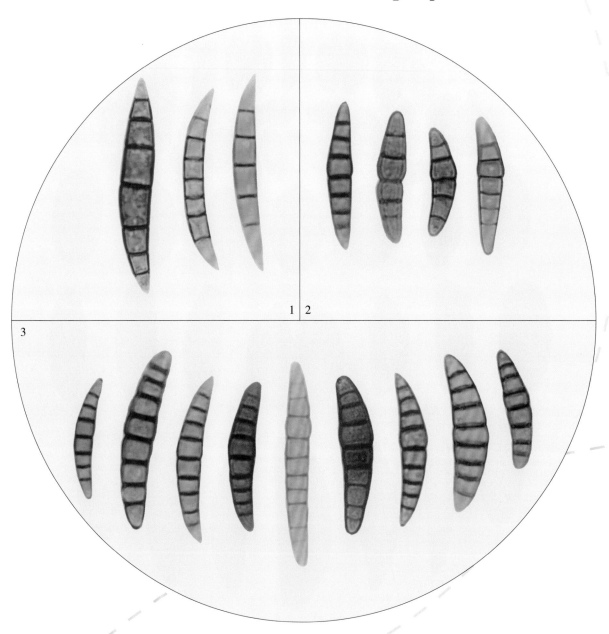

1. **耙长嘴壳** *Rhynchosphaeria irpex*
    子囊孢子。孢子弯梭形，褐色，具5~7个横隔，两端细胞色淡（×1200）。
    从昆明、西双版纳、武汉空气曝片中检出。

2. **箣竹长嘴壳** *Rhynchosphaeria bambusae*
    子囊孢子。孢子梭形，褐色，直或稍弯（×1200）。
    从昆明、西双版纳空气曝片中检出。

3. **多节球腔菌** *Nodulosphaeria dolioloides*
    子囊孢子。长纺锤形，黄色至黄褐色，具7~10个横隔（×1200）。
    从昆明、黄石、哈尔滨空气曝片中检出。

空气中的真菌孢子 Airbone Fungal Spores

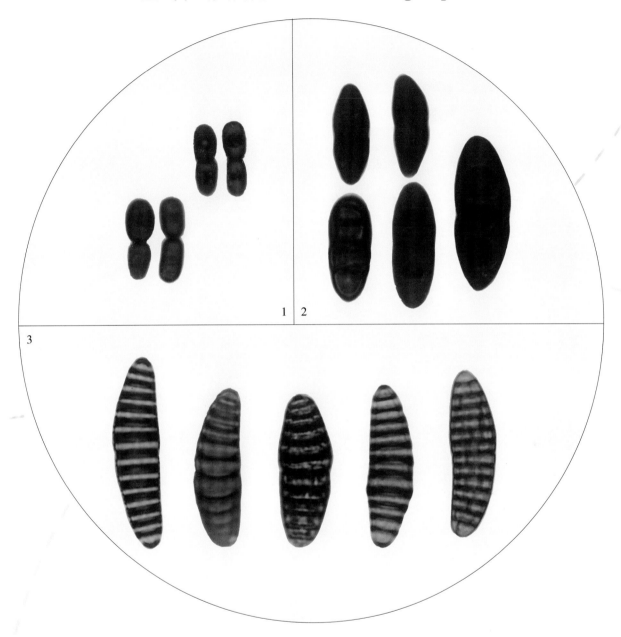

1. 矩孢贝壳菌　*Mytilidion oblongisporum*
　　子囊孢子。长方形，暗褐色，具3分隔，中央分隔处内缩，27~33μm×8.5μm（×1200）。
　　从河南空气曝片中检出。

2. 卷边盘菌属　*Tryblidiella* sp.
　　子囊孢子。孢子暗褐色，长椭圆形，有或稍弯曲，有3个横隔，中部内缩（×1200）。
　　从湖北、陕西、北京空气曝片中检出。

3. 蛹孢蛎壳属　*Ostreion* sp.
　　子囊孢子。宽梭形，暗褐色，有10个以上横隔，中央横隔处内缩（×1200）。
　　从海南、西双版纳空气曝片中检出。

空气中的真菌孢子   Airbone Fungal Spores

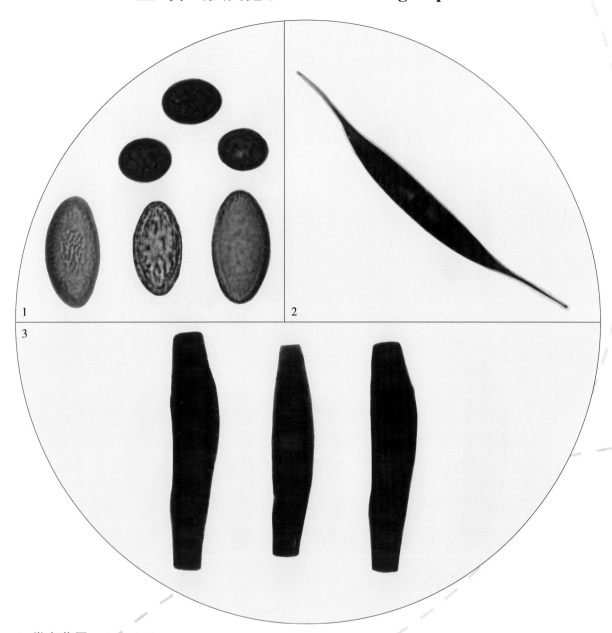

1. 粪盘菌属   *Ascobolus* sp.

    子囊孢子。椭圆形，褐色、褐黑色，有纵线纹（×1200）。

    从西双版纳、海南、武汉空气曝片中检出。

2. *Corollospora* sp.

    子囊孢子。纺锤形，褐黑色，中间具一油滴，孢子两端各具一细棒形附属物（×1200）。

    从西双版纳空气曝片中检出。

3. 小带纹属   *Taeniolella* sp.

    子囊孢子。柱形，稍弯曲，壁光滑，两端平截，深褐色，表面具 7 个横隔，长约 60~80μm（×1200）。

    从海南、西双版纳空气曝片中检出。

空气中的真菌孢子　Airbone Fungal Spores

1. 痤坚壳属　*Rosellinia* sp.

　　子囊孢子。镰刀形，稍弯曲，两端尖，褐黄色，表面具不规则团块及模糊的纵条纹（×1200）。

　　从浙江、武汉空气曝片中检出。

2. 蚪孢壳属　*Bombardia* sp.

　　子囊孢子。卵形，上部细胞灰褐色，下部细胞色淡，短圆形。

　　从昆明空气曝片中检出。

3. *Zopfyella* sp.

　　子囊孢子。棒状，狭椭圆形，下部具一横隔，上部细胞暗色，下部细胞圆柱形；无色，大小 16~23μm × 6~7μm

（×1200）。

　　从海南、昆明、西双版纳空气曝片中检出（×1200）。

4. 葡萄座腔菌属　*Botryosphaeria* sp.

　　子囊孢子。卵形或椭圆形，单胞，黄褐色或褐色，表面具颗粒，20~30μm × 8~12μm（×1200）。

　　从江苏空气曝片中检出。

空气中的真菌孢子   Airbone Fungal Spores

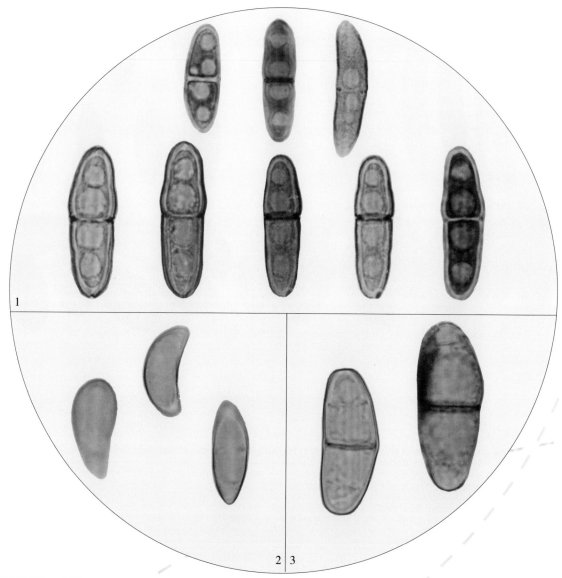

1. 刺粒属   *Gibbera* sp.

　　子囊孢子。圆柱形，双孢，中央横隔处稍内缩或不缩，每个孢室有两个油球；褐黄色或紫色等，大小约
60~75μm × 12~15μm（×1200）。

　　从海南、西双版纳空气曝片中检出。

2. 暗单孢黑痣属   *Phyllachora* sp.

　　子囊孢子。孢子椭圆形或卵形，单细胞，黄褐色，两端细胞不等大，光滑，16~30μm × 8~12μm（×1200）。

　　从西双版纳空气曝片中检出。

3. 韦氏隐囊菌属   *Wetlsteinina* sp.

　　子囊孢子。个大，褐黄色，柱状，中间有一横隔，横隔处无内缩，表面光滑（×1200）。

　　从西双版纳、北京空气曝片中检出。

空气中的真菌孢子 Airbone Fungal Spores

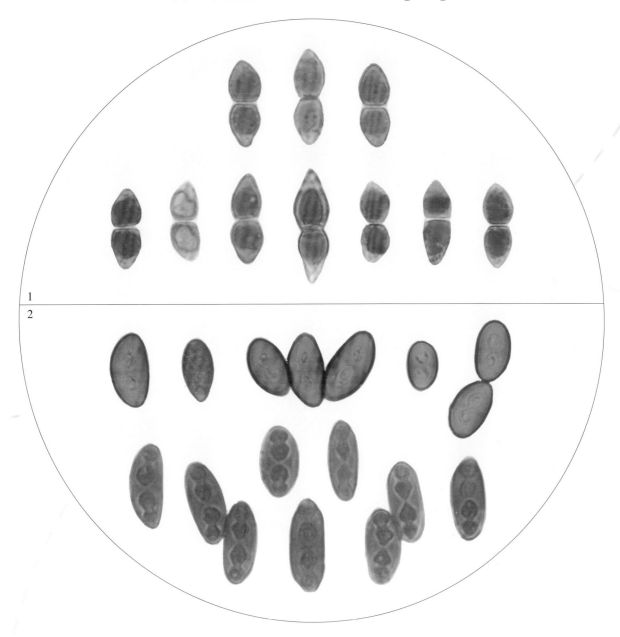

1. 陷球壳属 *Trematosphaeria* sp.

    子囊孢子。圆锥形；淡褐色、褐色；中央有一横隔并内缩；大小约 25~40μm × 10~20μm（×1200）。

    从西双版纳、昆明空气曝片中检出。

2. 兰伯盘菌属 *Lambertella* sp.

    子囊孢子。椭圆形、长圆形；灰褐色、褐色；表面具 2~4 个油滴；大小约 12~22μm × 9~11μm（×1200）。

    从西双版纳、昆明空气曝片中检出。

空气中的真菌孢子　**Airbone Fungal Spores**

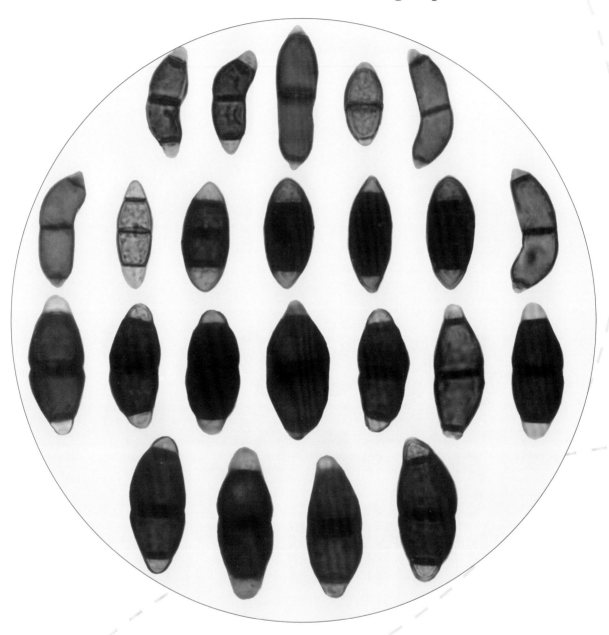

Savoryella sp.

　　子囊孢子。椭圆形或棒状，无色或暗褐色，具 3 横隔，中间横隔处内缩或不缩，两端细胞无色（×1200）。

　　从海南、云南、西双版纳、湖北、陕西空气曝片中检出。较常见。

空气中的真菌孢子　Airbone Fungal Spores

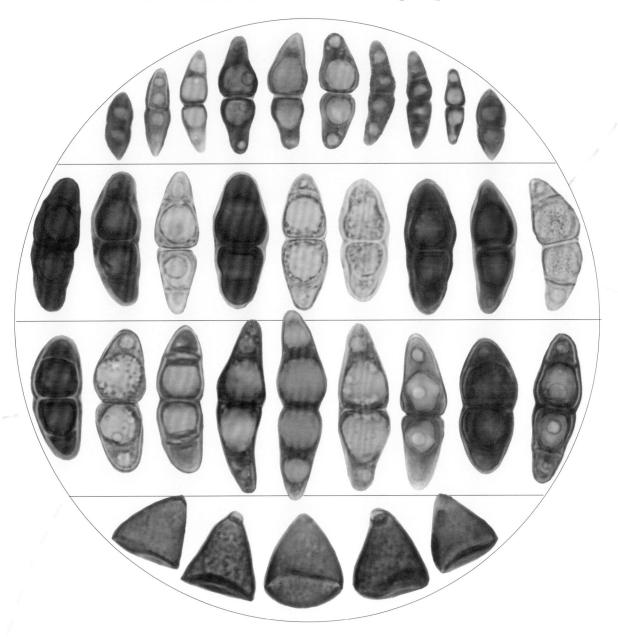

核孢壳属　*Caryospora* sp.

　　子囊孢子。透镜形，具3横隔，中部横隔内缩；褐色至浅绿色。孢子大小有两种类型；大型孢子 80~110μm × 38~58μm；小型孢子 30~45μm × 18~22μm（×1200）。图下一排三角形者，为该菌子囊壳，常数个在一起。

　　从西双版纳、昆明、海南空气曝片中检出，其中以西双版纳最多见。高峰期为6~8月。

空气中的真菌孢子　Airbone Fungal Spores

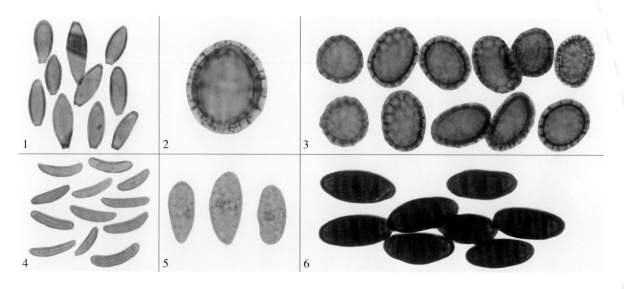

1. 黑腹菌属　*Melanogaster* sp.

　　担孢子。柠檬形至椭圆形；淡黄褐色至黄绿色；顶端多数稍尖，基部平截杯状（×1200）。

　　从昆明、西双版纳空气曝片中检出。

2. 奥腹菌属　*Octaviania* sp.

　　担孢子。近球形，褐色，具小刺，壁厚，（×1200）。

　　从海口空气曝片中检出。

3. 白腹菌属　*Leucogaster* sp.

　　担孢子。球形、卵圆形或近椭圆形，褐绿色，有网纹和小刺；大小约 10~17μm×12μm（×1200）。

　　从海口、武汉、黄石空气曝片中检出。

4. 蕉孢壳属　*Diatrype* sp.

　　子囊孢子，孢子腊肠形，淡黄色，略弯曲，6~9μm×1.5μm（×1200）。

　　从海南空气曝片中检出。

5. 囊孢壳菌属　*Physalospora* sp.

　　子囊孢子。椭圆形，两侧不相等，无色或淡黄绿色，大小 18~26μm×7~10μm（×1200）。

　　从海南空气曝片中检出。

6. 小孢缝裂壳　*Hysterium pulicare*

　　子囊孢子。椭圆形，直或稍弯，有 3 横隔，在横隔处几不内缩，褐色，两端细胞色稍淡，18~24μm×6~8μm（×1200）。

　　从西双版纳空气曝片中检出。

空气中的真菌孢子　**Airbone Fungal Spores**

1. 核腔菌属　*Pyrenophora* sp.

　　子囊孢子。椭圆形，两端钝圆，褐色、黄色、黄绿色，具3横隔，有的中间横隔处或其他横隔处内缩，大小约 $61{\sim}74\mu m \times 15{\sim}20\mu m$。

　　从西双版纳、海南、广东空气曝片中检出。

2. 格胶孢腔菌属　*Pleomassaria* sp.

　　子囊孢子。椭圆形、圆柱形，暗褐色，偶见，大小约 $62{\sim}80\mu m \times 18{\sim}30\mu m$（×1200）。

　　从西双版纳、昆明、海南空气曝片中检出。

空气中的真菌孢子   Airbone Fungal Spores

多孔菌目   Polyporales

担孢子。多为蘑菇、锈格孔菌等大型真菌孢子。孢子近球形、腊肠形、近梭形等，多数一端较细，有一歪向一边的突出物，无色或淡绿色（孢子颜色多为制片时染液着色），壁平滑（×1200）。

从西双版纳、昆明、海南、湖北等地空气曝片中检出。

空气中的真菌孢子　Airbone Fungal Spores

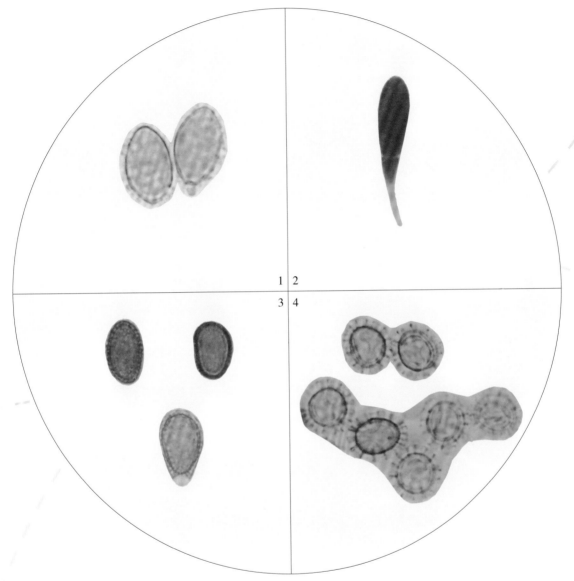

1. 广西层腹菌　*Hymenogastar Kwangsiensis* Liu, Mycologia

　　担孢子。卵圆形至广卵圆形，顶端具一显著突出。11.3~19μm×9.5~10.5μm，孢壁有明显的疣组成网纹，淡黄褐色（×1200）。

2. 梨孢假壳属　*Apiospora* sp.

　　子囊孢子。梭形至棒形，向下渐细而弯曲，近基部具一横隔，横隔不内缩。大小 20~35μm×6~11μm（×1200）。从浙江空气曝片中检出。

3. 灵芝属　*Canoderma* sp.

　　担孢子。梭形，至棒形，向下渐细而弯曲，近基部具一横隔，横隔处不内缩。大小 20~35μm×6~11μm（×1200）。从浙江空气曝片中检出。

4. 南京无索腹菌　*Martellia nanjingenii*

　　担孢子。球形至近球形，8~11.5μm×7.5~10μm（含小刺），淡黄褐色，有刺。从陕西空气曝片中检出。

空气中的真菌孢子　**Airbone Fungal Spores**

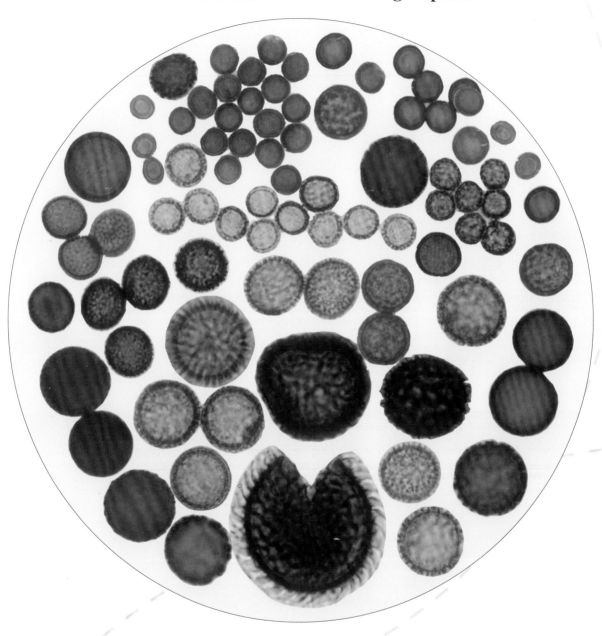

黑粉目　Ustilaginales

　　担孢子。球形、近球形或不规则形；褐色、暗褐色、近无色等，表面光滑或具小刺（×1200）。
我国南北各地均有飘散，常数个或成堆存在，是空气中优势真菌。

空气中的真菌孢子　Airbone Fungal Spores

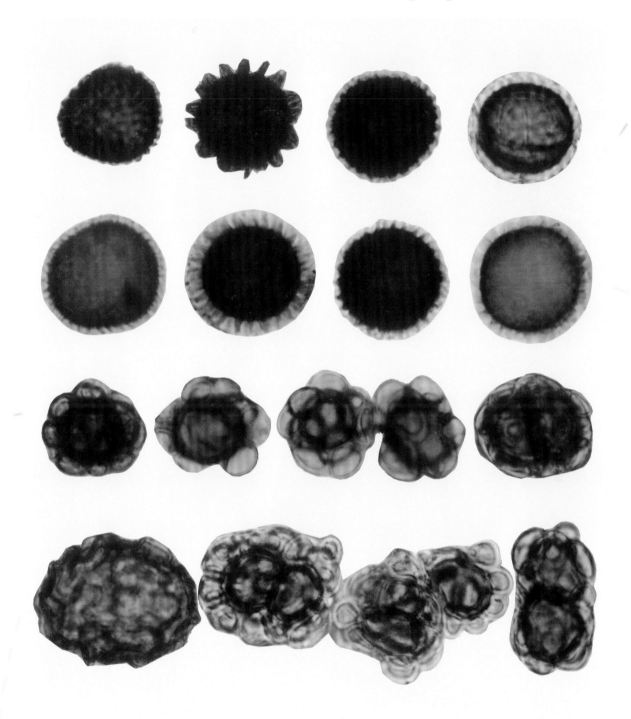

黑粉目　Ustilaginales

担孢子。球形、近球形或不规则形；褐色、褐黑色，表面具刺，多数有假膜，孢子团呈不规则形（×1200）。我国南北空气中均有飘散。

空气中的真菌孢子　Airbone Fungal Spores

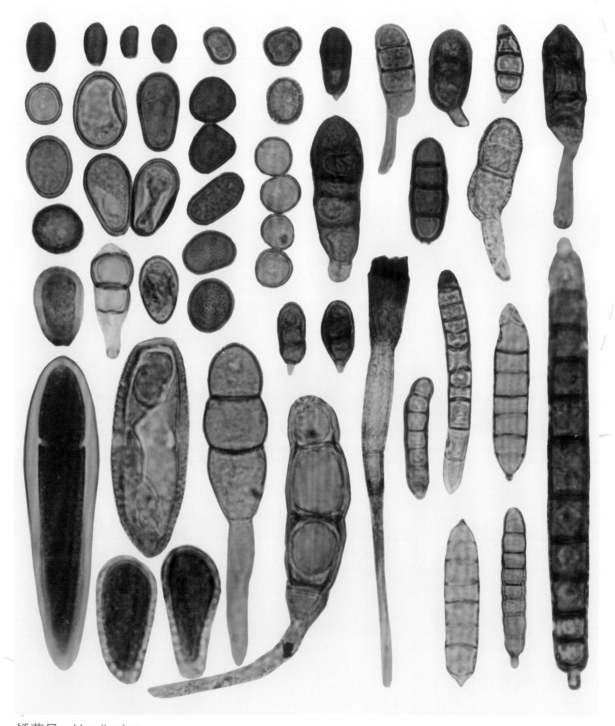

锈菌目　Uredinales

担孢子。球形、近球形、卵圆形、椭圆形、柱形、有的具 2 或多个横隔，横隔处内缩或不缩，有的具芽孔或长短柄，少数球形孢子外壁具小刺，褐色、褐黄色（×1200）。

全国各地空气中均有分布。

空气中的真菌孢子　Airbone Fungal Spores

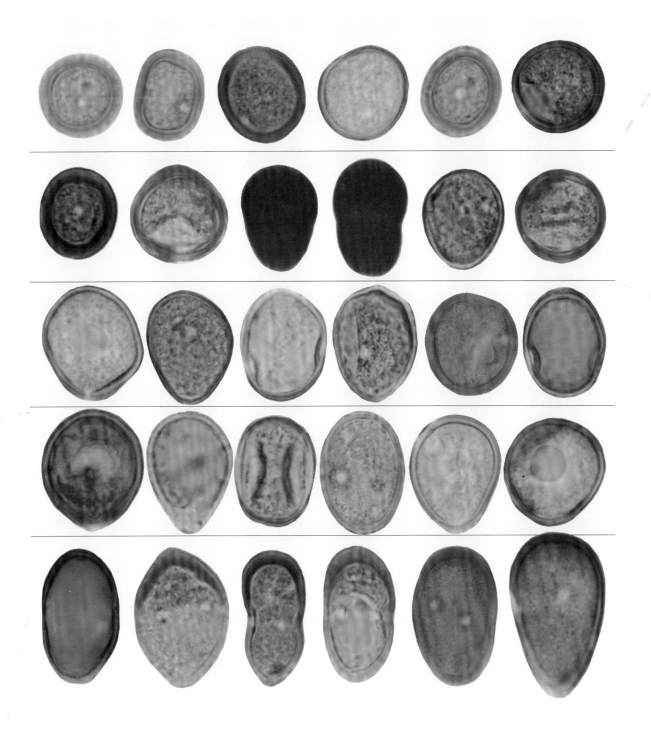

锈菌目　Uredinales

　　担孢子。球形、近球形、卵圆形等，褐色、褐黄色，外壁厚，表面光滑，具芽孔（×1200）。

　　全国各地空气中均有分布。

空气中的真菌孢子　Airbone Fungal Spores

锈菌目　Uredinales

担孢子。长梭形，壁厚，表面具 2~3 个芽孔，褐色、褐黄色，个大（×1200）。

全国各地空气中均有分布。

空气中的真菌孢子　Airbone Fungal Spores

锈菌目　Uredinales

担孢子。多数双孢，具柄，褐色、褐黄色，个大（×1200）。

全国各地空气中均有分布。

空气中的真菌孢子　Airbone Fungal Spores

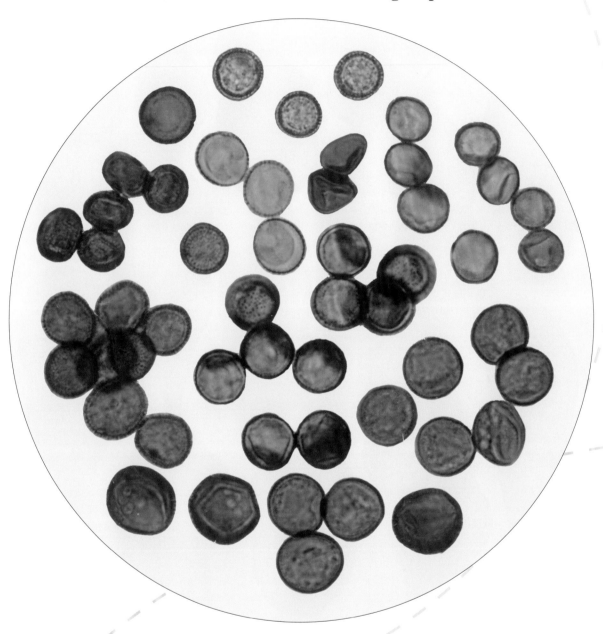

粘菌纲　Myxomycetes

　　孢子球形、近球形，淡褐色、褐灰色等，表面多有小刺，常数个在一起（×1200）。

　　全国各地空气中均有分布，常多个孢子在一起。

空气中的真菌孢子　**Airbone Fungal Spores**

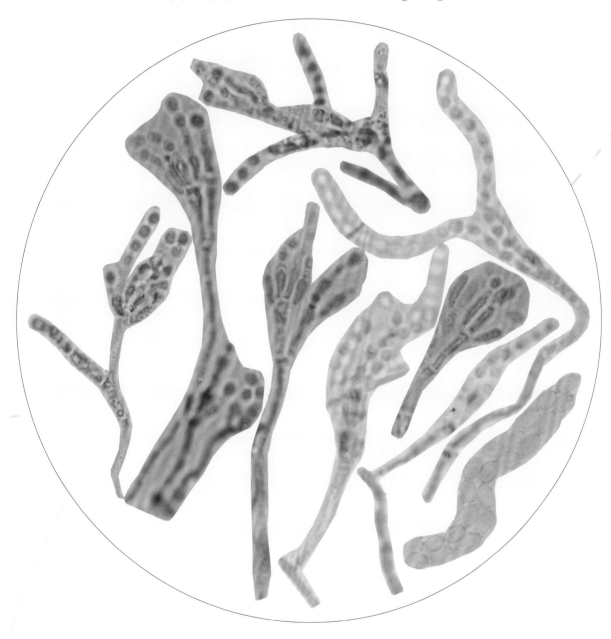

青霉属　*Penicillium* sp.

　　较完整的分生孢子穗、分生孢子梗和分生孢子（×1200）。

　　从江苏、浙江空气曝片中检出。

空气中的真菌孢子　**Airbone Fungal Spores**

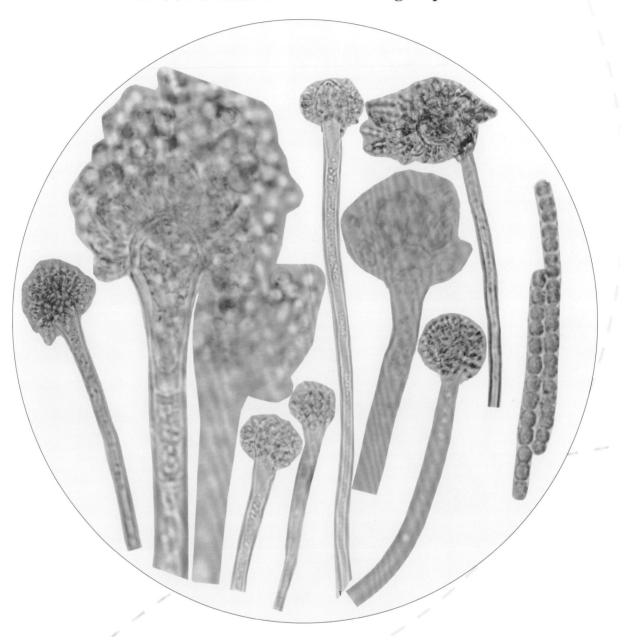

曲霉属　*Aspergillus* sp.

　　完整的分生孢子头、分生孢子梗及分生孢子链（×1200）。

　　从西双版纳、浙江空气曝片中检出。

空气中的真菌孢子　Airbone Fungal Spores

枝孢菌属　*Cladosporium* sp.

　　枝孢菌完整的分生孢子梗及分生孢子链（×1200）。

　　从浙江空气曝片中检出，较常见。

空气中的真菌孢子   Airbone Fungal Spores

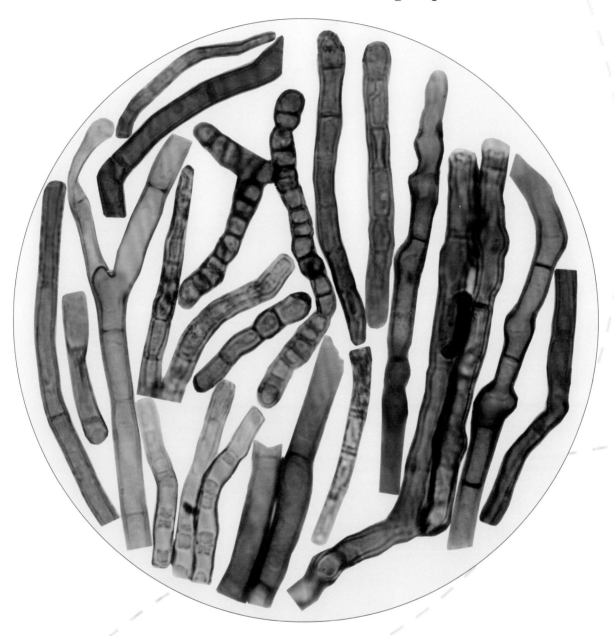

菌丝碎片   Hyphal body

    分隔，褐色，长短不一。

    从各地空气曝片中检出，常见（×1200）。

主要参考文献

1. 叶士泰、乔秉善等，中国致敏空气真菌学，人民卫生出版社，1992

2. 中国科学院孢子植物志编辑委员会，中国真菌志，科学出版社，1997–2005

3. 常见与常用真菌编写组，常见与常用真菌，中国科学院微生物研究所，1978